国家自然科学基金地区科学基金项目（51168042）
塔里木大学校长基金重点培育项目（TDZKPY201401）
国家重大核电建设项目（红沿河核电站取水导流工程）
国家自然科学基金重点科学基金项目（51034005 ）
新疆生产建设兵团科技支疆项目（2012AB009，2012BA005）

紧邻高层楼群基坑开挖管锚支护设计与变形破坏控制研究

——基坑建筑倒塌典型工程示例

芮勇勤　刘书智　张旭旭　刘卢海　陈明苹　编著

东北大学出版社

·沈阳·

图书在版编目（CIP）数据

紧邻高层楼群基坑开挖管锚支护设计与变形破坏控制研究：基坑建筑倒塌典型工程示例 / 芮勇勤等编著. — 沈阳：东北大学出版社，2015. 11

ISBN 978-7-5517-1146-3

Ⅰ. ①紧…　Ⅱ. ①芮…　Ⅲ. ①建筑工程—基础开挖—支护工程—研究 ②建筑工程—基础开挖—变形观测—研究　Ⅳ. ①TU753. 1

中国版本图书馆 CIP 数据核字（2015）第 269316 号

内容提要

本书首先进行国内外基于软塑地层基坑开挖的高楼倒塌机理和防治研究，进而开展软塑性土抗剪特性与基坑开挖诱使高楼倒塌原因分析，通过高楼 SolidWorks 仿真建模方法与结构应力分析，研究软塑地层基坑开挖高楼倒塌机理及防治技术，进行基于强度折减与地震响应的基坑开挖稳定性分析，以及静力触探试验，揭示了滑移面的位置，验证了基于软塑地层基坑开挖的高楼倒塌机理研究。本书开展的紧邻高层楼群基坑支护优化以及变形破坏研究成果，可为类似高层建筑与基坑工程建设提供借鉴经验，同时开展的研究可供相关领域工程技术人员教学、研究学习参考。

出 版 者：东北大学出版社
地址：沈阳市和平区文化路 3 号巷 11 号　110004
电话：024—83687331（市场部）　83680267（社务室）
传真：024—83680180（市场部）　83680265（社务室）
E-mail：neuph@ neupress. com　　Web：http：//www. neupress. com
印 刷 者：沈阳市第二市政建设工程公司印刷厂
发 行 者：东北大学出版社
幅面尺寸：185mm × 260mm
印　　张：12
字　　数：304 千字
出版时间：2015 年 11 月第 1 版
印刷时间：2015 年 11 月第 1 次印刷
责任编辑：李　佳　潘佳宁
责任校对：叶　子
封面设计：刘江旸
责任出版：唐敏志

ISBN 978-7-5517-1146-3　　定　价：55. 00 元

序

随着我国国民经济建设的快速发展，城市扩展和建设改造的步伐也越来越快，大量高层建筑随之迅速出现。城市建设的发展，自然会带动地下空间的开发利用，于是便产生了大量的基坑工程，其规模和深度也不断加大，特别是紧邻高层楼群的基坑开挖，由于特殊的地理环境，非常容易造成事故，因此类似基坑在施工过程中的安全性和稳定性成为人们关注的焦点，需引起我们的高度重视。本书首先进行国内外基于软塑地层基坑开挖的高楼倒塌机理和防治研究，进而开展软塑性土抗剪特性与基坑开挖诱使高楼倒塌原因分析，通过高楼 SolidWorks 仿真建模方法与结构应力分析，研究软塑地层基坑开挖高楼倒塌机理及防治技术，进行基于强度折减与地震响应的基坑开挖稳定性分析，以及静力触探试验，揭示了滑移面的位置，验证了基于软塑地层基坑开挖的高楼倒塌机理研究。

《紧邻高层楼群基坑开挖管锚支护设计与变形破坏控制研究》结合实际工程，进行了紧邻高层楼群基坑开挖管锚支护设计与变形破坏控制研究，并应用于实体工程，保证施工安全。本书针对基坑开挖引起建筑倒塌与地面塌陷两例工程事故，结合事故现场资料，运用 $Phase^{2D}$ 与 $Plaxis^{2D}$ 有限元软件，建立二维模型，反演基坑开挖对建筑物以及地面的影响过程，认识了建筑倒塌及地面塌陷原因；通过对不同工况下桩锚复合支护的对比，揭示了桩锚复合支护的作用机理；针对依托工程基坑开挖过程中存在的问题，采用理正深基坑软件对基坑支护结构进行设计优化，确定了基坑边壁的支护形式；在以周围楼群对基坑边壁影响程度不同分类的基础上，进行了紧邻高层建筑基坑开挖与支护过程分析，揭示了楼房桩基对基坑边壁变形破坏影响规律；以 Midas-GTS 有限元分析软件为手段，考虑紧邻高层建筑存在情况下，对基坑阴阳角开展了空间力学分析，认识了高层建筑、基坑边壁位移及管锚支护内力的变化规律；运用探地雷达技术，进行地下变形裂缝深度检测，解释了产生地表裂缝的真实原因，并提出变形破坏控制有效措施。

本书开展的紧邻高层楼群基坑支护优化以及变形破坏研究成果，可为类似高层建筑与基坑工程建设提供借鉴经验。

随着我国经济建设的深入改革，中国经济持续快速发展，城市化进程与中心城市群的加速建设与发展，使有的市郊或城内建筑群正在逐渐演化成为新的中心城市，良好的配套设施、成熟的人文环境，都使这些地方的土地建筑升值，出现快速建设和发展的喜人景象。但是随着基坑工程的数量及设计施工难度的增加，基坑工程的失稳与紧邻基坑建筑变形、倒塌事故发生的频率也在增加，这些为软塑地层基坑开挖引起高楼倒塌机理和防治研究提出了新的要求。

本书进行了国内外基于软塑地层基坑开挖的高楼倒塌机理和防治研究，进而开展软塑性土抗剪特性与基坑开挖诱使高楼倒塌原因分析，通过高楼 SolidWorks 仿真建模方法与结构应力分析，研究了高楼上部结构的静态应力应变分析，为实现基于软塑地层基坑开挖的高楼倒塌机理和防治研究奠定了基础。

本书还在依托软塑地层基坑开挖高楼倒塌工程，进行计算软件与分析模型的选取，开展了软塑地层基坑开挖变形破坏及边壁支护数值模拟分析、紧邻岸坡地表软塑地层堆土失稳数值模拟分析、紧临软塑地层基坑开挖堆土高楼倒塌数值模拟分析和紧临软塑地层基坑开挖高楼倒塌防治技术研究。在基于强度折减与地震响应的基坑开挖稳定性分析中，建立了有限元强度折减与地震响应分析方法，进行了紧邻高楼基坑有限元强度折减稳定性分析、基坑施工阶段地震影响稳定性分析；通过现场静力触探检测，揭示了倒塌楼房地基地面下20m左右处出现滑移面，进一步认证了软塑地层基坑开挖引起的高楼倒塌机理和破坏模式。

本书开展的基于软塑地层基坑开挖的高楼倒塌机理和防治研究，可为类似的工程建设、设计、检测、分析与评价提供借鉴经验。

在本书的编写过程中，借鉴了一些相关的施工设计、现场管理和软件应用，受益匪浅，在此深表感谢！

特别感谢东北大学资源与土木学院、长沙理工大学交通运输工程学院、塔里木大学水利与建筑工程学院等给予的支持和帮助。

同时，对赵红军、王斌、林晓华、杨斌、李英娜、李超、刘一虎、王建、凌訸、马琴、魏丞瑾、董世琪等研究生在本书编写过程中所给予的帮助，在此一并表示感谢！

最后，希望《紧邻高层楼群基坑开挖管锚支护设计与变形破坏控制研究》一书在实际工程中的设计、分析和研究等方面，能给予广大读者启迪和帮助。

由于作者水平有限，加之时间仓促，书中疏漏和错误之处在所难免，恳请广大读者不吝赐教。

编著者于望湖苑

2015 年 10 月 8 日

目　　录

第1章　设计研究背景

1.1　问题提出

近年来，我国综合国力不断提高，国民经济快速增长，而同时农村逐渐城市化，使城市扩展和建设改造的步伐也越来越快，大量高层建筑也都迅速出现。城市建设的发展，自然会带动地下空间的开发利用，目前各类用途的地下空间已在各大城市中得到广泛的开发，诸如地下停车库、地铁隧道、地下商城、地下仓库、地下民防工事以及多种地下民用和工业设施等。同时，地下工程建设项目的数量和规模迅速增大，如高层建筑物深基坑、大型管道的深沟槽、跨海铁路的隧道及地铁工程中的车站深基坑等。这些地下空间的开发建设，产生了大量基坑工程，其规模和深度也不断加大。随着基坑工程的数量及难度的增加，基坑工程事故发生的频率也在增加，上海在建楼房倒塌如图1.1、杭州某地铁车站基坑事故如图1.2、青海基坑坍塌事故如图1.5所示，这些都是近几年比较典型的基坑事故。紧邻建筑物的基坑破坏的几率就更大了，如图1.3、图1.4所示都是此类基坑的破坏，它们约占总数的1/4以上，所以基坑工程的安全需要引起我们足够的重视，在基坑开挖之前要作好充分的准备，地质勘查、支护设计、验算分析，偶然因素等各方面都要有可靠的保证，才能使基坑安全稳固，比较典型的工程实例如图1.6所示。基坑开挖附近一般会发生土体流失及应力状态的改变，土体流失及应力状态的改变一般以土的水平和竖向位移的形式表现出来。建筑物的破坏是由基础的位移或变形引起的。支护系统的刚度及开挖方法决定着土的位移，土的位移是否会引起破坏是通过确定紧邻建筑物的容许力、变形及扭曲的极限来判定。因此最容易破坏的是那些基础位于开挖影响区域附近的建筑。而许多基坑恰恰都出现在建筑物密集区，因此进行基坑设计时既要考虑紧邻建筑物对基坑的影响，又要考虑基坑对紧邻建筑物的影响。前者主要是保证在进行基坑设计时采取合理的措施，以保证基坑开挖和基础施工过程中的安全，后者要考虑因基坑过大变形导致紧邻建筑物发生过大的变形，从而影响建筑物的安全。若不采取适当的措施加以控制，将引起紧邻建筑物的损害，造成严重的经济损失和巨大的社会影响。因此，合理地预测和评价基坑支护结构设计以及基坑开挖对紧邻建筑物的影响就显得尤为重要。随着我国城市化程度的加快，建筑与基坑问题必将成为城市建设中迫切需要解决的重大工程问题。本书针对以上原因，并依托工程实例，提出了紧邻高层建筑基坑开挖管锚支护设计优化与变形破坏控制的研究。

1.2　研究目的、意义

1.2.1　研究目的

在本书中，将基坑、支护结构及周边建筑的基础、地上部分放在一个系统中作为一个整体进行研究。而不是像传统的独立地将基坑和支护结构系统、周边基础及其上部结构系统分开来进行分析。本书用数值模拟方法，对深基坑工程紧邻建筑物的变形进行模拟分析，目的在于找到典型的深基坑工程环境中基坑支护方式、开挖深度等因素对紧邻建筑的变形的影响的一些规律，从而进一步完善基坑支护工程设计，为安全可靠地施工提供依据。

1.2.2　研究意义

本书依托工程基坑开挖同时周围已建有大量高层建筑，同时在施工时又是雨季，对基坑工程来说，其围护结构的变形较大。在开挖基坑 5m 深度左右时，由于实际工程中一般只采用一道锚杆，在坑底处围护桩的水平位移可达到 3cm 左右。这样，对于距坑边几米距离内的 20～30m 深度的建筑物桩基，当灌注桩配筋深度只有 10m 上下时，工程桩的水平位移与弯曲可能会造成桩体开裂，如图 1.7 所示。一些实测资料也充分说明了这个问题。

图 1.1　在建楼房倒塌

图 1.2　地铁基坑事故

图 1.3　紧邻高层建筑物基坑坍塌事故处理

图 1.4　紧邻高层建筑物基坑坍塌事故

图 1.5　青海基坑坍塌事故现场

图 1.6　稳固的基坑工程实例

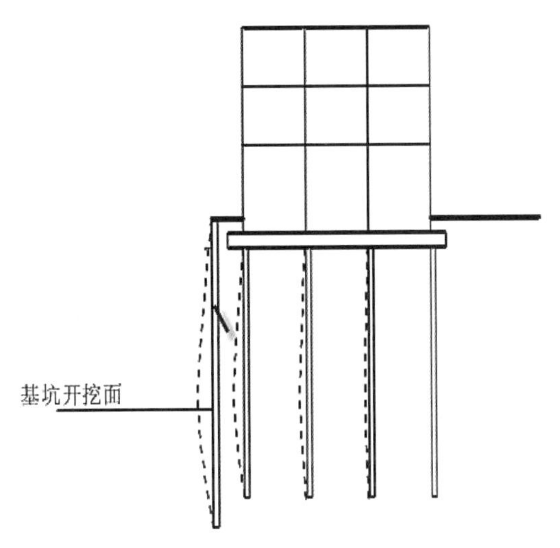

图 1.7　基坑围护结构及紧邻建筑物桩基变形示意图

目前，基坑开挖对紧邻建筑物桩基础的影响程度很难通过计算直接得出，而对于目前城市的基坑工程，由于环境问题的重要性，其对建筑物桩基础的影响是一个不容忽视而又非常紧迫的话题。因此，施工前应该充分地预估基坑开挖施工对周围建筑物基础的安全性可能造成的影响及其程度，从而采取相应的措施，以确保建筑物的安全。而如何能够更科学、更准确地估计这种影响，正是本书要详细探讨的问题。

1.3　国内外研究现状

1.3.1　基坑计算理论

基坑开挖必然会引起土的压力变化，土压力计算理论是研究基坑开挖的前提。近几年不少国内学者对此方面做出了研究。梁圣彬对刚性挡土墙和柔性挡土墙土压力计算方法分别从理论研究和实验研究两个方面所取得的进展进行了论述，针对土压力计算中的关键问题如接触问题、施工工序、位移时间效应等进行了重点讨论，并对土压力的今后研究和发展方向提出了展望。李振山等基于挡土墙墙背俯斜、粗糙且填土表面倾斜的情况，以黏性填土为研究对象，用静力平衡方法研究了挡土墙后滑动土楔体达到极限平衡状态时作用于墙背的土压力，提出了主动土压力和被动土压力的一般形式。一般形式的提出，使朗肯土压力理论和库仑土压力走向统一，使经典土压力理论得以完善，使挡土墙工程设计时的计算更加便捷。揭冠周等介绍了朗肯土压力理论和库仑土压力理论是计算土压力问题的基本理论，在工程中应用非常广泛，在应用时应当注意针对实际情况进行合理选择，否则将会造成不同程度的误差，通过算例对挡土墙墙后填土表面有超载情况下对两种不同的土压力理论进行了比较分析，结果表明两种理论方法在计算时都存在一定的局限性。

陈海英，童华炜基于深基坑工程中合理的计算理论的选择有了更高的要求，通过分析不同土层条件对土压力计算的影响，以及总结前人的工程经验，得出在深基坑工程中设计围护墙时采用朗肯土压力计算理论计算，墙前土压力可以按被动土压力计算，墙后土压力可以按主动土压力计算。陈书申针对高层建筑深基坑支护结构的工作特点和软土地层的具体条件对经典土压力理论的适用性和合理性提出多项质疑，并提出考虑变位、强度、开挖深度诸因素影响的土压力计算方法，并且这种计算方法已在部分工程中试用，且部分成果已通过原位监测初步证实。

李冰冰，杜延华介绍了位移土压力理论，给出了引入位移土压力理论的支护结构变形计算，并结合具体工程实例进行了说明，指出对于小于 5m 的基坑，运用位移土压力理论计算变形效果不明显，对于大于 5m 的基坑，支护结构的变形对土压力的变化会非常敏感。宋林辉等针对支护桩所受土反力与土体位移呈非线性关系的问题，将计算方法中的土压力代换单桩挠曲四阶微分方程中的土反力，得到一个四阶变系数非齐次非线性常微分方程；然后根据支护桩位于基坑底面上、下所处受力状态的差异和桩顶的初值条件，采用泰勒级数解法求出支护桩任意深度处的挠度解析解；再根据桩体的挠度计算出桩周土体的位移量，并得到桩周土反力的计算式；由此便可计算桩身任意深度以及该深度截面上任意点处的受力情况，使得问题的求解更简捷，最后还给出了计算实例来验证所采用的方法以及所推导出的公式的正确性。

雷明锋等针对目前长大深基坑施工空间效应的研究主要集中在数值模拟方面，理论研究尚不多见的现状，提出了黏性土条件下长大深基坑施工空间效应的简化计算方法，引入等代内摩擦角的概念，将基坑坑周土层等代为无黏性均质体，应用土的塑性上限理论及相关联流动法则，采用极限平衡分析法，对长大深基坑拉裂—剪切和纯剪切两种三维破坏模式下的空间效应进行了具体研究，给出了相应的空间效应系数计算公式，并进行了算例分析。研究结果表明：该方法避免了数值模拟的低效率、高费用、长周期的缺陷，计算成果能直接得出基坑坑壁空间效应系数的分布特征及量值大小，可用于指导基坑支护结构、施工方案的设计以及信息化监测测点布置和断面选择。

1.3.2 基坑设计优化

对于基坑工程支护结构的设计来说，首先要面对的问题是支挡结构所受载荷，也即土压力问题。如何确定作用在支护结构上的土压力的大小和分布，是基坑支护设计理论发展的一个关键问题，也是进行基坑设计优化的前提。

传统的设计理论（即强度控制设计理论）根据挡土结构变形方向和大小，仅考虑三种极限平衡状态的土压力（即主动、被动和静止土压力）。经典的 Rankine 和 Coulomb 土压力理论目前仍被广泛应用于深基坑工程的设计中。

Finn 和陈惠发等曾用极限分析方法研究了古典的 Coulomb 直线破坏机理问题；Daris[12] 研究了由两个刚性滑块组成的稍微复杂的机理；Rosenfarb 和陈惠发在土压力极限分析做了大量的工作，研究了多种破坏机理下的主动与被动土压力。

Richard L.Handy 利用水平土条极限平衡原理，研究了考虑拱效应时刚性挡墙的上压力分布，发现靠近粗糙挡墙的大主应力发生了偏转，水平侧压力超过了传统计算方法得到的上压力，在矮墙上的土压力为土体自重应力的 0.42 倍。

针对近些年来基坑设计出现的问题，需要对基坑支护结构设计、选择布置以及施工工艺进行优化，并提出新方法、新理念。褚克南结合基坑设计时存在的问题，就土锚和土钉（墙）的异同点做了分析，对土钉（墙）的设计深度、土锚锚固段或土钉被动黏结段摩擦阻力的长度衰减问题提出了初步的想法。对采用“*m*”法计算桩内力和桩顶位移时“*m*”值取值的限制条件及桩顶位移的计算做了归纳，并提出在基坑设计中慎用“*m*”法的主张。贾秉胜[17] 针对我国基坑工程大多数都由于设计和施工不当而引发事故的现状，从围护结构的选择布置、设计计算、稳定性验算等方面，再结合施工中的土方开挖、井点降水以及监测对建筑基坑设计应注意的问题进行了分析，从而确保基坑工程技术的不断发展和完善。

张叶田等结合实际工程岩土工程条件、基坑特点及周边环境，介绍了该工程的深基坑支护设计、施工和监测。基坑监测结果表明，在土质较差与基坑变形要求高的部位，采用上部普通土钉墙、下部钻孔灌注桩加两层钢筋混凝土支撑的支护形式，可以较好地满足施工要求，同时也有效地控制了基坑的变形。张茜，姚建军针对位于城市中心且所在地理位置复杂的实际工程，分析后决定采用锚索桩、咬合桩等技术措施进行深基坑边坡支护，工程完成后的结果表明，该设计确保了结构工程顺利施工和周边建筑物的安全。曾进群等以某人防工程基坑支护设计为例，详细分析了复杂环境条件下通过分期开挖、改变开挖顺序以及多种支护形式共用的基坑支护设计，达到满足交通疏解、工期及经济性、安全性的要求。孙小杰等结合济南某大厦基坑，针对其在支护方案的设计和施工中出现的特殊情况，确定采用土钉墙、挂网锚喷、桩锚、注浆和高压喷射注浆止水帷幕等多种工艺技术方法进行联合支护，并进行沉降和位移监测，结果表明这种支护方案是经济合理和安全可行的。

尚海涛针对我国沿海软土地区土层的力学性质差，地下水位高等特点，对基坑开挖支护方式的选取、内撑式围护结构的设计、地下水处理及基底加固措施等进行了分析，在采用内撑式围护结构时，必须考虑周全开挖及施工过程中各种工况，对于地下水处理，应注意防、排、降的结合。孙涛等指出位于软土地区、周边环境复杂的深大基坑开挖应优先考虑地下连续墙围护体系、钢筋混凝土内支撑方案，基坑支护方案设计要与结构体系有机结合，做到永临结合，节约投资；基坑支撑体系设计在考虑水土压力的同时，尚应考虑施工载荷和支撑立柱窿沉因素；应按等效刚度概念计算混凝土支撑平面刚度，并以此为依据进行围护结构内力与位移计算。

段景章等介绍了近几年在一些浅基础工程中所发展和完善的支护技术，如坡脚加固技术、拱形水泥土搅拌桩、悬臂桩与有支点桩联合支护、墙垛式支护和插芯式水泥土搅拌桩等，并结合这些技术各自施工工艺和关键节点的构造措施，将其应用于实际工程，并收到了良好效果。

何大坤，骆建军结合各地深基坑施工积累的丰富经验，总结了目前高层建筑深基坑在支护结构设计计算和空间效应、施工监测、地下水控制设计等方面存在的问题，并提出：建立以变形控制为主的新的工程设计方法；探讨新型支护结构的计算方法；加强施工监测与信息化施工管理。

因此，在基坑支护结构设计应考虑的问题主要包括：

①确保锚杆（支撑）的强度与稳定；

②板桩的入土深度应满足要求；

③板桩截面尺寸、间距、抗弯强度够用；

④基坑底稳定验算满足要求。

1.3.3　基坑施工

基坑设计优化完成后，基坑施工将是非常重要的环节，因此针对不同地区、不同形式的基坑施工，需要不断完善施工工艺。舒文超等介绍了上海陆家浜路 1100 号地块商住楼工程在周边环境复杂的情况下，采用地下连续墙、搭设人行通道、周边建筑基础加固、遇恶劣气候下的混凝土浇筑等多项施工技术，充分利用时空效应，使位于闹市区 11.6m 的深基坑顺利完成，避免了对周边环境的影响。吴远介绍了在基坑施工过程中的土方开挖技术和施工监测技术，要保证基坑土方施工安全，除采取必要的安全技术措施和应急预案外，还需合理安排施工顺序，加强管理，使基坑支护及土方开挖能形成有效的流水施工，减少基坑暴露时间。

黄显成通过对珠海中天维港项目基坑支护体系方案设计的研究，根据现场地质条件，最终选择西面采用放坡，坡面采用水泥砂浆抹面；南面采用搅拌桩止水帷幕；东面及北面采用放坡及土钉墙、锚杆网格梁支护，并确定了相应的施工方案和监测方案，保证了基坑边坡的稳定，工程结果证明，本套施工方案切实可行、节约成本，效果非常理想。高水琴依托某工程讨论了放坡开挖基坑方法在典型软土地基、开挖深度达 8m 工程中的应用，针对基坑开挖的施工难点和重点，提出了“竖向分层、纵向分段、快速封底”的原则，详细阐述了施工方法和施工顺序，同时介绍了相应的基坑降水措施和基坑监测方案，以确保基坑开挖的安全。

张维正以沈阳市某深基坑支护及降水工程在密集建筑群中施工为例，介绍了该支护工程的设计与施工，阐述了该工程变形监测方法并对其结果进行了分析，并得到结论：在沈阳地区密集建筑群中进行基坑开挖时，降水对邻建影响不大，采用管井法和钢管集水井与盲沟相连二阶降水法是可行的，而临建沉降主要受基坑变形影响，滞后周期为 3 天左右。刘翔等对某超大基坑前期施工中产生的各种变形及变形量进行了细致深入的分析，对后续阶段的基坑施工提出了一些合理化建议，且对部分变形量做出了预测，相对于在基坑完全施工结束后做出的基坑监测分析报告来说，阶段性变形分析及预测才是真正意义上的信息化施工，同时更真正达到了监测的技术经济效果。

杨天亮等通过对基坑施工引发的工程性地面沉降进行影响因素分析，结合地质结构条件，划分了上海地区典型基坑模型，采用数值方法分析了不同基坑模型在不同围护结构变形模式和降水条件下引发地面沉降的基本规律，提出了不同类型基坑工程引发的地面沉降影响范围，并在基坑工程实例中得到了有效验证。

陈俊生等提出了将工程地质的场地整体稳定性分析、基坑边线附近地层稳定性分析引入基坑施工过程模拟的分析方法，通过地层分析与三维有限元计算的有机结合，对复杂环境基坑工程的施工可行性做出评估。并将此方法应用于实际工程，验证了地层分析结合有限元方法的可行性，采用与实际情况相同的起伏岩、土层面进行计算，能够更真实地模拟基坑支撑体系的实际状态。

1.3.4　基坑桩锚复合支护结构

桩锚复合支护结构是目前基坑开挖过程最常用的一种支护形式。近年来在不同地质条件和周围环境的地区进行基坑开挖时，采用不同形式桩锚复合支护结构帮助基坑设计者解决了大量的支护难题。徐勇以南京火车站站前广场地下停车场基坑工程为实例，采用桩锚支护体系解决了基坑紧邻火车站站房施工场地复杂的支护难题，并对桩锚支护体系的设计计算做了详实的分析。邓修甫在深基坑工程中，现场实测主动、被动土压力的大小和分布与经典土压力理论完全不同，分析了产生这一现象的原因，并通过室内模型试验、平面数值分析法对桩锚支护体系进行了试验和数值分析，结果表明用这两种方法研究支护结构的变形和受力性质是可行的。

李宝平通过对西安某商住楼深基坑桩锚支护结构水平位移的计算与监测，研究分析了在深基坑开挖过程中桩锚支护体系的变形特性得出支护桩的水平位移随开挖工况而变化的分布规律。吴文通过深基坑桩锚支护体系中的土锚的拉拔试验及土锚中的钢筋应用测试，研究了土锚的极限拔力与锚土界面位移及土锚中的钢筋应力分布。时伟通过深基坑现场试验，得到了桩锚支护体系桩与桩侧土体水平位移随开挖工况而发生变化的分布规律，为开挖扰动区土压力与支护结构位移的关系分析奠定了基础。

姜晨光以大量的实际工程监测数据为依据，总结出基坑工程桩锚支护结构最大变形的估计公式，阐述了最大变形与诸工程要素间的数学关系。欧吉青介绍了桩锚支护体系的设计方法：等值梁法、弹性支点法和三维有限元法，采用三种方法对某深基坑桩锚支护结构进行了支护体系的内力计算，对计算结果进行了比较分析。

许锡昌以矩形基坑桩锚支护结构为研究对象，通过分析现场实测数据和数值分析结果，归纳出了冠梁和支护桩的空间变形模式，进而建立了整个支护系统的能量表达式，这些理论主要研究了基坑桩锚复合支护过程中基坑的变形和应力情况。

吴文等考虑了桩锚土的相互作用，结合实例研究深基坑桩锚支护结构受力和变形特性，研究结果表明，土锚的位置、支护桩的刚度、被动区土的"*m*"值对桩锚支护结构受力和变形特性均有较大的影响，其中起关键作用的是土层锚杆。吴恒等运用协同演化思想成功开发了深基坑桩锚支护优化设计系统，工程实践表明，该方法具有明显的优化效果，可作为深基坑支护优化设计的一种重要手段，给出了协同演化模型、优化目标函数、全部约束条件及其处理方法以及系统实现几项关键技术。

Laefer，Debra Fern 通过实际模型试验，具体比较研究了刚性和柔性悬臂支护结构对坑周土体和紧邻建筑物位移的不同影响。应宏伟，初振环（Ying Hongwei，Chu Zhenhuan）通过数值模拟研究带撑双排桩支护结构基坑的变形和土压力分布规律，再与实测数据进行对比分析后表明，带撑双排桩支护结构中后排桩位移明显小于前排桩，且前后排桩的排距和支撑刚度对此类支护结构性状的影响比较显著。李好，周绪红（Li Hao，Zhou Xuhong）采用弹塑性有限元分析，对某实际桩锚支护基坑的开挖、支护施工进行了数值模拟，并据此分析了土体的位移和锚杆的受力状态，对比基坑顶部边缘的计算位移与实测位移值，两者较为接近，表明这种方法可应用于工程实际。

因此，在现阶段的基坑支护结构中，桩锚复合支护是最实用的支护形式，而随着工程的复杂程度不断加大，桩锚复合支护也随之不断地改进，如图 1.8 所示，由最开始简单的桩锚支护结构演化到后期的土钉—桩锚与内撑超前支护复合型基坑围护结构。

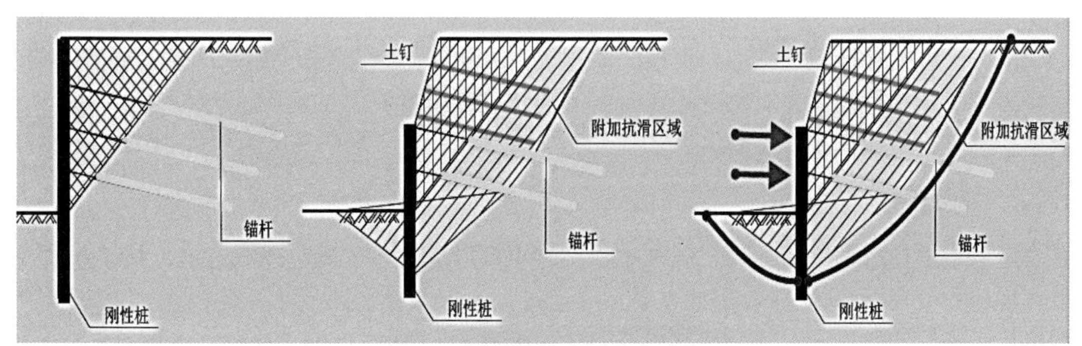

图 1.8　桩锚复合支护演变过程

1.3.5　基坑事故及处置方法

基坑工程是一个复杂的工程，而事故有时在所难免，造成基坑事故的原因有很多种，比如特殊的地质条件、地质勘测的疏忽、基坑设计的不完善、施工单位的非文明施工等。基坑事故发生后必须快速做出反应，查明事故原因，采取相应措施和处置方法，以使各方面的损失降到最低限度。

李东霞等阐述了由于施工单位非文明施工造成某建筑物基础下土层严重松动，已威胁到紧邻建筑物的安全及煤气管道、热力管道的安全运营。在了解事故发生原因和事故性质的基础上经地质雷达测试，查明了地基土松动程度和范围，及时采取有关补救措施，确保了基坑的连续开挖施工和紧邻建筑物的安全。张全胜等介绍昆山地区某基坑工程出现了水平位移过大的事故，在综合分析其原因的基础上，最终采取了钢管内支撑加立柱的加固措施，使基坑边壁变形得到了有效控制，对今后类似工程问题的处理具有一定的借鉴作用。

张中普，姚笑青针对上海市松江区的某事故基坑进行了分析，事故为基坑围护南侧和东侧围檩中段出现塑性铰同时边壁产生快速的开裂，经分析为设计和施工单位的问题，立即采取了坑外卸土、围檩加高、超深部位加固以及一些防渗处理措施，保证了施工的安全。侍尧锋介绍了某政府大厦基坑在基础施工时多根桩出现了断裂和缩颈，其原因主要是施工准备不足和管理问题，在进行技术分析的基础上及时采取了断裂桩接桩、偏位桩加宽承台以及补打预制桩等处理措施，取得良好效果，为类似工程提供了可借鉴方法。

晏宾通过对某深基坑垮塌事故的研究，分析其原因主要为突受暴雨袭击，且持续很长时间，排水管无法及时排出，巨大的水力撞开了混凝土管道的接口，造成洪水泄漏，导致基坑边壁土体水位升高，强度降低，最终发生事故，及时进行了止水加固的抢险措施，避免了更大的损失。

王慧英，黄松华介绍了某工程深基坑在支护结构完成以后，发生了止水帷幕渗漏事故，对基坑近旁房屋产生了影响，通过对事故原因的分析，采用二次注浆的方法，在冠梁上两桩之间开孔采用双管旋喷止水桩，及时控制了渗漏事故，并总结了事故的经验教训。

祁亮山等介绍了位于郑州市城市黄金地段基坑工程，施工过程中出现了基坑部分坍塌事故，经分析原因为基坑加深了开挖深度，而支护设计未改变，及时采取了回填反压、卸荷和支护加固等处理措施，并重视了监测工作，避免了更大事故的发生。

李宏伟，王国欣以某地铁站深基坑坍塌事故为例，介绍地下连续墙加钢管内支撑方案，并通过勘察事故现场，探讨土方超挖、钢支撑体系缺陷以及基坑监测缺陷对基坑安全的影响。结果表明，施工中，应及时安装支撑、分段浇筑垫层和底板，严禁超挖，由于基坑施工的不确定性，应实施信息化施工，监测点设置应符合规范和设计要求，同时加强钢支撑连接节点构造措施。

朱敢平以某地铁基坑施工中出现的问题及事故处理为例，充分说明基坑是工程的基础，直接影响临建场地内的建筑物与道路管线等构筑物的安全使用。现场应严格按图施工，按设计要求进行监控量测，做到信息化施工、动态设计，以合理的工程措施保证工程安全。

1.3.6 基坑变形控制

随着城市化过程不断加快，基坑工程有时不可避免出现于周边建筑密集、管线众多或者环境保护要求很高的区域，因此在基坑开挖过程中必须考虑到多种因素，采取相应手段，严格控制基坑的变形量，减少其对周围的破坏。郑大平等（Zheng Daping, et al）阐述了预应力锚杆柔性支护这种新型的深基坑支护技术在工程中的应用，通过有限元数值模拟得到了锚下承载结构各个构件的最佳匹配尺寸；利用传统极限平衡理论推导了基坑稳定计算公式；基于有限差分法对基坑变形和滑移场进行了研究。计算结果表明，预应力锚杆柔性支护技术能有效控制基坑变形，特别适用于变形控制严格的超深基坑。Bolton 等利用模型实验研究了基坑失稳前地下连续墙的性能、土与围护结构的相互作用以及土体位移、墙体位移、坑周土体沉降和空隙水压力的分布规律。Bryson Lindsey Sebastian 通过对芝加哥国家地铁工程在 Frances Xavier Warde School 段引起的校舍的开裂及支护结构的变形，研究了在软土地基中，应用刚性支护进行深基坑开挖，对紧邻建筑物的影响，指出建筑物自重预沉降是支护结构开裂的函数。

魏焕卫等结合烟台某实际基坑工程——该基坑周围场地条件比较复杂，且地理位置比较特殊，基坑的设计和施工须保证其变形要控制在很小的范围内——通过桩锚预应力支护体系，并利用信息化设计和施工手段，较好地控制了基坑变形的发展，取得了良好的工程效果。顾开云等以亚龙总部大楼基坑为例，其周边建筑密集、管线众多、环境保护要求很高，在详细介绍该基坑工程设计过程的基础上，对主要的监测结果做了分析，并与计算值做了比较，使基坑的变形得到了有效控制，该设计方案的实施成功保护了基坑周边的复杂环境。

孙骐在深基坑支护变形控制中，针对工程概况、水文地质条件以及周边既有建筑情况，采用钻孔灌注桩加内撑支护、树根桩加土钉墙支护、人工挖孔桩加内支护及单纯土钉墙支护等多项技术组合。监测结果表明：这几种支护方式组合，有效控制了基坑的变形，不但降低了工程造价，而且大大缩短了工期。葛世平阐述了在考虑时空效应的开挖和支撑施工设计方案，能合理利用土体自身在开挖过程控制位移的潜力来达到控制土体位移、保护周边环境的目的。实践证明，采取等代水平参数进行基坑设计避免了弹性或弹塑性计算中无法考虑的软土流变，同时通过监测每步变形速率指标优化下一步施工参数，可以可靠合理地控制基坑的总体变形。

方良等介绍了城市闹市中心工程实例的深基坑围护和分层挖土方案，通过监测数据分析，指出围护体变形与分层、不同方式挖土的关系，遵循时空效应理论，以监测数据指导施工，使围护体和周边环境变形均在允许值内。实践证明，围护设计、土方开挖施工方案是成功的。廖锦坤介绍了坐落在软土地基上周边环境复杂的广州市地铁三号线市桥站，其围护结构采用连续墙加三道内支撑的支护形式，施工中加强施工监测，很好地控制了基坑变形，合理调整土方开挖方法，成功地保护了离基坑边仅 6m 的 8 层框架住宅楼（摩擦桩基础）及周边建筑物。林炳周介绍了广州地铁南浦站基坑在开挖过程中围护结构出现了较大的位移，针对这一情况，在分析其原因后做了及时的处理，采用先撑后挖或加密钢支撑的方案并及时对基坑变形进行监测，最终很好地控制了基坑周边房屋和道路的变形。

基坑结构变形的破坏形式可以归纳为以下几点（如图 1.9 所示）：

①支锚结构系统破坏；

②板桩底部向基坑内侧移；

③板桩弯曲破坏；

④整体圆弧滑动；

⑤基坑底管涌发生。

因此，通过变形破坏的原因分析，可以更加直接和有效地控制基坑变形。

1.3.7　在建楼房倒塌事故分析

2009 年 6 月 27 日 5 时许，上海某商品房小区在建的 13 层住宅楼发生了整体倾倒事故，如图 1.1 所示。该事故为典型的基础破坏：上部结构在倒下后也能保持良好的完整性，建筑物所采用的 PHC 管桩呈不同形式的破坏。倾倒建筑物为 13 层剪力墙结构体系，位于基地北侧，北临河道。基础采用 PHC 管桩+条形地基梁。工程桩总数为 118 根，桩型为 PHC AB 型高强预应力混凝土管桩，采用《先张法预应力混凝土管桩》上海图集。桩端持力层均为第 7-1-2 层粉砂层，单桩承载力设计值为 1300kN。工程桩具体参数：桩长 33m，管径 400mm，壁厚 80mm，混凝土强度等级为 C80。

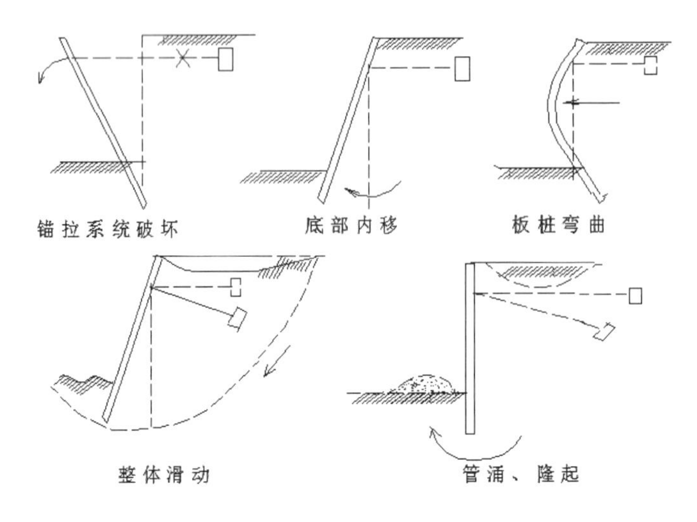

图 1.9　基坑结构变形的破坏形式

通过各方面分析，得出在建楼房倒覆事故的主要原因是，楼房北侧在短期内堆土高达10m，南侧正在开挖 4.6m 深的地下车库基坑，两侧压力差导致过大的水平力，超过了桩基的抗侧能力。事发楼房附近有过两次堆土施工，见图 1.10；第二次堆土是造成楼房倒覆的主要原因。此时，堆土土方在短时间内快速堆积，产生了 3000t 左右的水平侧向力，加之楼房前方由于开挖基坑出现临空面，导致楼房产生 10cm 左右的位移，对 PHC 桩（预应力高强混凝土）产生很大的偏心弯矩，最终破坏桩基，引起楼房整体倒覆于开挖车库基坑中，其倒覆效果图如图 1.11 所示。

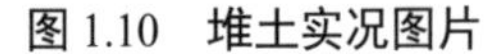

图 1.10　堆土实况图片

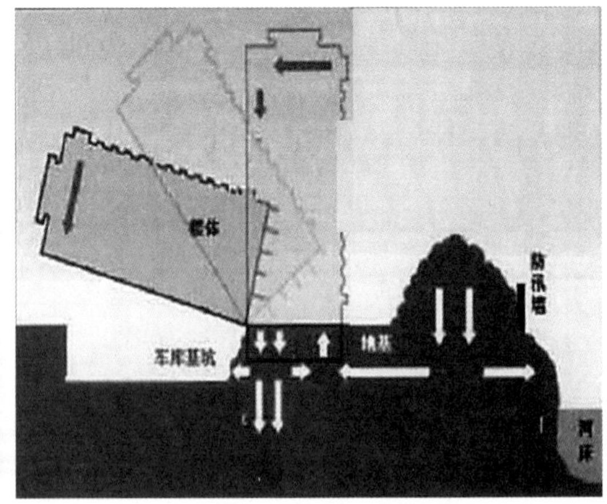

图 1.11　楼房倒塌分析效果图

1.3.8　地铁基坑事故分析

杭州地铁一期工程建设规模为 68.79km，由地铁 1 号线、地铁 2 号线和地铁 4 号线部分线路组成。线路呈双 Y 形。地铁一期工程中地铁 1 号线长度为 47.97km，地铁 2 号线长度为 16.6km，地铁 4 号线钱江新城地下空间连接工程 4.22km。发生大面积地面塌陷事故地点位于风情大道地铁施工工地，事故地点见图 1.12。整个事故过程的动画图片见图 1.13。

根据多方面资料的搜集，造成这次杭州地铁坍塌事故的原因，主要是和杭州特殊的土质和前段时间的持续性降雨等原因有关。经初步分析，造成事故原因主要包括三点：

图 1.12　事故地点

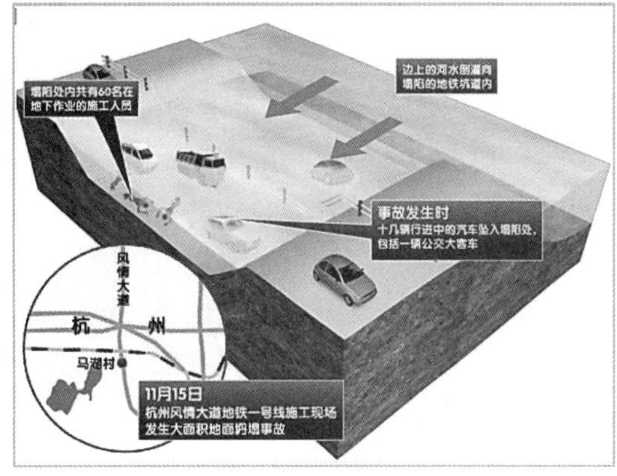

图 1.13　事故过程动画图片

①杭州的土质特殊，经勘测，发生事故的这段路属于淤泥质黏土，含水体流失性强；

②事故坍塌所在地点风情大道一直作为一条交通主干道来使用，来往车流量大，包括不少负载量很大的大型客车、货车都来往于这条路上，这给基坑西面承重墙带来太大冲击；

③当年 10 月份，杭州出现了一次罕见持续性降雨过程，使得地底沙土地流动性进一步加大。

通过以上几个原因可知，此次地铁事故并不是偶然，需引起高度的注意。

1.4　本书研究思路与启示

基坑开挖并非简单的卸荷问题，它需要考虑地质条件、紧邻建筑、周围环境等诸多因素，本书通过对基坑开挖引起建筑倒塌与地面塌陷的分析，再结合依托工程，将侧重点放在紧邻高层建筑基坑开挖与支护过程的事故的有限元模拟分析上，这种分析注重的是施工阶段和材料的不确定性，所以选择合理的土体本构关系与定义准确的施工过程是很重要的，在基坑开挖与支护过程的分析中应尽量使用实体单元真实模拟土体与建筑物的状态，尽量接近地模拟基坑开挖的非线性特点以及地基应力状态、并且尽量真实地模拟施工阶段开挖与支护过程，这样才会得到比较真实的结果。

①在收集依托工程的地质勘察、初步总体设计和现场施工相关资料基础上，进行了基坑开挖引起建筑倒塌与地面塌陷分析。

②开展了紧邻建筑物基坑开挖过程的应力应变研究，得到了紧邻建筑物基坑开挖过程的空间力学特征。

③在基坑事故分析中，结合建筑物出现的问题是非常必要的，建筑物与基坑开挖是相互作用的过程，这样才能模拟出真实的结果，为事故原因分析提供依据，确保基坑与支护结构安全施工。

1.5　主要研究内容

本书结合实际工程，采用有限元软件对紧邻高层建筑的基坑开挖过程进行施工阶段的模拟及分析，并开展变形破坏的控制研究。

本书的主要研究内容如下：

①在阅读大量文献和现场资料收集基础上，进行了基坑开挖引起建筑倒塌与地面塌陷分析，并从基坑设计理论、支护结构设计优化、基坑施工、事故处治方法及变形控制等方

面做了归纳总结。

②结合沈阳某实际工程，针对其在施工过程中出现的基坑支护结构变形过大以及地面塌陷等问题，在分析其产生原因的同时，并采用理正深基坑软件对支护结构施工进行优化。

③根据高层建筑对基坑周边影响程度的不同，以 Midas-GTS 有限元分析技术为手段,分别对紧邻 5#楼和 38#楼基坑进行开挖与支护的变形破坏分析；开展了复杂环境下高层建筑与基坑支护空间力学分析，研究高层建筑与基坑支护在不同条件下的应力应变力学特性。

④针对地下通道开挖引起地表变形问题，结合探地雷达的现场检测，并采用理正深基坑进行验算，找出其变形原因，从而提出有效的变形破坏控制方法。

1.6 研究技术路线

以紧邻高层建筑基坑开挖管锚支护设计优化与变形破坏控制研究为目的，通过对国内外基坑施工经验的归纳总结，对基坑开挖引起楼房倒塌与地表破坏事故进行分析，根据依托工程的现场勘察地质条件，开展基坑支护结构方案设计优化研究，并对紧邻高层建筑的基坑进行开挖与支护的变形破坏分析，在上述研究的基础上，运用探地雷达技术，对地表裂缝进行检测，找出地表开裂真实原因，并提出有效的地表变形破坏控制方法。

研究技术路线见图 1.14。

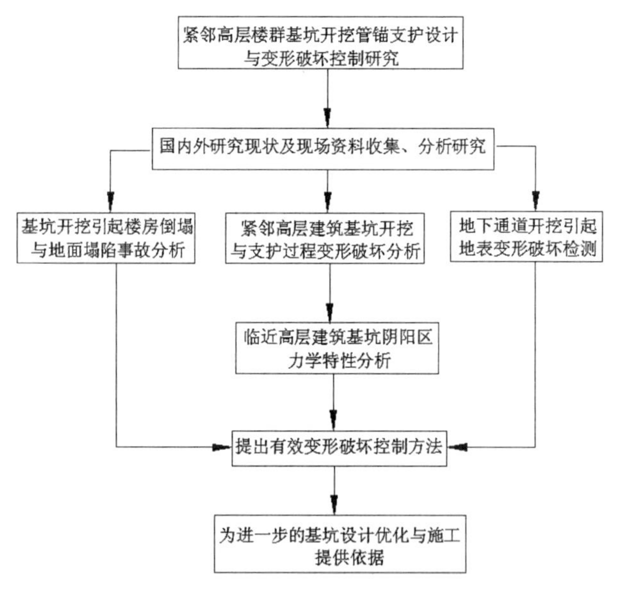

图 1.14 研究技术路线

第 2 章 基坑开挖引起建筑倒塌与地面塌陷分析

基坑在开挖过程中的事故时有发生，尤其对于基坑周围存在建筑物或者较大载荷时，若不及时处理，很容易出现问题，严重的甚至导致基坑垮塌、建筑物倾覆以及紧邻地面的塌陷，需引起高度重视。本章针对基坑开挖引起建筑倒塌与地面塌陷的两例基坑事故进行有限元模型的反分析，反演事故发生过程，揭示其失稳机理，并研究了桩锚复合支护结构对基坑的作用，为以后的工程施工提供可参照经验，避免类似事故的发生。

2.1 基坑开挖引起建筑倒塌分析

2.1.1 事故发生

2009 年 6 月 27 日 5 时许，某商品房小区在建的 13 层住宅楼发生了整体倾倒事故。该事故为典型的基础破坏：上部结构在倒下后也能保持良好的完整性，建筑物所采用的 PHC 管桩呈不同形式的破坏，如图 2.1 至图 2.4 所示。

图 2.1 楼房倒塌全貌

图 2.2 楼房倾倒瞬间

图 2.3 倾倒楼房房顶图

图 2.4 管桩呈不同形式破坏

事故场地位于东海之滨、长江三角洲入海口东南前缘，地貌形态单一，属上海地区四大地貌单元中的滨海平原类型，地势较平坦。场地自地面以下 60.3m 深度范围内的土层按其成因可分为 7 层，25.9～29.8m 以上各土层均为第四系全新世（Q_4）土层，约 25.9m 以下至 60.3m 均为上更新世（Q_3）土层。

倾倒建筑物为 13 层剪力墙结构体系，位于场地北侧，北邻淀浦河。基础采用 PHC 管桩+条形地基梁。工程桩总数为 114 根，桩型为 PHC AB 型高强预应力混凝土管桩，采用《先张法预应力混凝土管桩》上海图集。桩端持力层均为第 7-1-2 层粉砂层，单桩承载力设计值为 1300kN。工程桩具体参数：桩长 33m，管径 400mm，壁厚 80mm，混凝土强度等级为 C80。根据现场情况了解，建筑物北侧曾有两次堆土。第一次堆土坡顶高度 3～4m，距离建筑物约 20m，距离防汛墙约 10m；第二次堆土坡顶高度约 10m 左右，一侧基本上紧挨着建筑物，另一侧与第一次堆土相接，现场堆土照片见图 2.5。建筑物的南侧正在开挖地下车库基坑，基坑开挖深度从地表计算约为 4.6m 左右，围护边距离建筑物 2～4m。

图 2.5　楼房北侧堆土照片

2.1.2　事故原因分析

事故发生后，众多专家经多次讨论，认为该楼房的倒覆是土体丧失稳定的破坏而致，其具体分析过程：南面 4.6m 深的地下车库基坑的开挖掏空了 13 层楼房基础下面的土体，加速了房屋南面的沉降，使房屋向南倾斜。该楼房北侧堆土太高，堆载已是土承载力的两倍多，使第 3 层和第 4 层土处于塑性流动状态，造成土体向淀浦河方向的局部滑动，滑动面上的滑动力使桩基倾斜，使向南倾斜的上部结构加速向南倾斜，见图 2.6。

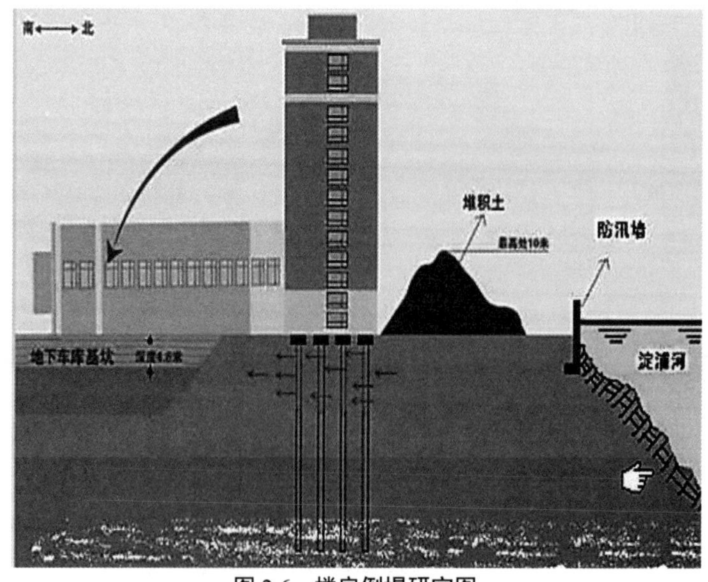

图 2.6　楼房倒塌研究图

与此同时，楼房北侧 10m 高的堆土是快速堆积而成，这部分堆土是松散的，在雨水作用下，堆土自身要滑动，滑动的动力水平作用在房屋的基础上，不但使该楼水平位移，更严重的是这个力与深层的土体滑移力形成一对力偶，加速桩基继续倾斜。高层建筑上部结构的重力对基础底面积形心的力矩随着倾斜的不断扩大而增加，最后使得高层建筑上部结构向南迅速倒塌至地。此过程中土体向淀浦河方向局部滑动的原因主要包括：①地下车库基坑的埋深没有淀浦河底深。地下车库基坑底面位于第 3 层土，而淀浦河底位于第 4 层土，而第 4 层土更易滑动；②堆载离淀浦河近，离地下车库基坑远；③倒塌楼房的 118 根桩在堆载和地下车库基坑之间，起到被动桩的作用。综上所述，楼房倒塌是逐步发生的，直到高层建筑倾斜到一定数值才会突然倾倒。土体不滑动，高层建筑上部结构不会迅速倒塌，这是土体失稳破坏造成高层建筑倾斜倒塌。

2.1.3　基坑开挖引起建筑倒塌数值模拟分析

在查阅大量资料并结合现场事故图片的基础上，采用有限元软件 Phase^{2D} 对楼房倒塌进行模拟，分析其倒塌过程及原因。

（1）有限元模型建立及参数选取

有限元模型建立主要考虑以下几个方面：①假定该过程分析为二维平面应变问题，模型充分考虑建筑物、地下车库基坑开挖以及河流的影响，模型尺寸取长为 120m 宽为 90m 矩形，水位线取楼房附近河流表面水平线；②计算区域内土体左右两侧水平方向位移约束，底面固定，楼房不约束；③网格剖分：网格统一采用六节点的三角形单元剖分，对高层建筑桩基础周围网格进行加密。最初模型及有限元网格剖分见图 2.7；④施工过程在最初模型的基础上分四步：第一步为开挖地下车库基坑位于楼房远侧的土体，开挖深度取 4.6m；第二步为第一次堆土，堆土高度取 3m；第三步开挖地下车库基坑位于楼房近处土体，开挖深度取 4.6m；最后一步为第二次堆土，堆土高度取 10m，整个过程见图 2.8。在结合现场勘察报告与查阅有关上海地质条件文献的基础上，确定本模型土层力学参数（见表 2.1），土体本构关系采用 Mohr-Coulomb 模型，建筑物采用线弹性模型。

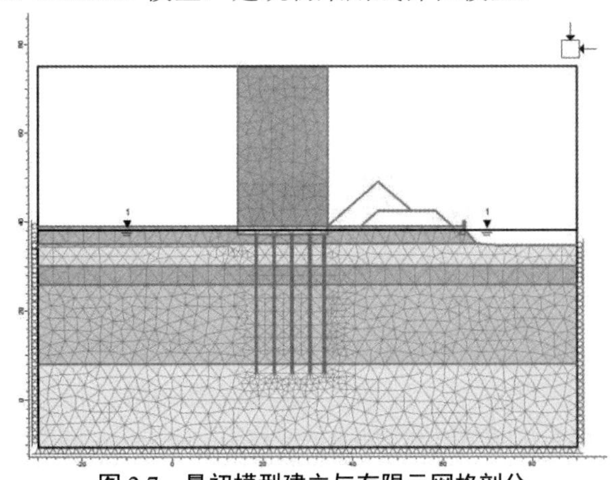

图 2.7　最初模型建立与有限元网格剖分

表 2.1　土层物理力学参数

土层名称	容重 γ/（kN/m^3）	弹性模量 E/MPa	黏聚力 c/kPa	摩擦角 ϕ(°)	泊松比 μ
黏性土①	19.0	18.0	14.0	26	0.36
淤泥质粉质黏土②	17.7	12.3	11.0	17	0.36
淤泥质黏土③	17.4	5.0	10.0	11	0.35
粉质黏土夹砂④	18.5	15.0	11.4	14.7	0.30
粉砂⑤	19.5	50.0	4.0	35	0.27
弃土⑥	16.0	12.0	5.0	15	0.38

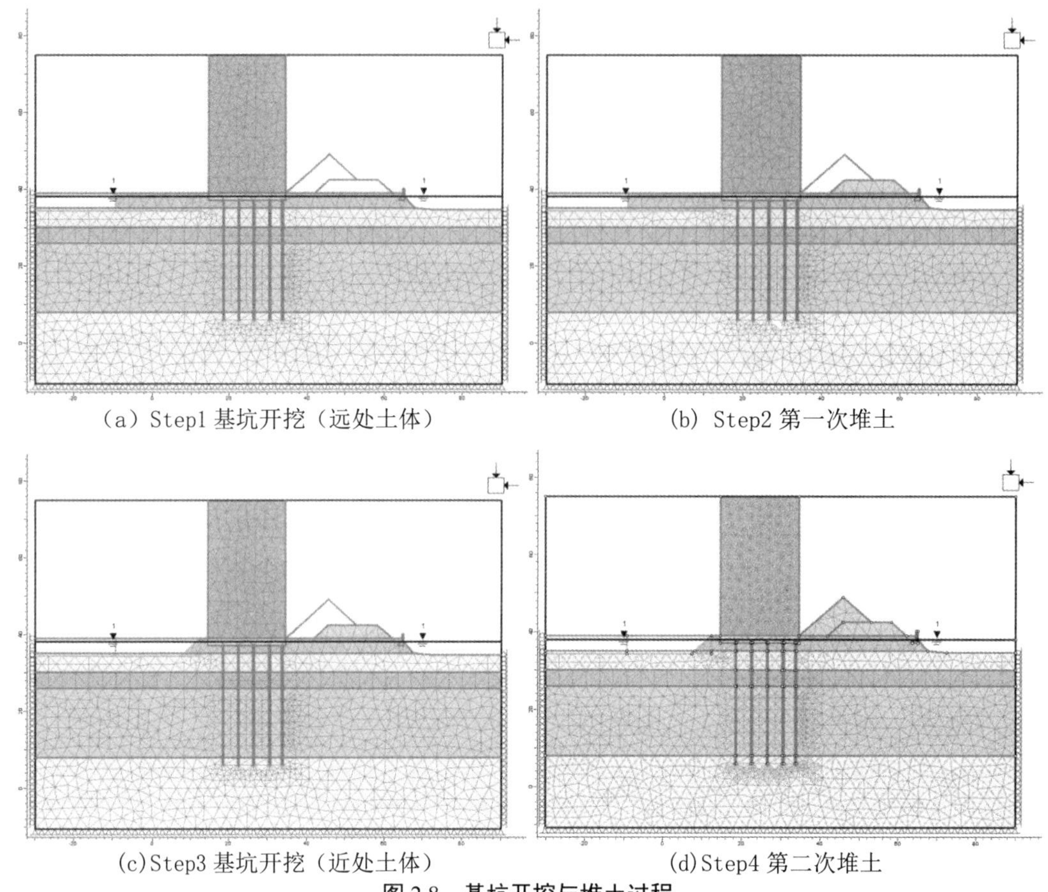

(a) Step1 基坑开挖（远处土体）　(b) Step2 第一次堆土

(c) Step3 基坑开挖（近处土体）　(d) Step4 第二次堆土

图 2.8　基坑开挖与堆土过程

（2）计算结果分析

楼房的倒塌并不是偶然的，计算结果同样是通过四种工况来反映该区域每一步的总位移、主应力、剪应变、偏离静水应力及屈服区变化，从不同的方面对楼房的倒塌过程做出分析。

①通过图 2.9 总位移场云图与主应力矢量突变处分布图可以看出：

首先，主应力主要集中在桩与高层建筑的交接处，随着施工步骤的进行，在地下车库基坑下方以及堆土下方都产生了大量的主应力。

同时，主应力矢量也发生了变化，这说明随着第二步基坑开挖与第二次 10m 高堆土的完成，在桩与建筑物接触处、地下车库基坑下方及堆土下侧都产生了很大的位移，非常容易达到材料的强度极限而发生破坏。

②通过图 2.10 总位移场云图与矢量变化分布图可以看出：

首先，基坑的第一次开挖与第一次堆土，位移矢量主要集中于基坑内侧与河流方向，对高层建筑的影响不大；

其次，随着基坑的第二次开挖，位移主要发生于楼房整体以及楼房与基坑之间，而最大位移矢量出现在楼房上部；

再次，在第二次堆土完成后，最大位移量同样出现在楼房上部，但此时产生了更大的位移，建筑物南侧桩基础也发生了很大的位移；

最后，同时堆土另一侧土体不断向河内流动，对防汛墙造成很大的影响。

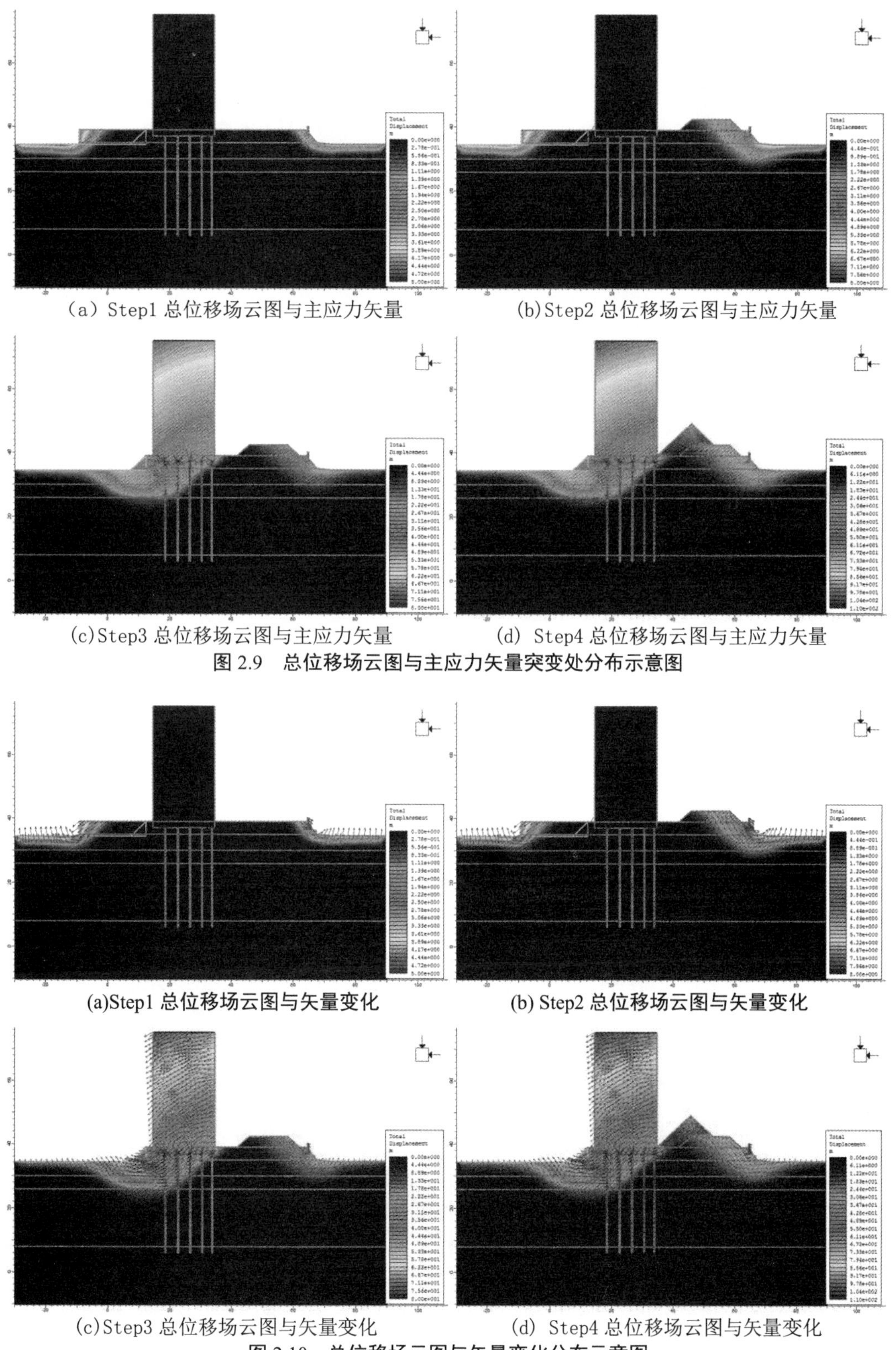

(a) Step1 总位移场云图与主应力矢量　(b)Step2 总位移场云图与主应力矢量

(c)Step3 总位移场云图与主应力矢量　(d) Step4 总位移场云图与主应力矢量

图 2.9　总位移场云图与主应力矢量突变处分布示意图

(a)Step1 总位移场云图与矢量变化　(b) Step2 总位移场云图与矢量变化

(c)Step3 总位移场云图与矢量变化　(d) Step4 总位移场云图与矢量变化

图 2.10　总位移场云图与矢量变化分布示意图

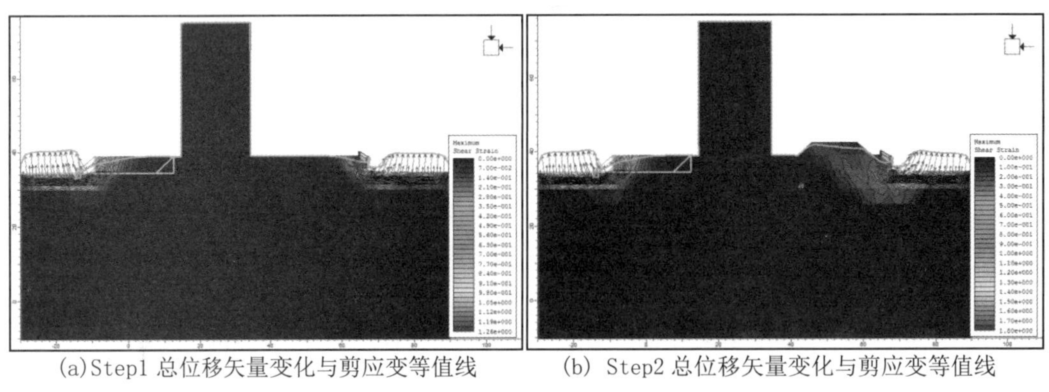

(a)Step1 总位移矢量变化与剪应变等值线　　(b) Step2 总位移矢量变化与剪应变等值线

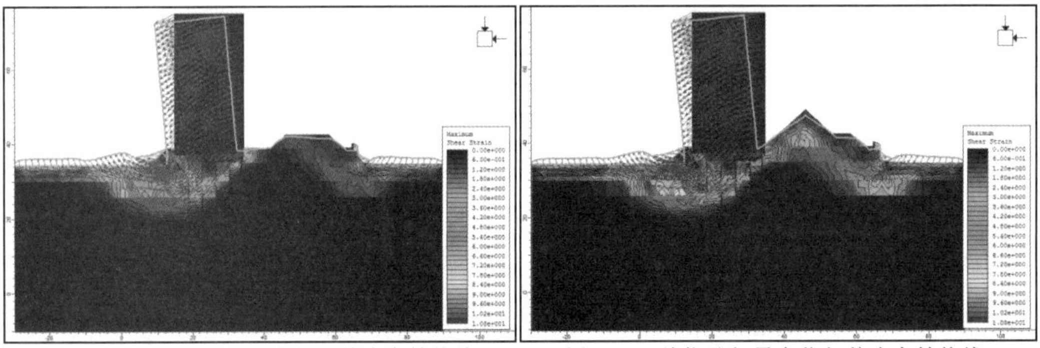

(c)Step3 总位移矢量变化与剪应变等值线　　(d)Step4 总位移矢量变化与剪应变等值线

图 2.11　总位移矢量变化与剪应变等值线分布示意图

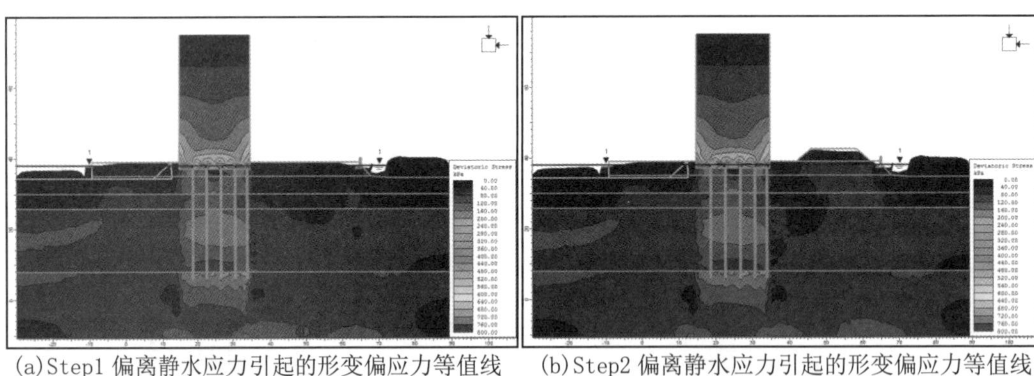

(a)Step1 偏离静水应力引起的形变偏应力等值线　　(b)Step2 偏离静水应力引起的形变偏应力等值线

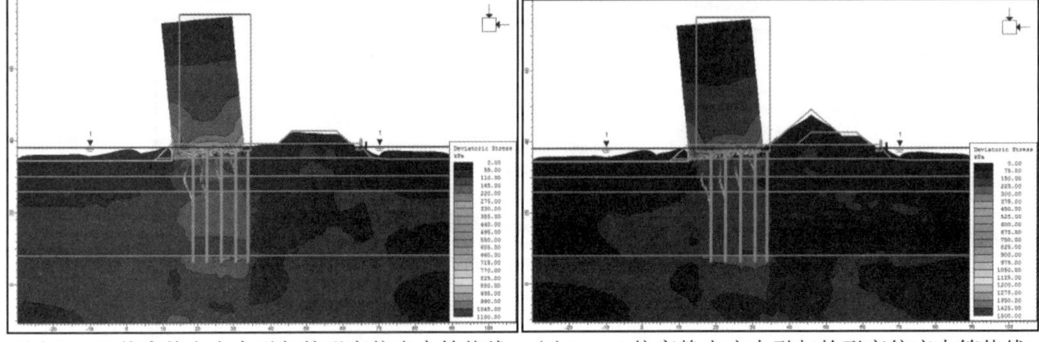

(c)Step3 偏离静水应力引起的形变偏应力等值线　　(d)Step4 偏离静水应力引起的形变偏应力等值线

图 2.12　偏离静水应力引起的形变偏应力等值线分布示意图

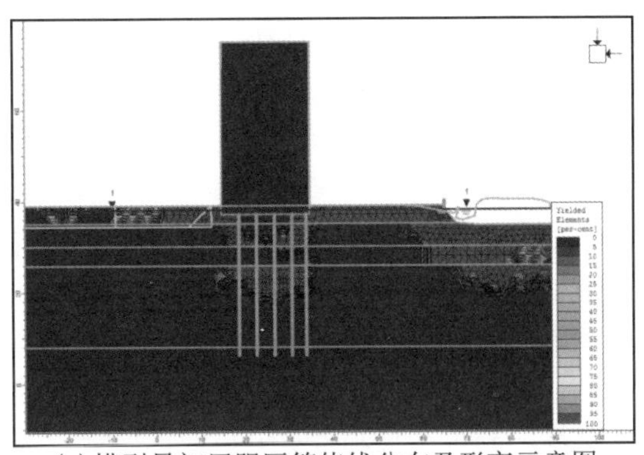

(a)模型最初屈服区等值线分布及形变示意图

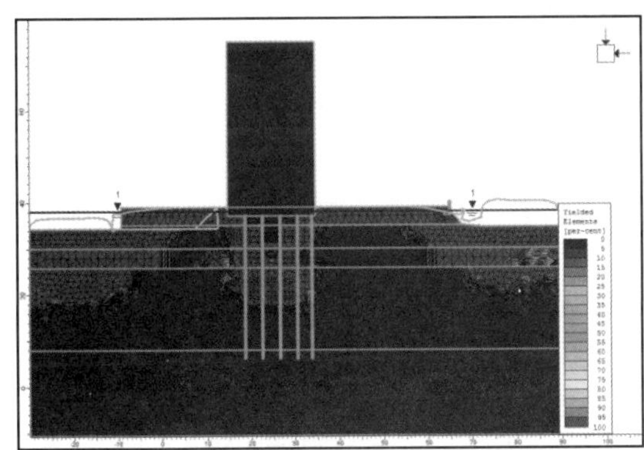

(b)Step1 屈服区等值线分布及形变示意图

(c)Step2 屈服区等值线分布及形变示意图

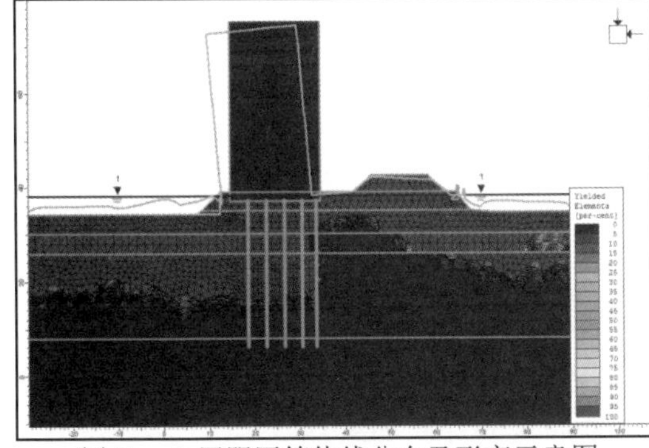

(d)Step3 屈服区等值线分布及形变示意图

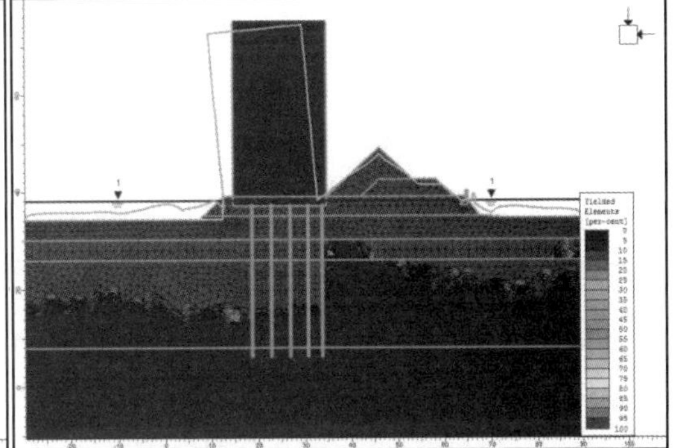

(e)Step4 屈服区等值线分布及形变示意图

图 2.13　各步屈服区等值线分布及形变示意图

③通过图 2.11 总位移矢量变化与剪应变等值线分布图可以看出：

首先，第一次基坑开挖与堆土都各自形成了很小的滑动面，对楼房几乎没有影响；随着基坑开挖至楼房底部以及 10m 高堆土的完成，在堆土与基坑之间形成了一个很明显的滑动面，滑动面上的滑动力使桩基倾斜，使向楼房倾斜的上部结构加速倾斜。

同时，堆土本身滑动，滑动的动力水平作用在房屋的基础上，增加了楼房水平位移，在堆土另一侧也形成了滑动面，使堆土向河流方向产生局部滑动。

④通过图 2.12 偏离静水应力引起的形变偏应力等值线分布图可以看出：

河流对楼房倒塌也有一定的影响。基坑的开挖与堆土都使水位线发生了改变，在楼房两侧产生水压力差，出现偏离静水应力，从而引起了形变偏应力，加速了楼房的倾斜。

⑤通过图 2.13 各步屈服区等值线分布及形变图可以看出：

受楼房及河流影响，在最初阶段，楼房下部及河流下方区域出现局部屈服区；随着施工过程进展，屈服区域不断扩大，由图 2.13（e）图可知，在基坑、楼房、堆土及河流下方形成整片的屈服区域，位于此区域的土体（包括桩）都产生很大的形变，加速了坐落于屈服区域上楼房的倒塌。

综上所述，楼房倒塌主要是由于建筑北侧超高填土驱动和建筑南侧地下车库基坑开挖卸荷造成的，10m 高的土堆在几天内堆成，其堆土载荷远远超过了第③、第④层土的抗剪强度，使其处于塑性流动状态，土体向其软弱处滑动。土体的滑动使桩基础在第④、第⑤层交接处发生向河道的移动，再加之南侧基坑开挖，致使楼房向南地下车库方向倒塌。这是典型的土体丧失稳定的破坏，模拟结果与专家分析原因一致，采用有限元模型很好地演示了楼房倒塌的过程，并解释了其倒塌原因，为类似工程事故解析提供了依据。

（3）综合分析

通过对倒塌楼房的分析，并结合现场实际情况，做出以下总结及建议。

①楼房倒塌的主要原因：紧贴楼房北侧，在短期内堆土过高，最高处达 10m 左右；与此同时，紧邻大楼南侧的地下车库基坑正在开挖，开挖深度 4.6m，两者同时作用造成楼房周围土体丧失稳定而破坏，最终导致楼房倒塌。

②楼房倒塌后采取的措施：紧邻楼房也存在北面堆土、南面开挖的问题，通过迅速的基坑回填及南侧土体转移等系列措施，排除了紧邻楼房倒塌的隐患。

③建议各种监测工作要及时到位，对于这样的工程，非常有必要进行在建楼房的监测、基坑围护开挖的监测及堆土对河堤的滑动监测，这样才能及时发现问题，避免类似事故的发生。

2.2 基坑开挖引起地面塌陷分析

2.2.1 事故发生

2008 年 11 月 15 日 15 时 20 分，杭州萧山湘湖段地铁施工现场发生塌陷事故。紧靠基坑西侧的风情大道坍塌形成了一个长 75m、宽 21m、深 15.5m 的深坑，附近的河流决堤，河水倒灌，一度水深达 6m 多。正在路面行驶的 11 辆车陷入深坑，数十名地铁施工人员被埋，遇难工人数达到 21 人，同时造成了风情大道中断，距事故现场仅一墙之隔的萧山区城西小学，校园东边的围墙已全部垮塌。附近民房倾斜破坏，必须及时拆除，并发生了地面下管线破坏等一系列连锁破坏效应，事故概况如图 2.14 至图 2.17 所示。

图 2.14　塌陷后的风情大道及河水倒灌

图 2.15　施工吊车倒塌

湘湖站为杭州地铁一号线的起始站，车站为南北向，总长 934.5m，标准宽 20.5m，为 12m 宽岛式站台车站。车站全长分为 8 个基坑，发生事故的为南北走向的 2 号基坑，该基坑长 107.8m，宽 21.05m，基坑深度 15.7～16.3m。

基坑采用“地下连续墙＋四道钢管内支撑支护方法”，地下连续墙厚度 0.8m，嵌入基坑底面以下深度 17.3m，但还是悬于淤泥质粉质黏土之中。

图 2.16　失稳破坏的钢支撑

图 2.17　拆除危房

2.2.2　事故工程环境

基坑东侧紧靠河流，西侧紧邻风情大道（见图 2.18）：①沿线浅部地下水主要赋存于上部填土层及粉土、砂土层中，补给来源主要为大气降水及地表水，其静止水位一般为深 0.3～2.4m，相应高程 3.99～5.01m，并随季节的变化而变化。②沿线承压含水层主要分布于深部的粉细砂及圆砾层中，隔水顶板为其上部的黏性土层，承压水头高程-6～-4m。

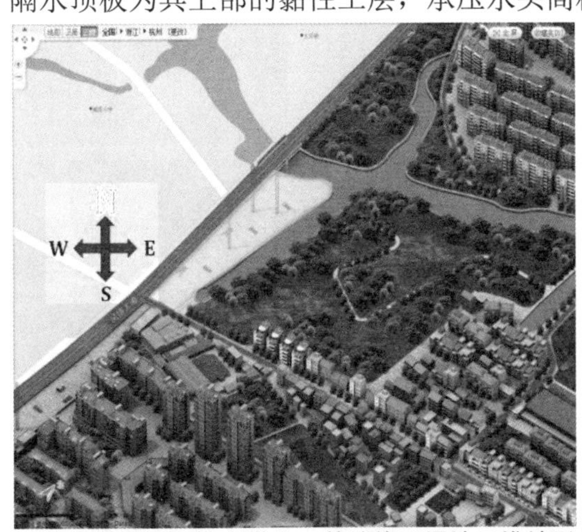

图 2.18　杭州萧山区风情大道北 2 基坑施工场地三维地形交通图

杭州萧山区风情大道北 2 基坑处的地形地貌为湖沼相沉积地貌，地表以下分布有厚度较大的滨海沼泽相淤泥及淤泥质黏土层。

在湖沼相沉积区，隧道埋置深度的范围内，引起事故的主要地层为第④层淤泥质黏性土，局部夹有第⑤层粉土，呈薄层状。

同时，淤泥质土具高含水量、大孔隙比、低强度、高灵敏度、弱透水等特性。其主要地层分布如下：

第①层土为填土，厚度 1～3m;

第②层土为粉质黏土，厚度 3m 左右；

第③层土为粉质黏土或黏质粉土，厚度 3～8m 不等；

坑底附近和以下均为第④层淤泥质黏性土；

第④层以下为第⑥层淤泥质黏土，厚度 7m 左右；

第⑧层黏质粉土夹粉砂，厚度 12m 左右。

地铁车站基坑事故发生后，周围环境出现了很大的改变，通过基坑事故前后的卫星影像图（如图 2.19 所示）可知，对以下几方面做了调整：

①基坑位置向南移动，及时抽干并回填事故基坑东侧河流；

②事故基坑东侧建筑物全部拆除；

③在基坑施工段，风情大道线路改变；

④小学操场与围墙全部拆除；

⑤重新调整线路的风情大道在此穿过。

（a）基坑事故前卫星影像图　　（b）基坑事故后影像图

图 2.19　基坑事故发生前后卫星影像图对比

2.2.3　事故原因分析

根据现场基坑围护破坏图片，初步可以判定基坑破坏形式，基坑产生整体失稳，坑底隆起，从而使得围护墙倾斜，而钢支撑与围护墙连接刚度很弱，基本可以看作铰接，当对撑的两侧轴力不在一条线上时，钢支撑非常容易产生失稳破坏，从而导致最后基坑失稳破坏，坑边土体塌陷，支撑破坏，详细情况如图 2.20 所示，其破坏演示图如图 2.21 所示。

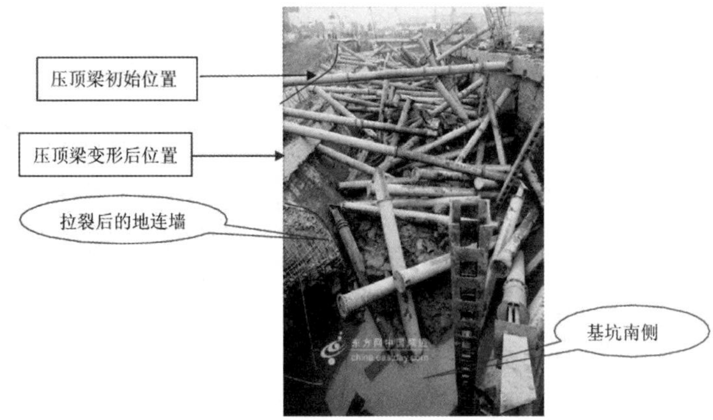

图 2.20　塌陷倾覆拉裂后的地连墙与钢支撑

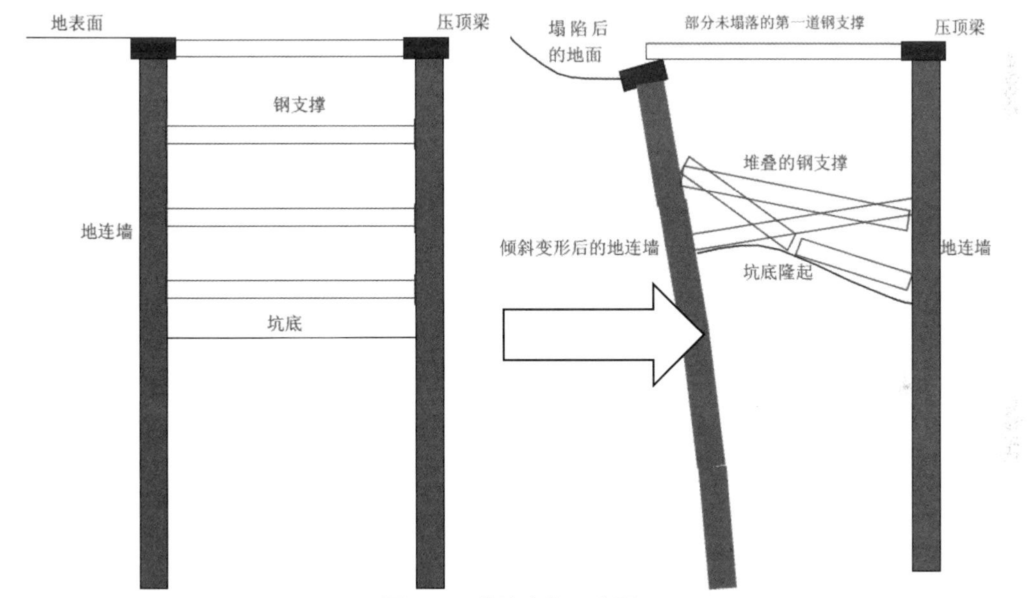

图 2.21　基坑失稳示意图

通过事故图片及现场资料，结合专家分析事故产生的原因，可归纳为以下几点：

①支护结构设计存在缺陷。支护结构主要是地下连续墙设置深度不足，插入深度仅为开挖深度的 1.06 倍，据西南交大地质专家曹教授分析，在杭州地区，因土层软，水量丰富，至少要达 1.5 倍，甚至 2 倍，类似的问题在东南沿海城市地铁施工中就已暴露，并发生了事故，如此教训没有被吸取，致使事故再次重演。中国唯一的地铁及隧道专业设计院的副总工程师也认为 1 倍的深度，可能是临界状态，是一种整体的滑移破坏，整个地铁结构就坐落在一个不稳定的体系上，内部再如何加强，都于事无补，即使在施工阶段不出现问题，正式运营后也会出现，从而造成更惨重的结果。其次是钢支撑问题，设计单位没有提供支撑钢管与地下连续墙的连接节点详图及钢管连接点大样，没有提出相应的技术要求，也没有对钢支撑与地连墙预埋件提出焊接要求，因此在工程中也未进行焊接。引起局部范围地连墙产生过大侧向位移，造成有的支撑轴力过大及严重偏心，导致支撑体系失稳。

②紧邻道路汽车载荷超标严重。现场施工区域西侧的双向四车道“风情大道”一直作为一条交通主干道来使用，来往车流量大，包括不少负载量很大的大型客车、货车都来往于这条路上，这使基坑西面的地下连续墙受到长期冲击。而据杭州市交通部门透露的信息，

原道路设计车流量为3000辆，因附近几条道路整修，所有车辆均从风情大道通过，大约达30000辆/日，超标10倍，造成地铁工程承受严重过多的载荷，从而发生了重大事故。同时，在拆迁红线范围内的别墅在事故几天内仍未拆迁，增加了许多多余的载荷。

③河流及降雨影响。基坑东侧紧靠钱塘江一支流，附近的地质情况比较特殊，根据勘测资料，发生事故的这段路属于淤泥质黏土，含水体流失性强，这给基坑支护带来了很大的难度。而在基坑开挖期间，附近污水管道一直漏水（如图2.15所示），不断流入基坑内。

另外，一个自然条件问题就是杭州出现时间连续10多天降雨，导致土体强度进一步降低，这在一定程度上也促使了事故的发生。

④不合理的工期安排。据查资料，建造1个地铁车站的合理的工期应为3～4年，国外发达国家却往往为6～7年，而湘湖站计划工期为2年，实际工期仅1年半，迫使将原分段分层的开挖方法改变为大区段整体开挖，以满足工期要求。这样便造成了土方超挖过大，有的地段已挖至基坑底，却不能及时架设支撑和浇筑垫层。

2.2.4 基坑开挖引起地面塌陷与建筑物破坏分析

在查阅大量资料并结合现场事故图片的基础上，采用有限元软件 Plaxis^{2D} 对地铁基坑开挖事故进行模拟，分析其塌陷过程及原因。

（1）有限元模型建立及参数选取

有限元模型建立主要考虑以下几个方面。

①假定该过程分析为二维平面应变问题，模型充分考虑道路、河流、地铁基坑开挖以及建筑物的影响，模型尺寸取为长130m、宽55m的矩形，水位线取基坑附近河流表面水平线。

②行车载荷转化为等效载荷作用于路面，地下连续墙高33.6m，但未穿透淤泥土层，采用beam单元模拟，弹性，连续墙与土接触面采用interface单元模拟；内支撑采用点对点锚杆模拟，计算区域内土体左右两侧水平方向位移约束，底面固定，楼房不约束。

③网格剖分：网格统一采用15节点的三角形单元剖分，对地下连续墙网格进行加密。有限元模型见图2.22。

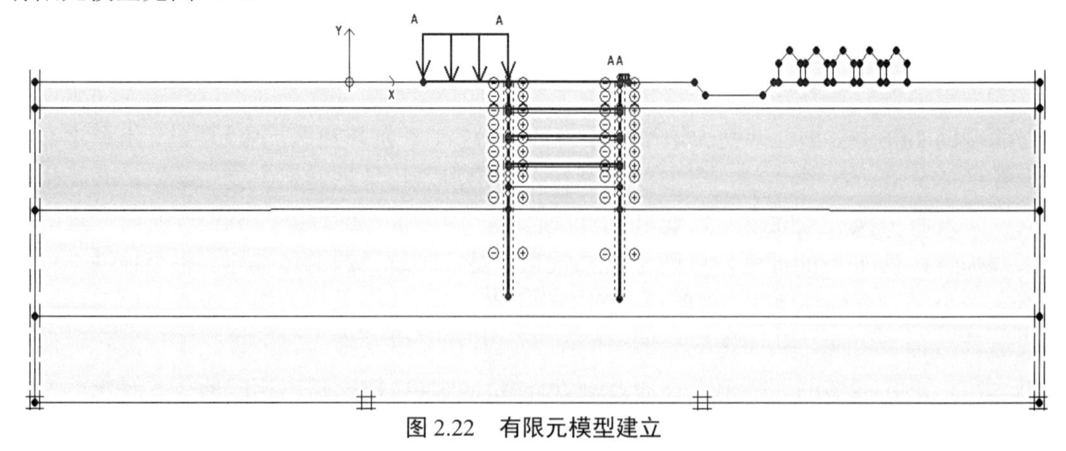

图2.22 有限元模型建立

④施工过程在生成初始应力的基础上分五步。

初始应力采用“重力加载”方法生成：

首先，第一步为施加等效载荷，并修建连续墙；第二步为基坑布置第一道内撑并开挖至4.7m处；第三步基坑布置第二道内撑并开挖至8.9m处；第四步为基坑布置第三道内撑并开挖至 13.3m；第五步为基坑布置第四道内撑并开挖至坑底 16.3m 处。

其次，整个开挖过程基坑连续墙外水位保持不变，基坑内水位随开挖深度而下降。

在结合现场勘察报告并查阅有关杭州地质条件文献的基础上，确定本模型土体力学参数（见表 2.2），其中土体本构关系采用 Mohr-Coulomb 模型，建筑物采用线弹性模型。

表 2.2　**地层物理力学参数**

地层名称	厚度 H/m	容重 γ/(kN/m^3)	弹性模量 E/MPa	黏聚力 c/kPa	摩擦角 ϕ/（°）	泊松比 μ
②$_2$ 黏质粉土	4	19	15.0	10.2	31.8	0.30
④$_2$ 淤泥质黏土	16	17.3	2.0	15.3	13	0.35
⑥$_1$ 淤泥质粉质黏土	17	17.5	2.5	13.5	13.6	0.35
⑧$_2$ 粉质黏土含粉砂	9	19	10.0	14.4	16.5	0.32

（2）计算结果分析

计算过程采用塑性分析，分三种情况进行对比分析：原设计分析、边壁连续墙穿透⑥$_1$ 淤泥质粉质黏土层分析、基坑开挖完成后逐步拆除内撑分析。

①原设计分析。计算结果如图 2.23 至图 2.26 所示，其分别表示基坑开挖最后一步的总位移等值线图、剪应变等值线图、有效应力图及塑性点分布图。

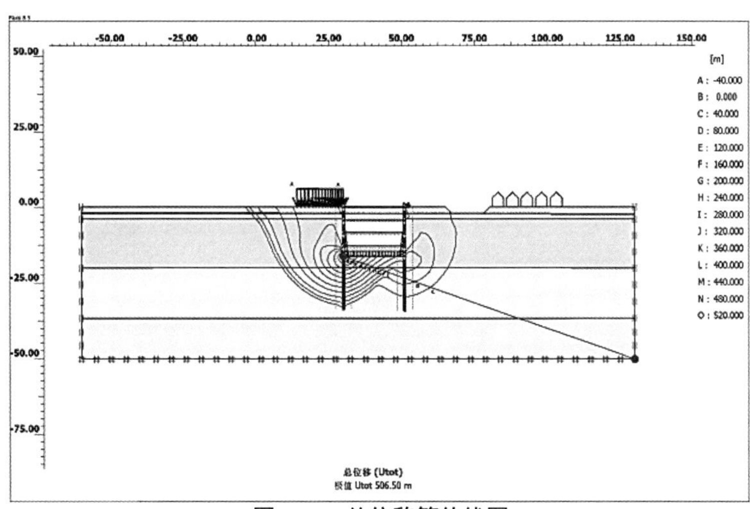

图 2.23　**总位移等值线图**

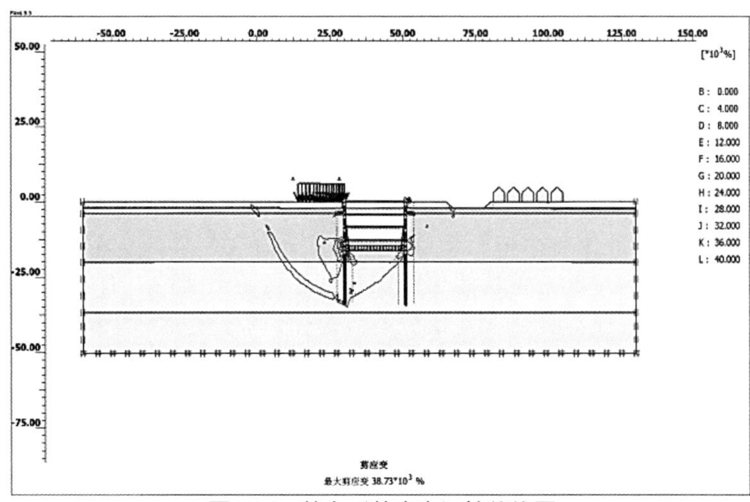

图 2.24　**剪力（剪应变）等值线图**

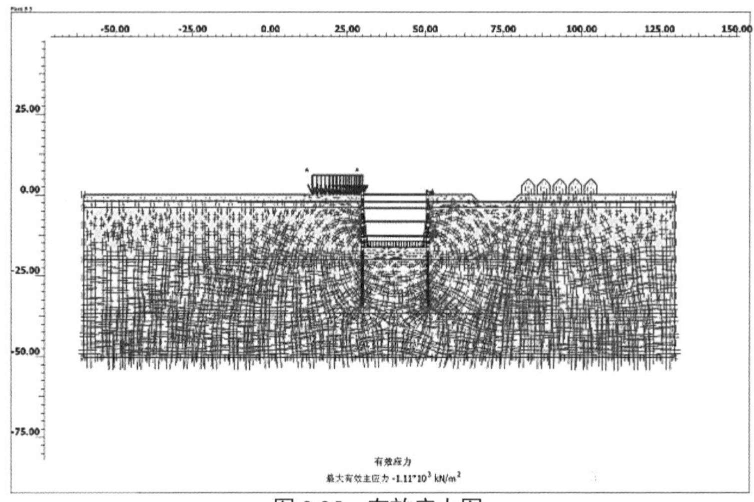

图 2.25　有效应力图

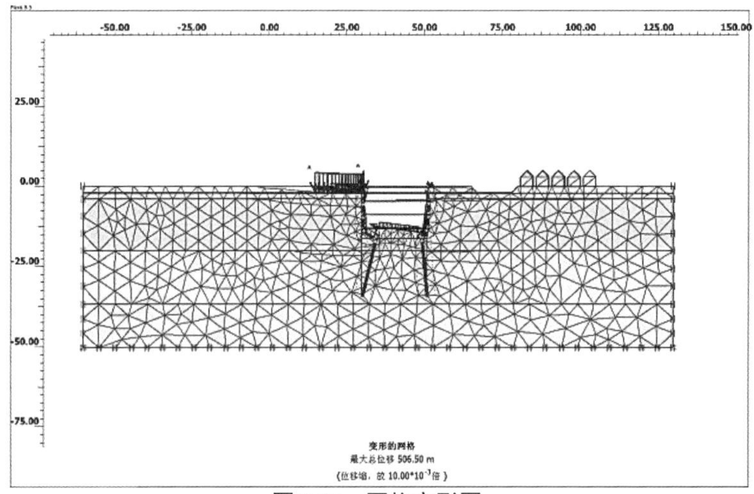

图 2.26　网格变形图

通过总位移图可以看出，较大位移位于连续墙底部、基坑底部、道路下侧及河流附近区域，说明这几处地方都对基坑的塌陷造成了很大影响。同时，通过剪应变图明显看出，连续墙插入深度不足，导致基坑两侧在道路下方与河流下方各自形成一个滑动面，很容易造成基坑边壁的失稳。另外，根据有效应力图可以看出，道路载荷与紧邻基坑的几栋建筑对基坑边壁尤其是连续墙影响很大。最后，从网格变形图可以看出，基坑边壁两侧土体已出现了塑性变形，如不及时进行加固处理，很容易发生破坏，而建筑物则出现拉伸断裂，说明基坑开挖以及附近河流都对其产生了影响。

②边壁连续墙穿透⑥$_1$淤泥质粉质黏土层分析。计算结果如图 2.27 至图 2.30 所示，其分别表示基坑开挖最后一步的总位移等值线图、剪应变等值线图、有效应力图及塑性点分布图。将其与第①种情况原设计进行对比分析：首先，通过总位移图可以看出较大位移同样位于连续墙底部、基坑底部、道路下侧及河流附近区域，但位移量要比原设计小。其次，通过剪应变图可以明显看出，由于连续墙穿透软土层，有效阻止了基坑两侧在道路下方与河流下方各自形成滑动面，防止了基坑边壁的失稳。同时，通过有效应力图可以看出，道路载荷与紧邻基坑的几栋建筑对基坑边壁尤其是连续墙影响较大。另外，通过网格变形图可以看出，塑性区域减小，但同样是基坑边壁两侧土体出现塑性变形，如不及时加固处理，

很容易发生破坏，而建筑物则出现拉伸断裂，说明基坑开挖以及附近河流都对其产生了影响。

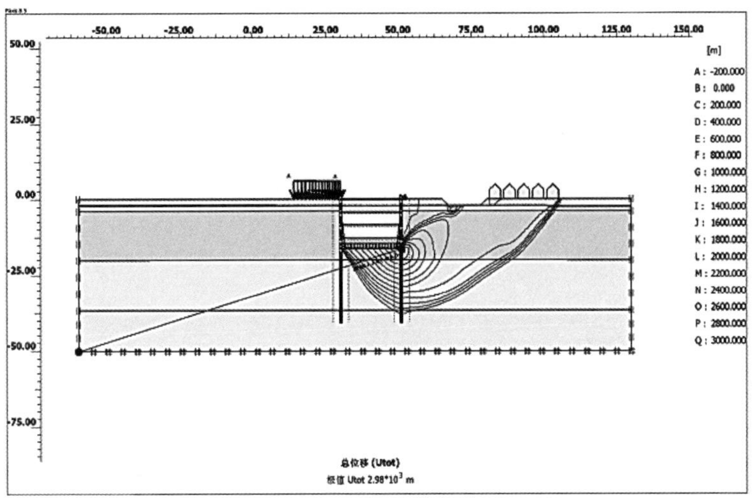

图 2.27　总位移等值线图

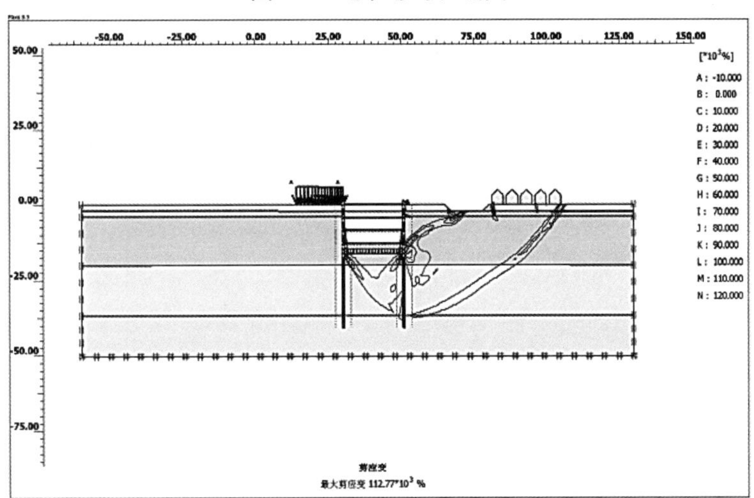

图 2.28　剪力（剪应变）等值线图

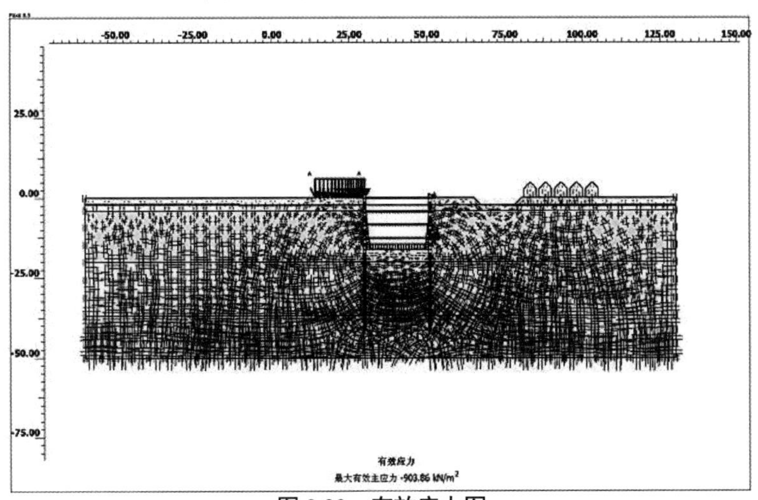

图 2.29　有效应力图

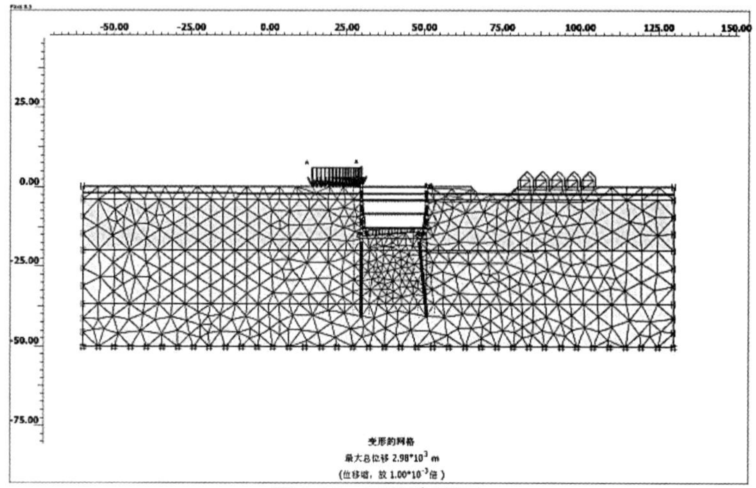

图 2.30　网格变形图

③基坑开挖完成后逐步拆除内撑分析。计算结果如图 2.31 至图 2.34 所示，其分别表示拆除全部内撑的总位移等值线图、剪应变等值线图、有效应力图及塑性点分布图。

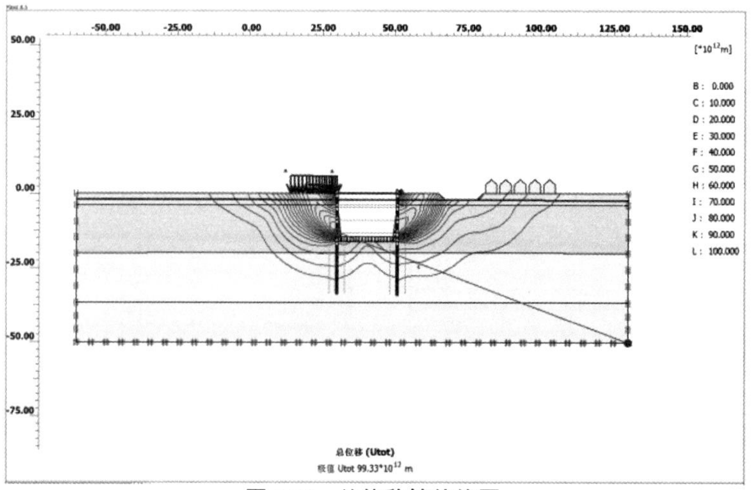

图 2.31　总位移等值线图

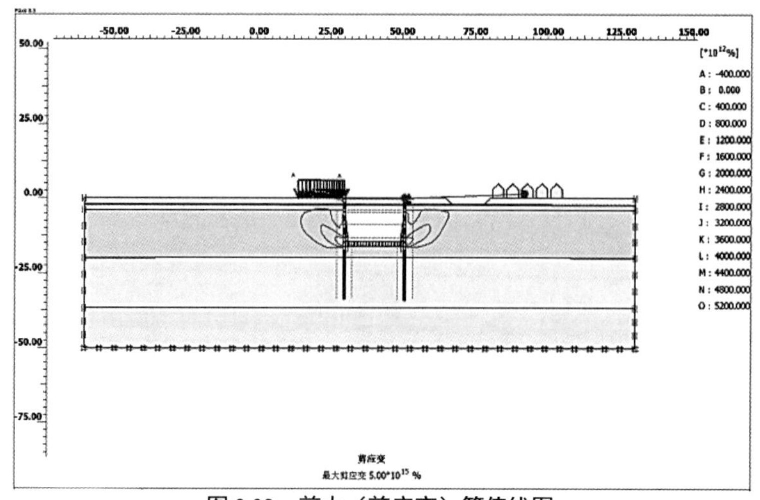

图 2.32　剪力（剪应变）等值线图

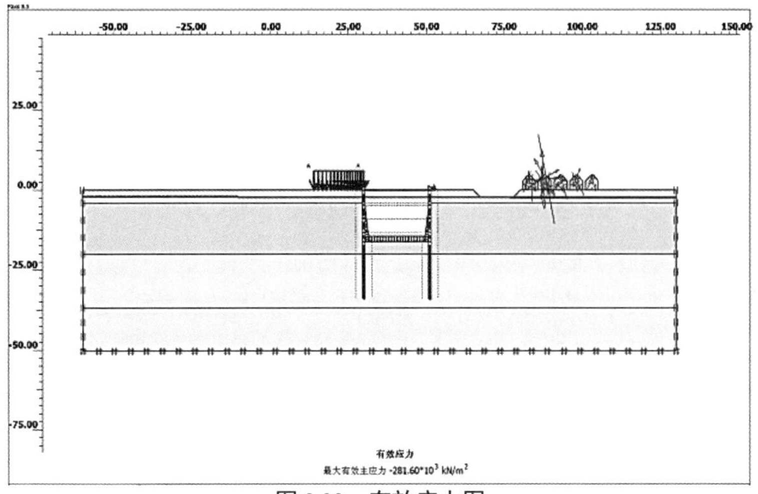

图 2.33　有效应力图

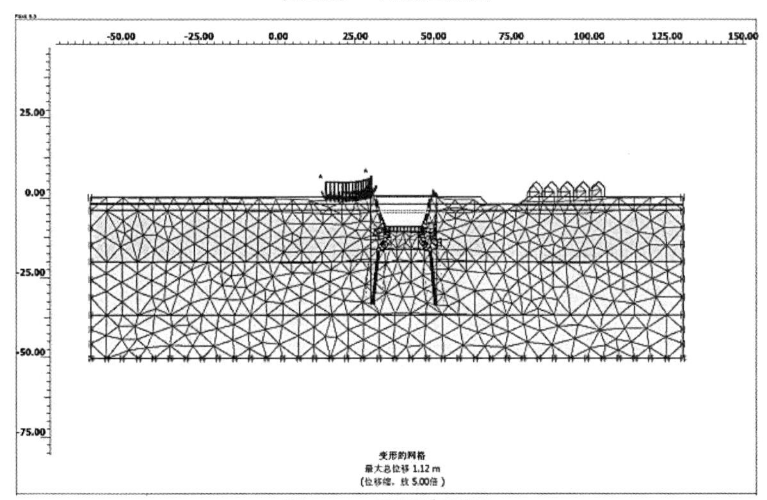

图 2.34　网格变形图

将其与原设计进行对比分析，通过总位移图可以看出，位移区域明显加大，较大位移位于连续墙底部、基坑底部、路面下侧整片区域及河流附近区域，说明这几处地方都对基坑的塌陷造成了很大影响；通过剪应变图明显看出，连续墙插入深度不足，导致基坑两侧在道路下方与河流下方各自形成一个滑动面，穿过连续墙底部，在拆除内撑后，导致基坑边壁的严重失稳；通过有效应力图可以看出，道路载荷与紧邻基坑的几栋建筑对基坑边壁尤其是连续墙影响很大；通过网格变形图可以看出，塑性变形主要集中于基坑边壁两侧，说明此时基坑边壁已经破坏，而建筑物则出现拉伸断裂，说明基坑边壁的破坏对紧邻建筑产生了不利影响。

综上所述，利用有限元软件对某地铁基坑事故进行模拟，通过分析可知其塌陷主要是由于连续墙支护深度不够、道路载荷过大及附近河流的影响而造成的，比较吻合地反映了破坏时的真实过程。在将其与连续墙穿透软层及逐步拆除内撑的对比分析基础上，对原设计可采取以下几点建议：

①如计算分析那样，将边壁连续墙穿透软土层，可收到一定的效果；②采用咬合桩或者 SMW（Soil Mixing Wall）工法桩，尤其是 SMW 工法桩已在杭州地铁秋涛路站成功应用。SMW 工法桩围护墙是通过特殊的多轴深层搅拌机按设计深度将土体切散，同时从钻头前

端将水泥浆强化剂注入土体，经充分搅拌混合后，再将 H 形钢插入搅拌桩体内，形成地下连续墙体。利用该墙体直接作为挡土和止水结构，结构完成后再回收 H 形钢。它具有构造简单、止水性能好、工期短、造价低、环境污染小等特点；③在无人区，可以将地铁线路由地下改到地上，避免基坑开挖带来的危险。

2.3 桩锚复合支护类型与强度折减数值模拟分析

通过在建楼房倒塌以及地铁基坑事故的分析可知，无论是对于基坑周围有高层建筑物还是存在较大超载，都会对基坑开挖以及建筑物造成很大的影响，如不及时处理，便会造成很大的损失。因此在基坑开挖过程中，边壁的支护问题非常重要，随着桩锚复合支护结构越来越多地应用于基坑工程，它的安全可靠性也成了很多学者讨论的主题。

本节在以上两例基坑事故分析的基础上，通过一些实例并结合依托工程对桩锚复合支护结构进行研究，使其可以更好地应用于实际工程中。

2.3.1 桩锚复合支护结构工程实例

本文依托工程采用钢管桩加锚杆支护结构，见图 2.35，由于材料取材方便并且可回收重复利用，材料强度也能达到要求，从而可满足经济性和安全性的要求。现如今，桩锚复合支护结构不断地应用于各类基坑的开挖中，图 2.36 列举了几个工程实例。

图 2.35 依托工程桩锚支护结构

图 2.36 采用桩锚复合支护基坑实例

2.3.2 桩锚复合支护一般类型

在考虑基坑内降水的情况，目前常采用的支护形式可以归纳四种：只考虑土钉支护结构；考虑土钉+放坡支护结构；考虑基坑上部采用土钉+放坡、下部为支护桩+锚杆的复合支护结构；考虑基坑上部采用土钉+放坡、下部为支护桩+锚杆+内撑复合支护结构。

对这四种情况采用有限元软件 Phase^{2D} 分别建立模型，建立过程同 2.1 节楼房倒塌事故分析的模型，都采用分步开挖，在此只列出最后一步基坑开挖支护模型，如图 2.37 至图 2.40 所示。

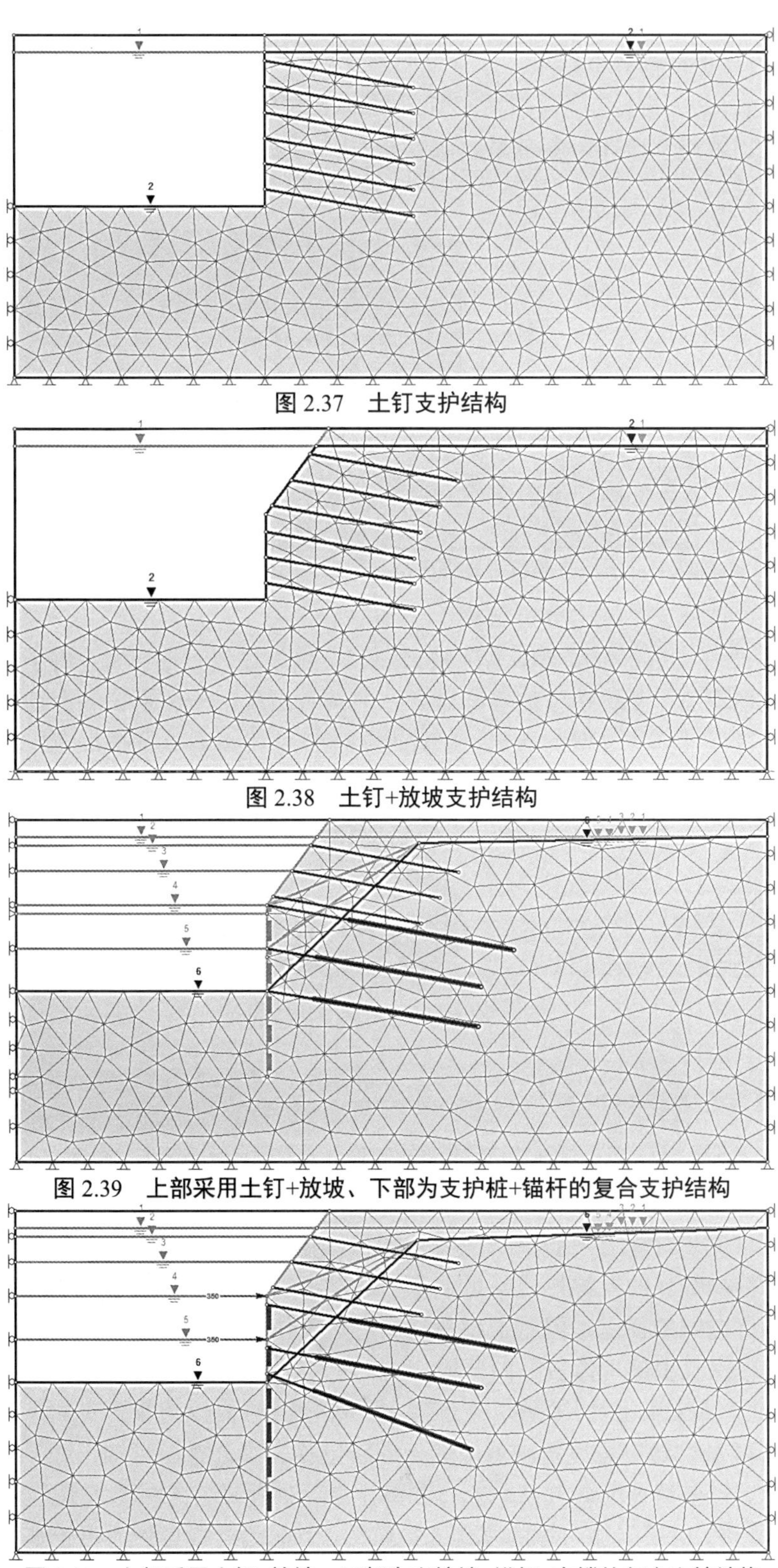

图 2.37　土钉支护结构

图 2.38　土钉+放坡支护结构

图 2.39　上部采用土钉+放坡、下部为支护桩+锚杆的复合支护结构

图 2.40　上部采用土钉+放坡、下部为支护桩+锚杆+内撑的复合支护结构

2.3.3 桩锚复合支护类型强度折减数值模拟分析

为了更好地认识桩锚复合支护结构的作用机理，对依托工程基坑边壁采用不同的支护形式进行计算，比较并分析其对基坑边壁的防护作用，分析结果如下。

（1）土钉支护结构分析结果

通过图 2.41 基坑边壁强度折减剪应变云图和位移矢量分布图可知，对于只采用土钉支护，基坑边壁出现局部破坏，安全系数比较低。因此此类支护形式适用于基坑开挖很浅且土体较好的区域。

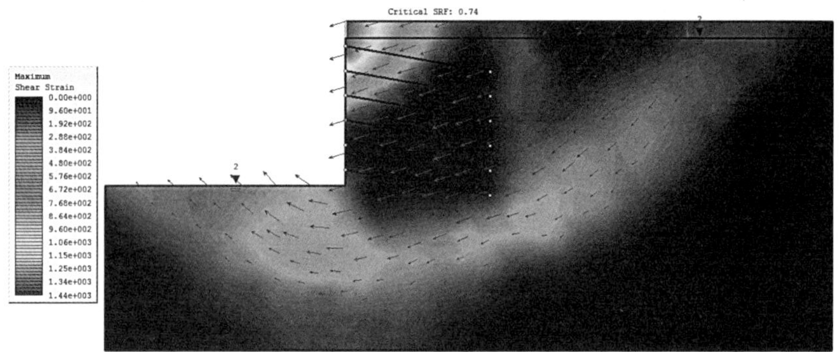

图 2.41 情况①基坑边壁强度折减剪应变云图和位移矢量分布图

（2）土钉+放坡支护结构分析结果

通过图 2.42 基坑边壁强度折减剪应变云图和位移矢量分布图可知，将基坑上部采用放坡处理，有效地避免了基坑边壁的局部破坏，但同时出现了一个潜在的滑动面，说明这种支护方式还不能保证基坑边壁的稳定。因此此类支护适用于基坑开挖很浅、周围场地比较宽阔的区域。

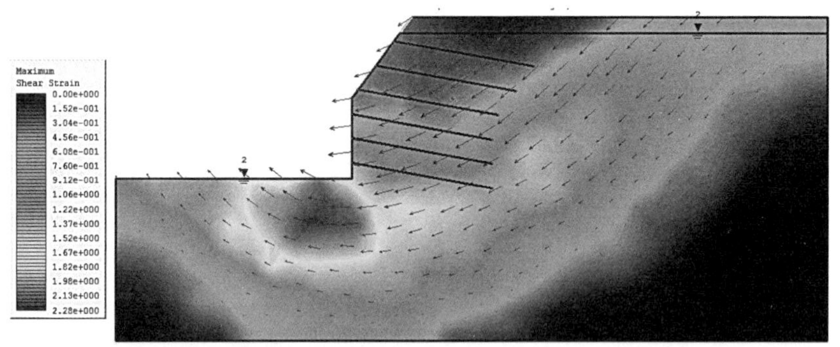

图 2.42 情况②基坑边壁强度折减剪应变云图和位移矢量分布图

（3）基坑上部采用土钉+放坡、下部为支护桩+锚杆的复合支护结构分析结果

通过图 2.43 基坑边壁强度折减剪应变云图和位移矢量分布图可知，在上部放坡基础上，下部采用支护桩加锚杆的支护形式，可使基坑边壁滑动面穿过支护结构，有效阻止土体的滑动，保证基坑边壁的稳定，但对于超深基坑，这种作用并不明显。因此此类支护形式适用于基坑开挖较深且上部土体较好的区域。

（4）基坑上部采用土钉+放坡、下部为支护桩+锚杆+内撑的复合支护结构分析结果

通过图 2.44 基坑边壁强度折减剪应变云图和位移矢量分布图可知，对于此类型的复合支护，加内撑后可使滑裂面向深部单元体和稳定单元体传递，共同参与边坡稳定和变形控制，如果条件允许，可采用加内撑的复合支护结构。因此此类型支护适用于基坑开挖很深、资金条件充裕的区域。

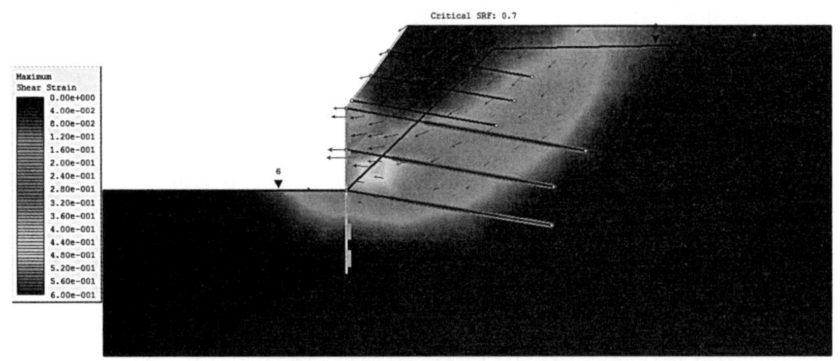

图 2.43　情况③基坑边壁强度折减剪应变云图和位移矢量分布图

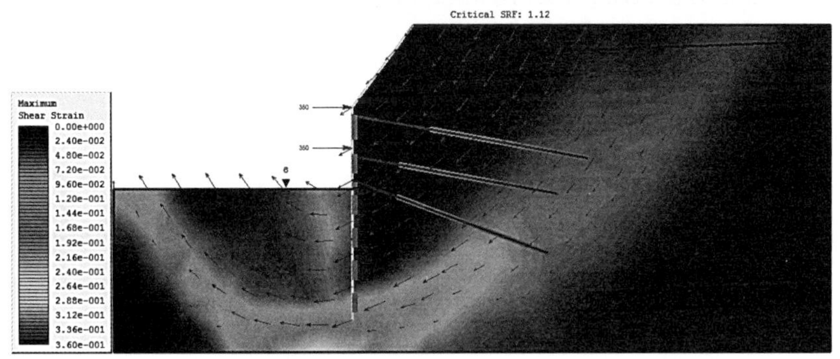

图 2.44　情况④基坑边壁强度折减剪应变云图和位移矢量分布图

2.3.4　桩锚复合支护作用破坏模式与机理分析

桩锚复合支护是一种常见的支护形式，通过有限元模型的分析可知，它的最初形式为支护桩加锚杆，但其加固土的范围很有限；随着基坑开挖深度的增加以及工程复杂性的提高，其形式改变为基坑上部放坡加土钉支护，下部支护桩加锚杆的复合型支护结构，这种形式抗滑区域明显加大；对于更加复杂的基坑工程，可以在前者的基础上加内支撑，形成土钉—桩锚与内撑超前支护复合型基坑围护结构，这样可以更大幅度地提高抗滑区域范围，保证基坑的安全施工。

桩锚复合支护破坏模式（见图 1.8）大体可以分为三种：局部破坏、滑动面穿过支护结构及滑动面位于支护结构之外。桩锚复合支护结构作用机理归纳如下：

①复合型围护结构较“桩锚”体系调用更多单元体参与边坡稳定和变形的控制。

②调用“单元体参与边坡稳定和变形控制”方式，体现在滑裂面向深部单元体和稳定单元体传递。

③土钉、锚杆和内撑都参与传递和控制“滑裂面”。

④“滑裂面演变”与“滑裂面形式”是土钉—桩锚与内撑超前支护复合型基坑围护结构相互作用的演化过程与结果。

总之，随着超大基坑、超深基坑的出现，桩锚复合支护结构形式也会随之不断变化，但其作用机理是相同的，在研究分析桩锚复合支护结构的基础上，可将其更有效地应用于实际工程中，减少基坑工程事故的发生。

2.4　本章小结

本章主要对两个典型基坑事故进行了分析，在此基础上，提出了桩锚复合支护结构这种支护形式，并对不同类型做出分析比较，将其应用于实际工程，可有效保证基坑施工的经济性与安全性。本章主要结论如下：

①通过资料收集，对基坑开挖引起建筑物倾倒进行有限元模拟，可知其倒塌主要是由于楼房南侧基坑开挖卸荷与北侧的快速堆土，导致土体丧失稳定性而造成的，与专家分析一致，并提出将附近楼房南侧基坑快速回填、北侧堆土立即转移的措施，保证其他楼房的安全。

②利用有限元软件对地铁基坑开挖引起地面塌陷进行有限元模拟，通过分析可知其塌陷主要是由于连续墙支护深度不够、道路载荷过大及附近河流的影响而造成，比较吻合地反映了破坏时的真实过程，并提出改用 SMW 工法桩或者将地铁线路移到地上的措施。

③通过建立模型对桩锚结构的作用机理分析，可知桩锚复合支护结构较“桩锚”体系能调用更多单元体参与边坡稳定和变形的控制，其不同形式分别应用于对应的实际工程，在节约材料的基础上，可有效减少基坑事故的发生。

第3章　高层建筑群基坑工程及设计优化

通过第2章分析可知，楼房倒塌中的基坑开挖深度为4.6m，属于较浅基坑；而地面塌陷事故基坑开挖深度为16.3m，属超深基坑。在综合考虑两者基坑深度以及出现的问题基础上，选择了本章的依托工程，基坑属大基坑，基坑四周工程环境不同，针对开挖过程中出现的问题，开展了一系列的研究，为工程的安全施工提供了保证。

3.1　依托工程概况

依托工程为某地国际花园四期工程，位于沈阳市浑南区浑南大道北侧，基坑开挖深度考虑为5.5m，后在开挖过程中因需要改为7m。基坑周围已建好数栋高层建筑物，因此对基坑的开挖会有很大的影响，需要对各方面进行研究，如图3.1所示。

图3.1　高层建筑群基坑工程布置示意图

3.1.1　紧邻高层建筑基坑开挖施工

本工程设计中坐标0.000按自然地面考虑，地面超载设计中考虑基坑顶部地面超载且均布载荷为10kPa。在本工程中用到的一些主要岩土参数的取值参见表3.1。

表3.1　主要岩土参数

地层号	土层名称	重度/(kN/m³)	黏聚力/kPa	内摩擦角/(°)
1	杂填土	15.0	0	18.0
2	粉质黏土	19.5	40	16.0
3	淤泥质土	16.0	30	14.0
4	粉　土	18.0	20	12.5

开挖施工有以下几方面的要求：①本基坑土方分层开挖，锚杆施工与土方开挖交错施工，施工前相关人员确定好施工方案；②基坑开挖严禁超过设计深度，有关单位应协力合作，确保支护设计要求的各种技术参数；③基坑开挖过程中，应采取措施防止碰撞支护结构、工程桩或扰动基底原状土；④发生异常情况时，应立即停止挖土，并应立即查清原因和采取措施，这时方能继续挖土；⑤开挖至坑底标高后坑底应及时满封闭并进行基础工程施工；⑥开挖过程中应在坡面（桩间）设置泄水孔，泄水孔用一寸PVC管接到坑壁外，视现场条件，需要时可加密泄水孔；⑦基坑周边严禁超堆载荷。距离坡顶开挖边线1.5m内严禁堆载，各支护段坡顶1.5m外堆载不超过各段设计超载值；⑧降、排水措施，基坑范围内的含水层主要是粉质黏土和杂填土，水量较小，可以采取明排措施，即边挖土边排水，当

基坑形成后，地下水位逐渐降至基坑底面，此时在基坑内四周挖一圈排水沟，填上碎石，形成盲沟，并每隔 20m 设置集水井，井深 1.5m，设泵排水。

3.1.2 紧邻高层建筑基坑开挖支护方案

基坑支护方案设计原则包括：①符合现场施工条件和环境要求，施工技术优化、可行；②维护紧邻建筑物的安全与稳定；③施工工期合理；④在保证安全、可行的基础上，尽量降低工程造价。

3.1.2.1 基坑支护结构形式

本工程北侧采用 1:1 放坡加土锚混凝土喷护的形式，西侧、南侧、东侧采用护坡桩与锚杆相结合的支护方式，38 号楼东侧采用排桩墙支护方式，其中包括钢管护坡桩：沿建筑物周边共布置 610 根桩，桩型号直径 Φ159 mm×6mm，桩长 9m；锚杆：共布设锚杆一层 145 套，锚杆长度 13m。本基坑工程放坡段支护设计如图 3.2 所示，桩锚支护结构最初设计断面如图 3.3 所示，基坑开挖深度为 5.5m，锚杆仅一排，在放坡段为土钉加固，长度为 1.5m。随着地下车库以及地下室建设的需要，基坑深度需要调整为 7.0m。

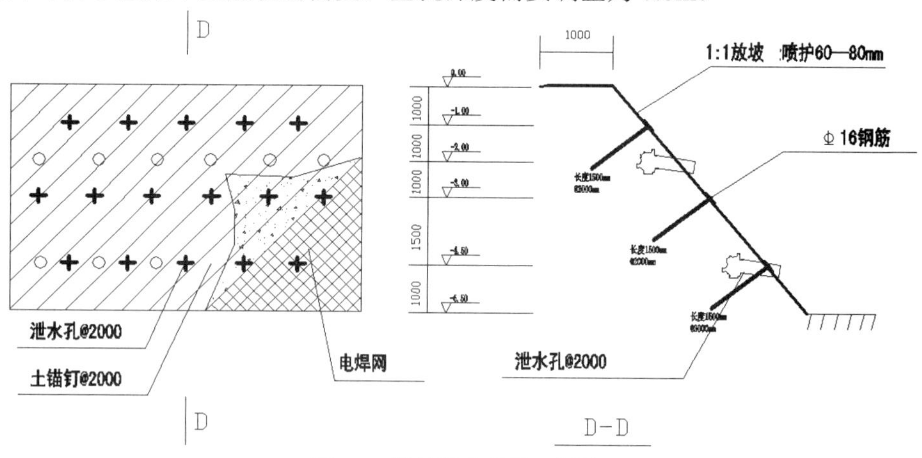

图 3.2 放坡段支护最初设计

3.1.2.2 支护结构方案的选择

根据场地、地层、基坑深度、设备等条件选择支护的方法，并力求做到支护方案的优选及设计计算的正确，支护结构方案的选择如下：①黏性土、粉质黏土等强度较高的地基，当基坑深度 H<6m 时，放坡开挖或悬臂桩（单、双排）墙支护；当 H>6m 时，用土钉支护，假如地下水位高，进行降水或施工防渗墙配合土钉使用；也可采用锚杆桩墙支护的方案，锚杆层数不宜超过 4 层。②淤泥质或饱和黏性土等软弱地基，当 H<7m 且只考虑边坡稳定时，优先选用水泥土搅拌桩等重力式支护方案；当基坑较深时，可采用地下连续墙内支撑支护的方案或逆作法施工。③对于松散的砂土层或粉细砂土层，可用化学注浆加固与桩墙支护相结合的支护方案；其次为土钉支护及地下连续墙的施工方案，也可考虑用插筋补强及网状结构树根桩的支护方案。④对于防渗止水要求严格的基坑工程，护桩间土体宜采用高压旋喷（或定喷、摆喷）注浆进行防渗补强加固；也可用地下连续墙（内支撑、逆作法）或沉井法方案。⑤为节约投资，基坑较深时应多采用组合式的支护方案，对于直立性较好的土体，上部放坡开挖（坡深 3～4m），下部桩墙支护，以减少锚杆层数；也可采用土钉与锚杆相结合的支护方案。⑥对于大型基坑（平面尺寸及深度都较大）工程，可采用中央开

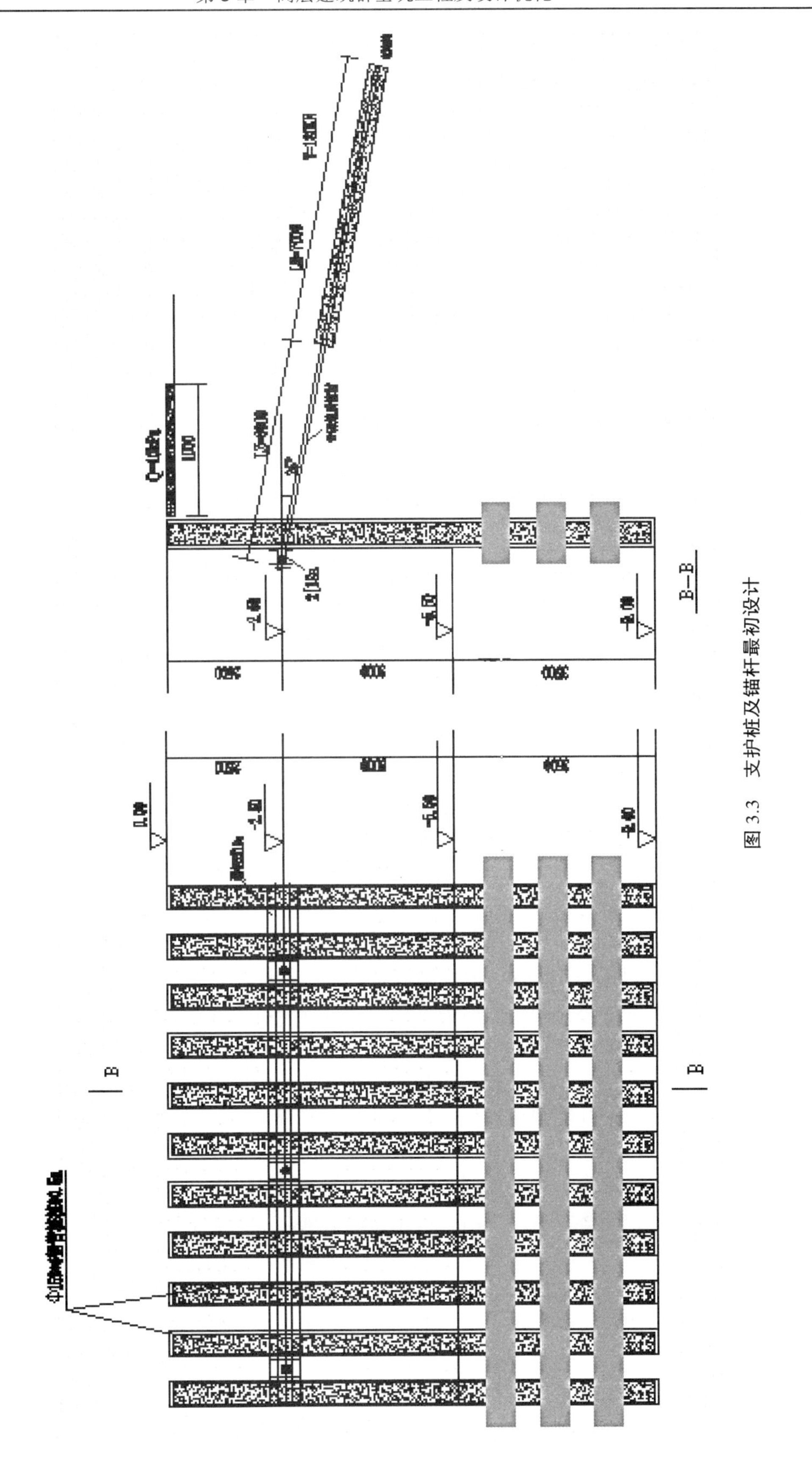

图 3.3　支护桩及锚杆最初设计

挖施工法、开槽施工法等支护方案；每个边坡的支护方法可以不同。

3.1.2.3 支护结构施工方案

（1）喷射混凝土施工要点。喷射混凝土施工要点包括几方面：①施工前先将坡面按设计坡度要求清理干净、平整；②放坡段土锚挂网喷射砂浆厚 60～80mm；③桩立面挂网喷射砂浆厚 40～60mm，视情况可不挂网，以保证桩间土稳定为适宜；④喷射混凝土，其配合比为水泥：砂子=1：4；⑤采用坚硬耐久的中砂粗砂，细度模数宜大于 2.5，含水率控制在 5%～7%。

（2）钢管护坡桩施工。钢管护坡桩施工主要包括：①打桩设备采用钢管专用打管机；②钢管采用直径 Φ159mm×6mm 无缝钢管；③孔径、孔斜、孔深、嵌固深度按设计图纸要求；④施工中要严格按照国家规范和行业标准执行。

（3）锚杆施工。锚杆施工主要包括：①锚杆施工前应至少预钻试验锚杆，以便调整好钻进深度及注浆参数；②锚杆选用 Φ50 mm 地质钻杆壁厚 t=6.5mm，强度标准 f_{yk}=50MPa，锚杆材料要具有出厂合格证；③浆液采用纯水泥浆，水灰比 0.6～0.8；④注浆材料选用 32.5 级普通水泥，并根据现场实际情况适时掺加早强剂；⑤注浆压力一般在 2.0～3.0MPa；⑥锚杆腰梁采用 2×[18a，加垫板及连接缀板连接上下槽钢；⑦锚杆预应力为设计承载力的 70%，设计施工锚杆一排。

3.1.3 紧邻高层建筑基坑施工监测

监测内容包括：支护结构顶部的水平位移与沉降及支护结构的变形，顶测点应环绕基坑四侧布置，每条边不得少于 2 个观测点，以观测开挖时边坡沿基坑深度的位移变化；附近 $2H$ 范围内建筑物的沉降和倾斜量测；附近地表、路面的变形、开裂及建筑物状态观察。

在施工开挖过程中，基坑最大水平位移与当时基坑开挖深度的控制比值不大于 0.40% 且累计最大位移不超过 30mm，基坑开挖边顶线 2m 范围外的总沉降值不大于 0.3%，基坑开挖边顶线 2m 范围外的总沉降值不大于 40mm。若有超过应密切加强观测并及时采取加固措施。从基坑开挖至地下工程完成期间，由专业监测人员对基坑进行全过程监测。各次、各点的观测记录及时整理汇总，绘制变形曲线；发现异常情况及时反馈给监理、施工和设计人员；建立完整的观测、反馈、分析、决策及应急处理体系。

实行动态设计和信息化施工的原则。在施工过程中若发现基坑变形过大等，在立即做好加固处理的同时，应及时通知监理、设计和建设单位有关人员。施工过程中若发现支护剖面段实际地层较设计选用的钻孔地层软弱，或有其他可能危机支护结构、基坑周边构筑设施的情况，应立即通知监理和设计人员，及时采取有效的加固措施；若发现支护剖面段实际地层较设计选用的钻孔地层坚硬的情况，可以优化设计，但必须事先得到设计单位认可。岩土工程的设计通常与实际工程的施工是紧密联系的，尤其是基坑支护这类临时性结构，其受力的不确定因素较多，采用动态设计与信息化施工技术往往可以弥补设计中的不足，在实际施工过程中，随着现场实际地层情况的揭露，在地层条件较复杂之处，有针对性地调整某一部分设计参数是不可避免的。同时，地表渗水对基础稳定性的影响十分巨大，在基坑开挖前业主应将基坑外渗（漏）水的管线全部封死，保证基坑坑壁干燥。从基坑开挖至地下室完成期间，应由专业监测人员对基坑进行全过程动态监测。

质量检查与验收标准为支护施工使用的水泥、型钢、砂和碎石等原材料和成品，应按现行有关施工验收规范和标准进行检验。

3.2　紧邻建筑物基坑施工稳定性影响分区

紧邻建筑物基坑施工中经历几次降雨，基坑边壁均不同程度出现沉降、局部塌陷以及地面开裂、塌陷，紧邻的围墙、楼房基础出现土体与结构的开裂脱离现象。鉴于此，根据紧邻建筑物对基坑稳定性的影响不同，并结合施工工程中基坑出现的问题，对基坑进行稳定性影响分区，如图 3.4 所示。鉴于基坑周边稳定性共分为 7 个区域如下。

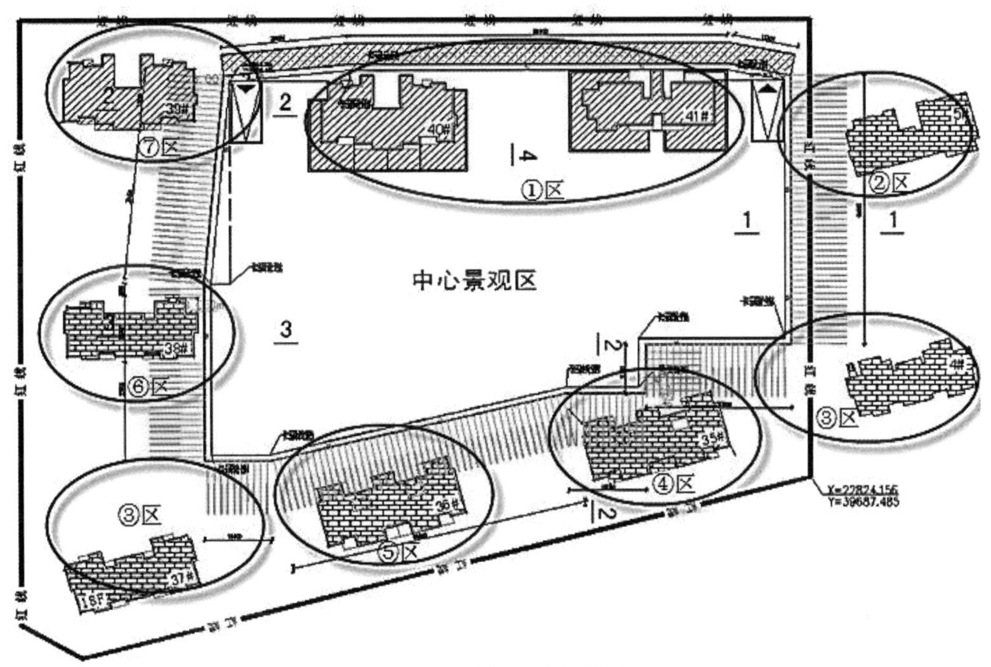

图 3.4　基坑稳定性分区图

①区：40#与 41#楼房位于基坑内，基坑开挖对楼房影响很小，但放坡段地面出现了一些裂缝，如图 3.5 所示。

图 3.5　放坡段地面开裂

②区：此区域位于 5#楼附近，楼房距离基坑边壁较远，但由于持续的降雨，导致土体强度降低，基坑边壁出现了很多问题，如图 3.6 基坑边壁塌陷和支护桩侧倾，图 3.7 地面开裂以及图 3.8 地面塌陷。

③区：此区域位于 4#和 37#楼房附近，楼房距离基坑很远，对基坑影响很小。

图 3.6　基坑边壁塌陷和支护桩侧倾图

图 3.7　地面开裂

图 3.8　地面塌陷

④区：此区域位于 35#楼房附近，建筑物距离基坑边壁较近，且此处基坑存在阴阳角，相互影响很大，现场实际情况见图 3.9。

⑤区：此区域位于 36#楼房附近，楼房距离基坑较近，地面出现开裂，如图 3.10 所示。

⑥区：此区域位于 38#楼房附近，楼房距离基坑很近，施工过程中，紧挨楼房的临时建

筑物出现了开裂，如图 3.11 所示。

图 3.9　基坑阴阳角区

图 3.10　基坑南侧地面开裂

图 3.11　紧邻基坑取水建筑墙体开裂

⑦区：此区域位置比较特殊，位于 39#楼房附近，是基坑桩锚支护与放坡支护的交接处，因临时需要，需在放坡处开挖一地下通道，在施工过程中，地下通道附近地表出现了大量的裂缝，如图 3.12 所示。

图 3.12　地下通道开挖引起地表裂缝图

通过对基坑稳定性的分区，可将其归纳为三类，以利于后面的计算分析：

①基本稳定情况：包括①区和③区，楼房对基坑边壁的影响程度很小，可以不用进行计算分析。

② 稳定性差：包括②区、⑤区和⑦区，在进行稳定性分析的基础上，还需进行数值模拟计算，其中②区和⑤区因楼房距离基坑边壁基本相等，且②区附近地表与支护结构都存在问题，所以选择②区进行二维数值模拟计算；而⑦区由于位置特殊性，采用探地雷达对地表裂缝进行检测并验算。

③ 稳定性极差：包括④区和⑥区，其中⑥区中楼房距离基坑边壁很近，但由于此处地形较简单，因此进行二维数值模拟；④区楼房距离基坑较近，基坑边壁存在阴阳角，地形条件复杂，需进行三维数值模拟分析。

3.3　管锚支护施工设计验算与优化

鉴于以上分区以及问题的出现，在原设计基础上进行了基坑支护结构的优化，并用理正深基坑软件进行了分析。

3.3.1　加密支护桩设计

在其他条件不变的情况下，调整桩间距由1m变为0.5m，加密支护桩计算简图见图3.13。

对调整后的模型进行整体稳定性验算、抗倾覆稳定性验算以及抗隆起验算，以便对基坑支护设计方案做出调整。

3.3.1.1　整体稳定性验算

基坑整体稳定性验算如图 3.14 所示。

计算方法：瑞典条分法。

应力状态：总应力法。

条分法中的土条宽度：1.00m。

滑裂面数据：

整体稳定安全系数 K_s =2.663。

圆弧半径 R =11.350m；圆心坐标 X =-1.983m；圆心坐标 Y =7.607m。

通过以上计算可知，整体稳定安全系数 K_s=2.663>1.300，满足条件。

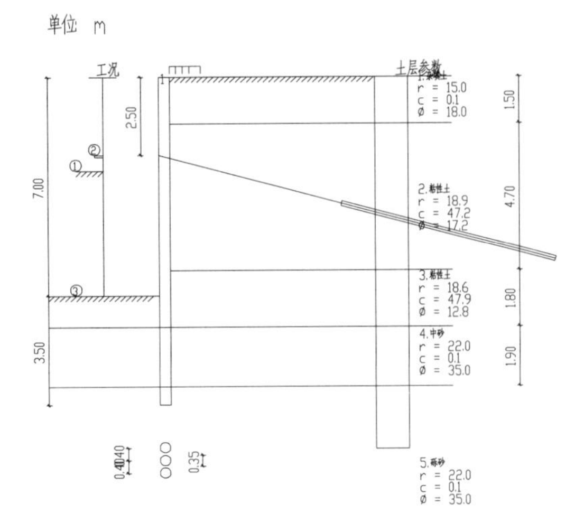

图 3.13　加密支护桩计算简图

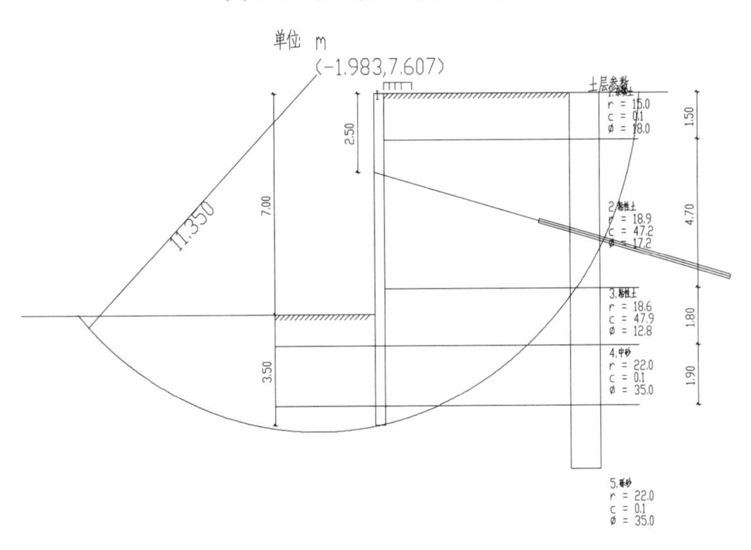

图 3.14　稳定性验算简图

3.3.1.2　抗倾覆稳定性验算

抗倾覆安全系数:

$$K_s = \frac{M_p}{M_a} \tag{3.1}$$

式中，M_p—被动土压力及支点力对桩底的抗倾覆弯矩，对于内支撑支点力由内支撑抗压力决定，对于锚杆或锚索，支点力为锚杆或锚索的锚固力和抗拉力的较小值；M_a—主动土压力对桩底的倾覆弯矩。

注意：锚固力计算依据锚杆实际锚固长度计算。

工况 1：$K_s = 34.438 \geqslant 1.200$，满足规范要求。

工况 2：$K_s = 37.302 \geqslant 1.200$，满足规范要求。

工况 3：$K_s = 5.222 \geqslant 1.200$，满足规范要求。

安全系数最小的工况号：工况 3。最小安全 $K_s = 5.222 \geqslant 1.200$，满足规范要求。

3.3.1.3 抗隆起验算

基坑抗隆起验算如图 3.15 所示。

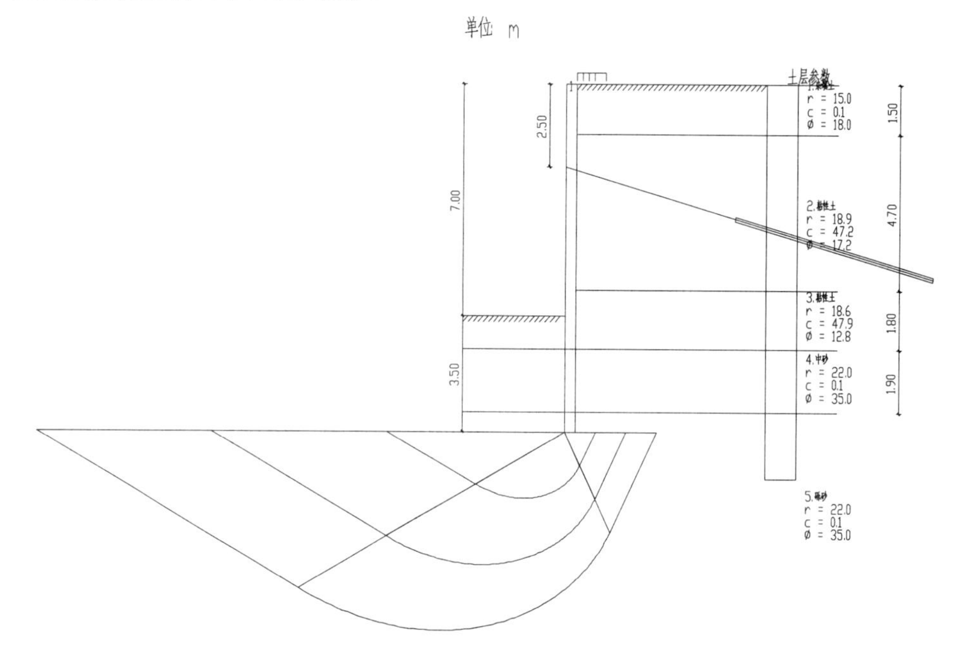

图 3.15 抗隆起验算简图

采用 Terzaghi（太沙基）公式（K_s≥1.15～1.25）

注：安全系数取自《建筑基坑工程技术规范》YB 9258—97（原冶金部）：

$$K_s = \frac{\gamma D N_q + c N_c}{\gamma(H + D) + q} \tag{3.2}$$

$$N_q = \frac{1}{2}\left(\frac{e^{\left(\frac{3}{4}\pi - \frac{\varphi}{2}\right)\tan\varphi}}{\cos\left(45^\circ + \frac{\varphi}{2}\right)}\right)^2 \tag{3.3}$$

$$N_c = (N_q - 1)\frac{1}{\tan\varphi} \tag{3.4}$$

$$N_q = \frac{1}{2}\left(\frac{e^{\left(\frac{3}{4}\times 3.142 - \frac{33.761}{2}\right)\tan 33.761}}{\cos\left(45 + \frac{33.761}{2}\right)}\right)^2 = 35.425$$

$$N_c = (35.425 - 1)\frac{1}{\tan 33.761} = 51.500\ ;\quad K_{s'} = \frac{21.029 \times 3.500 \times 35.425 + 0.591 \times 51.500}{19.030 \times (7.000 + 3.500) + 3.571}$$

K_s= 12.969≥1.15，满足规范要求。

通过以上验算表明，基坑支护结构在保持其他条件不变情况下，加密支护桩是可行的。

3.3.2　增加一排锚杆设计

在其他条件不变的情况下，增加一排锚杆，计算简图如图 3.16 所示。

对调整后的模型进行整体稳定性验算、抗倾覆稳定性验算以及抗隆起验算，以便对基坑支护设计方案做出调整。

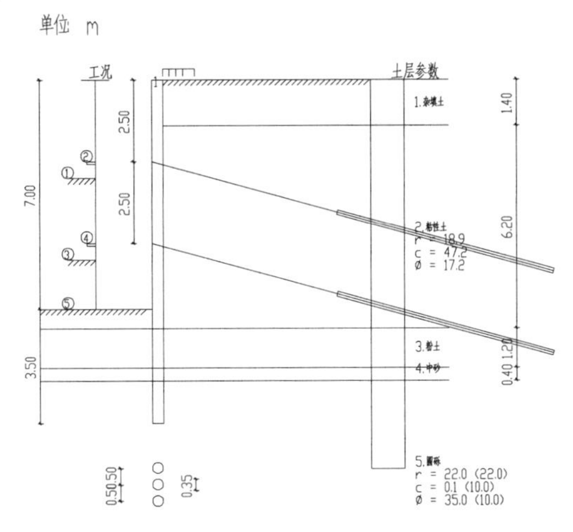

图 3.16　增加一排锚杆计算简图

3.3.2.1　整体稳定性验算

整体稳定性验算如图 3.17。

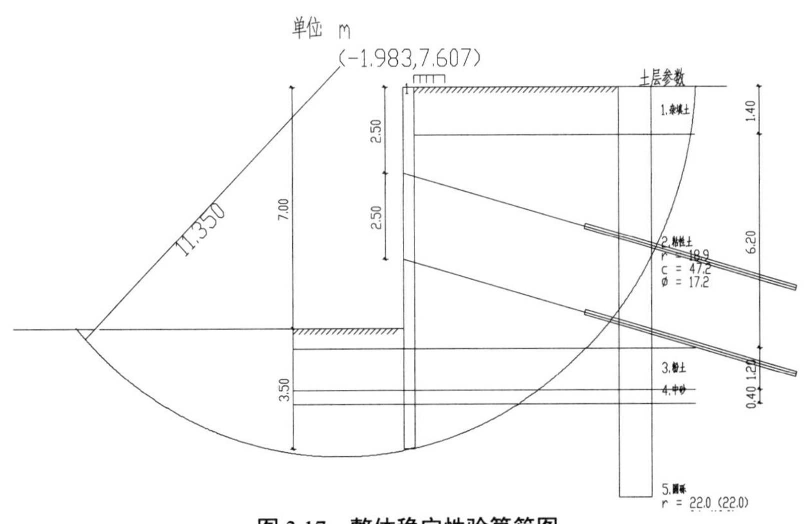

图 3.17　整体稳定性验算简图

计算方法：瑞典条分法。

应力状态：总应力法。

条分法中的土条宽度：1.00m。

滑裂面数据：

整体稳定安全系数 K_s=2.756。

圆弧半径 R =11.350m；圆心坐标 X =-1.983m；圆心坐标 Y =7.607m。

通过计算可知，整体稳定安全系数 K_s=2.756>1.300，满足条件。

3.3.2.2 抗倾覆稳定性验算

抗倾覆安全系数：

工况 1：K_s= 42.077≥1.200，满足规范要求。

工况 2：K_s= 46.474≥1.200，满足规范要求。

工况 3：K_s= 16.040≥1.200，满足规范要求。

工况 4：K_s= 18.478≥1.200，满足规范要求。

工况 5：K_s= 8.390≥1.200，满足规范要求。

安全系数最小的工况号：工况 5。最小安全 K_s = 8.390>1.200，满足规范要求。

3.3.2.3 抗隆起验算

抗隆起验算如图 3.18 所示。

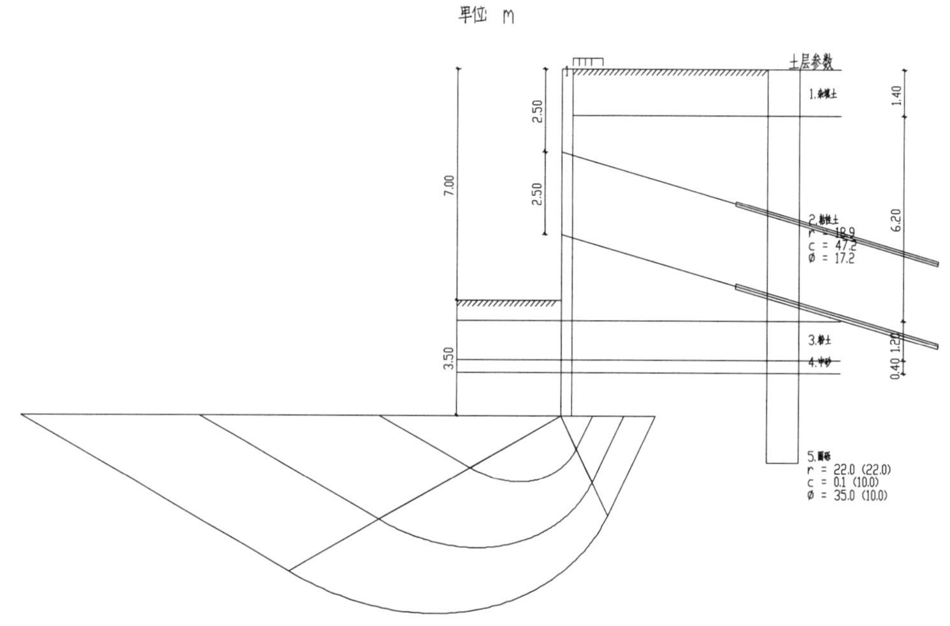

图 3.18 抗隆起验算简图

采用 Terzaghi（太沙基）公式（K_s≥1.15～1.25）。

$$N_q = \frac{1}{2}\left(\frac{e^{\left(\frac{3}{4}\times 3.142 - \frac{33.344}{2}\right)\tan 33.344}}{\cos\left(45 + \frac{33.344}{2}\right)}\right)^2 = 33.631$$

$$N_c = (33.631 - 1)\frac{1}{\tan 33.344} = 49.594\;;\quad K_s = \frac{20.611\times 3.500\times 33.631 + 0.756\times 49.594}{18.950\times(7.000 + 3.500) + 3.571}$$

K_s= 12.163>1.15，满足规范要求。通过以上验算表明，基坑支护结构在保持其他条件不变的情况下，增加一排锚杆是可行的。

3.3.3 加长放坡段土钉设计

根据原设计，放坡段的计算简图如图 3.19 所示。

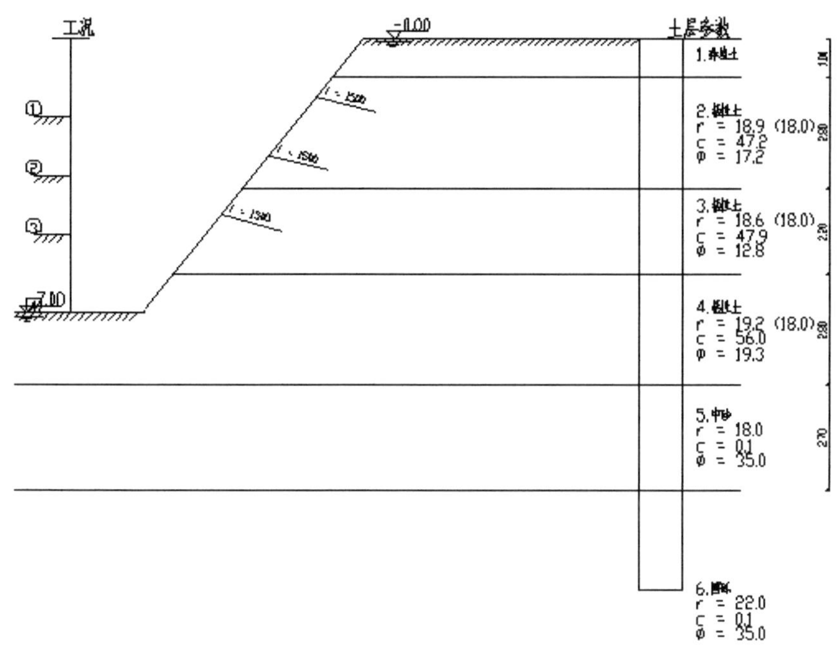

图 3.19　土钉放坡计算简图

利用理正深基坑软件对其进行内部稳定验算，其结果见表 3.2。

表 3.2　内部稳定验算结果

工况号	安全系数	圆心坐标 x/m	圆心坐标 y/m	半径/m
1	0.306	3.511	7.914	2.121
2	2.177	2.183	9.346	5.858
3	1.750	1.438	9.382	7.382
4	1.550	0.475	9.600	8.602

通过计算结果，可知工况 1 的安全系数偏低，故在开挖基坑时需要在早期就打入第一排土钉，因此需对土钉离地面的高度做出调整，得最终设计结果如图 3.20 所示。

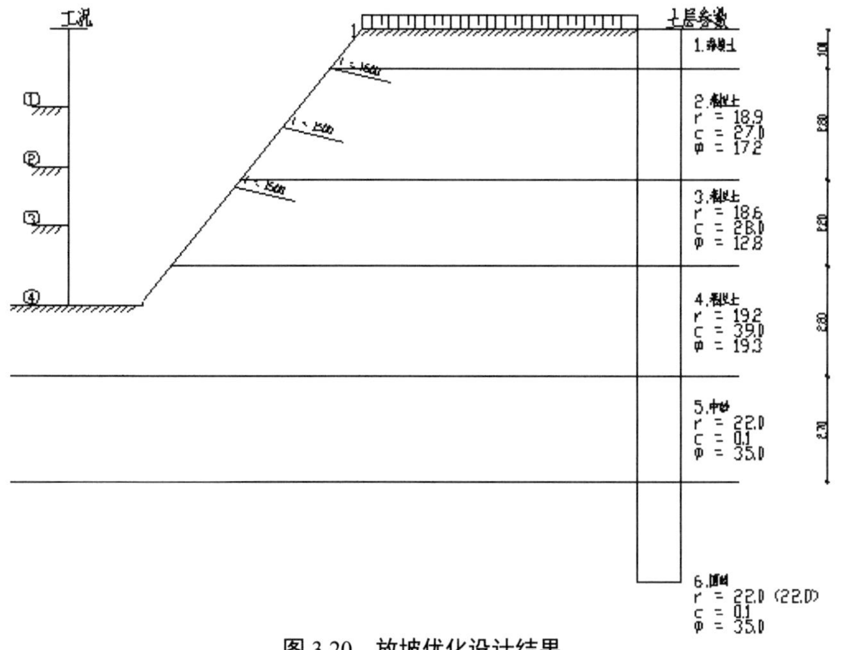

图 3.20　放坡优化设计结果

3.3.4 最终处理措施

通过以上计算分析，放坡段最终设计方案如图 3.20，其他部分在综合加密支护桩和增加一排锚杆的验算结果，得出最终设计方案，支护设计简图如图 3.21 所示。

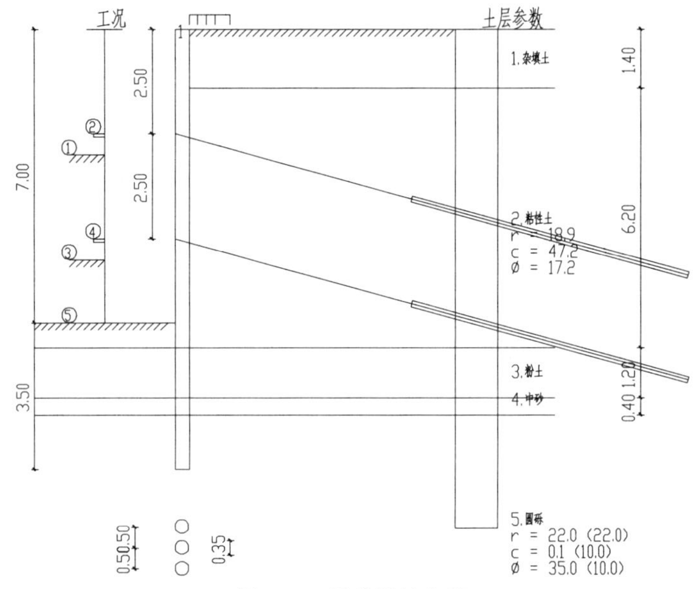

图 3.21 最终设计方案

总之，方案将桩间距保持为 0.5m，对比间距 1m 钢管桩+喷射混凝土，可将钢管桩充分回收。锚杆改为双排，第一排锚杆总长为 13m，锚固段为 7m，第二排总长为 13m，锚固段为 7m。通过调整，可保证在最大限度地节省材料的同时，满足基坑的稳定性需要。

3.4 本章小结

本章根据依托工程地质条件及工程需要，开展基坑支护结构方案设计优化研究，获得结论如下：

①依据工程实际情况，确定基坑支护变形过大和地面塌陷原因主要是因为基坑开挖深度临时加深与持续降雨，导致土体强度变低。

②针对现场出现的问题，对基坑放坡段和桩锚支护结构进行优化，并进行验算，确定最终方案为加密支护桩并增加一排锚杆，以保证基坑稳定性。

③根据紧邻建筑物对基坑稳定性影响进行分区，可分为 7 个区域，并对其进行基本稳定、稳定性差以及稳定性极差的分类，以便于后面进行分析验算。

第4章 紧邻高层建筑基坑开挖与支护过程变形破坏分析

本章采用有限元软件对紧邻高层建筑基坑开挖与支护结构变形破坏进行分析研究。探讨了基坑开挖深度、土层条件、建筑物及其桩基础位置等因素对地表位移和支护变形的影响规律。

基坑开挖引起的地表位移与支护变形是多种因素耦合作用的结果，采用常规分析方法很难反映诸多因素的影响，近年来发展起来的基于计算机的有限元模拟方法是分析基坑变形的一种有效方法，很多学者都对紧邻建筑与基坑开挖的问题从不同方面进行了研究，如高学伸等分析了深基坑开挖、降水及回灌对基坑周边土体变形及紧邻建筑物沉降的影响，通过监测结果表明，降水和回灌在基坑施工初期对周边土体变形起主导作用，中后期对土体变形有一定的影响；施工初期，降水对紧邻建筑物沉降影响显著，回灌在整个施工过程中均能起到减缓沉降变化速率的作用；土方开挖在基坑施工中后期控制着周边土体变形和紧邻建筑物的沉降；采用坑内加固土体的方法，可以减轻基坑施工对紧邻建筑物的影响。

4.1 紧邻高层建筑基坑开挖分析方法

杨敏等采用三维弹塑性有限元法，模拟无支撑基坑开挖与紧邻桩基的相互作用，表明了基坑开挖时紧邻建筑物的桩基础受到开挖引起土体位移的作用以及桩身产生附加应力、弯矩和侧向位移，对比分析了紧邻桩基对基坑开挖所引起土体变形场的影响，并讨论了基坑的空间效应、开挖深度、支护墙刚度、桩基和基坑距离、桩基刚度和桩头约束条件等因素对紧邻桩基附加侧向位移和弯矩的影响，可为分析基坑开挖对紧邻桩基影响时提供一定的理论指导。吴小建等则根据受深基坑开挖地层应力场重分布影响，基坑周边地层必将产生沉降变形，而过大的沉降、差异沉降将对基坑周边既有老建筑产生损伤等理论，通过基坑实例，为加强紧邻深基坑的历史保护建筑变形控制，分析了深基坑开挖时对建筑物沉降的影响，阐述了施工过程中采用的全套管回转清障、地墙槽段槽壁加固、基坑疏干降水等关键技术，并提出了对老建筑相应的保护措施。钱健仁介绍了天津某地铁基坑工程对距离5m处风尚公寓6号楼的影响，通过调查房屋现状、确定施工方案、布设沉降监测点及制定观测频率及警戒值确定其保护方案，并对成果进行分析，表明在深基坑施工过程中，对距离深基坑 5m 左右的浅埋式基础多层砖混结构房屋的沉降量和偏斜量是可以得到控制的，经保护的房屋能满足使用要求。宋滨、林佳露介绍了砖木结构建筑由于建造年代较早，安全设计标准较低，建筑的整体性较差，强度储备不足，对地基土体变形的反应也较敏感，因此紧邻的基坑施工甚至会影响结构的安全性。通过某工程实例，对砖木结构房屋因土体扰动引起的不均匀沉降损坏进行维修和加固作一些探讨，尝试通过采取合理的工程措施全面修复加固结构，提出了基础、上部结构墙体、木构件、混凝土构件等的不同加固方案，适度地提高了房屋结构的整体性和强度储备。刘志琴、刘沁（Zhiqin Liu，Qin Liu）以实际深基坑工程为例，对周围有建筑物的基坑变形破坏进行了分析，随着不断开挖，通过数值模拟的方法来分析计算基坑周围的沉降变形值，得出的结果与实际监测数据相近，说明了数值模拟方法可以提供一种安全稳定的支护优化方案。这几位学者从不同方面研究了基坑开挖与其紧邻建筑物相互影响规律，为设计和施工安全提供了依据。

本章二维计算采用有限元程序 Plaxis，它是由荷兰的 Delft Technical 大学研制的，该程序是专门用于岩土工程变形和稳定性二维分析的有限元程序包。

4.2 分析模型建立与计算参数选取

采用有限元方法进行紧邻高层建筑基坑开挖与支护过程变形破坏分析，分析结果是否合理的关键是：合理的计算模型、初始应力状态、土体本构模型及土体参数的选取等。

4.2.1 分析模型建立

（1）模型尺寸和边界条件

假定基坑开挖分析为二维平面应变问题，考虑对称性，取基坑一半建模。有限元模型尺寸大小应根据基坑和紧邻建筑物的实际情况共同建模，实际模拟建筑物到基坑的距离、不同的建筑物基础形式（桩基础和浅基础）和基坑挖深等。

模型尺寸应考虑开挖影响范围：沿基坑外水平方向尺寸，通常取大于 3 倍的基坑开挖深度，沿深度方向取足够深。计算模型的边界条件确定：

①表面边界为自由边界，底部边界约束竖向位移，两侧边界仅约束水平位移。以紧邻5#楼基坑开挖过程为例进行建模，其中模型尺寸取 80m×25m 的矩形区，地下室与建筑物桩基定义为混凝土，弹性材料，桩与土接触面采用 interface 单元模拟；

②建筑物结构重量转化为等效载荷，布置于地下室上；

③支护桩等效为连续墙，高 9m，采用 beam 单元模拟，弹性材料，连续墙与土接触面采用 interface 单元模拟；

④锚杆自由段采用点对点锚杆模拟，仅受轴向拉力，固定段采用土工格栅模拟；

⑤计算区域左右两侧水平方向位移约束，底面固定；

⑥基坑开挖深度为 7m，分 3 步开挖，如图 4.1 所示；

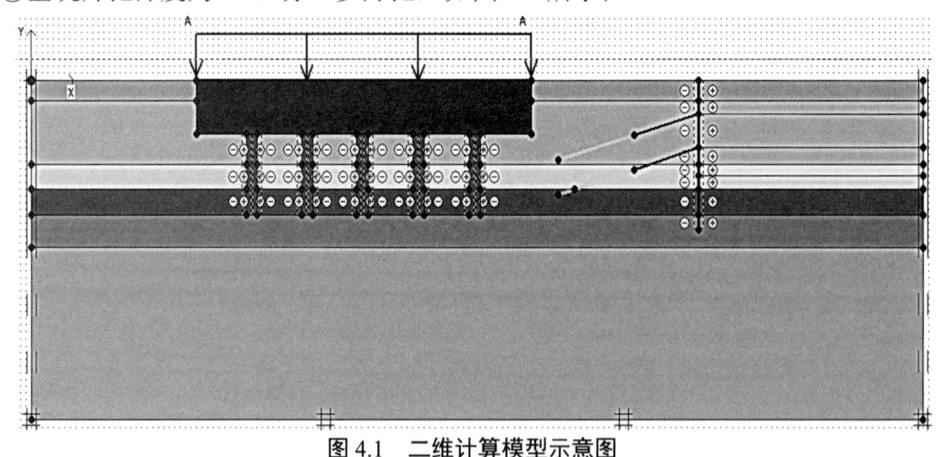

图 4.1　二维计算模型示意图

⑦网格划分采用 15 节点三角形单元，对连续墙进行网格加密处理，如图 4.2 所示为有限元网格化分。

（2）初始应力条件

初始应力条件的确定是模型建立的另一个关键问题，初始应力场是基坑即将开挖时的应力场。初始应力场是弹塑性有限元计算的基础，基坑开挖各个阶段的计算都是在此基础上进行的。根据分析问题的不同采用不同的手段进行初始应力场的确定。

本模型为水平土层条件，其初始应力场可以采用 K_0 系数法计算，如图 4.3 所示。

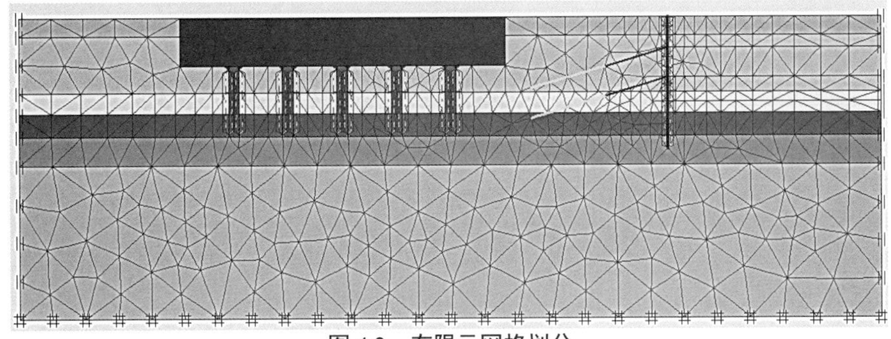

图 4.2　有限元网格划分

（3）紧邻建筑物载荷对初始应力状态的影响

采用有限元软件中“单元生死”的方法，在基坑开挖前激活紧邻建筑物模型和载荷，考虑其对初始应力场的影响。同时在第一步开挖载荷步工况对初始位移归零，忽略紧邻建筑物载荷产生的初始位移。

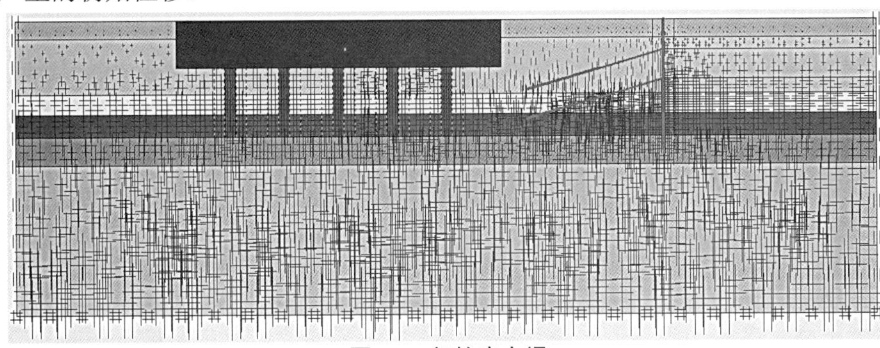

图 4.3　初始应力场

4.2.2　本构模型选取

采用有限元手段模拟基坑开挖过程是一个非常复杂的问题，这个过程本身存在近似，需要对支护结构和土体采用不同的本构模型进行合理的简化模拟。

①对土体本构关系的模拟是有限元分析中的关键。土的本构模型有很多种，常应用于基坑工程中的只有少数几种。如线弹性模型、Mohr-Coulomb 模型、修正剑桥模型、Drucker-Prager 模型、Duncan-Chang 模型、Hardening Soil 模型等。每种本构模型都是反映了土的某一类现象，因此，具有其应用范围和局限性。各向同性弹性模型不能反映土体的塑性因而不适合于基坑开挖问题的分析。

②弹-塑性理想模型的 Mohr-Coulomb 模型和 Drucker-Prager 模型。而作为弹-塑性理想模型的 Mohr-Coulomb 模型和 Drucker-Prager 模型，可以得到与工程实测比较接近的合理分析结果，但由于计算分析中卸荷和加载模量采用同一模量，带来水平和竖向变形计算结果不匹配的问题，多用作基坑的初步分析。修正剑桥模型和 Hardening Soil 模型对于土体的模量依赖于应力水平和应力路径，应用于基坑开挖分析时能得到更合理的结果，但由于模型表达式复杂，模型参数较多，工程应用中存在难度。表 4.1 为常用的几种土体本构模型用于基坑开挖适用性的对比。

③在紧邻建筑物的基坑支护设计方案选型阶段，对基坑开挖产生周边紧邻建筑的影响的初步分析可以为支护方案的确定提供参考和指导。考虑到 Mohr-Coulomb 模型对基坑开

挖模拟和实测结果匹配较好，同时模型具有表达式简单、参数较少、容易确定、使用方便、工程应用广泛等特点。

表 4.1　　不同土体模型应用于基坑开挖的适用性

模型名称	不适用	较适用	适用
各向同性线性模型	√		
Mohr-Coulomb 模型		√	
Drucker-Prager 模型		√	
Duncan-Chang 模型		√	
修正剑桥模型			√
硬化模型			√

④在基坑选型阶段的分析中选用 Mohr-Coulomb 模型土体的特性。计算中不考虑基坑降水的影响，采用总应力法计算，相应的土体计算参数采用总应力指标。对于结构本构模型的选取，假定支护结构、紧邻建筑物的楼板、墙和桩基础等结构为线弹性模型。对结构和土体之间的相互作用模拟采用无厚度的接触面本构模型。

⑤基坑开挖过程的模拟利用有限元软件“单元生死”技术模拟，通过分步激活锚杆和“杀死”土体单元，模拟各道锚杆和土体开挖的全过程。针对不同的基坑工程施工方法，可以灵活模拟基坑开挖过程。

4.2.3　计算参数确定

基坑工程实践表明，基坑周边地表沉降的主要原因是开挖卸荷产生的支护结构变形，可由支护结构变形对周边沉降进行预测。

①如何结合规范方法和大量的工程实测资料确定合理的土体本构参数模拟支护体变形是分析的关键。常规的勘察报告提供各层土体的压缩模量的数值为 100～200kPa，但在实际基坑开挖中，土体处于较高的初始应力水平，随着深度和应力的增大模量增大。

②考虑土体实际应力状态，在计算分析中土体模量的选取以压缩模量 0～0.2 为基础，结合基坑规范方法和大量类似基坑工程实测资料，通过反分析确定合理的模量取值范围，调整土体的模量取值，得到同规范计算结果相近的支护体变形。

故此，本模型参照依托工程现场勘察报告的同时，又考虑当时的持续降雨，使土体强度降低，再结合周围环境变化，得出模型计算的土体参数，紧邻 5#楼土层参数见表 4.2，紧邻 38#楼土层参数见表 4.3。

表 4.2　　紧邻 5#楼土层物理力学参数

土层名称	厚度 H/m	容重 γ/kN/m³）	弹性模量 E/MPa	黏聚力 c/kPa	摩擦角 ϕ/（°）	泊松比 μ
杂填土	1.5	15	5.0	1	18	0.35
粉质黏土	4.7	18.9	4.8	47.2	17.2	0.3
粉质黏土	1.8	18.6	4.0	47.9	12.8	0.3
中砂	1.9	22	15.0	1	35	0.25
砾砂	2.4	22	24.7	1	35	0.25
圆砾	12.7	22	31.3	1	35	0.25

表 4.3　　紧邻 38#楼土层物理力学参数

土层名称	厚度 H/m	容重 γ/（kN/m³）	弹性模量 E/MPa	黏聚力 c/kPa	摩擦角 ϕ/（°）	泊松比 μ
杂填土	0.8	15	5.0	1	18	0.35
粉质黏土	6.2	18.9	4.8	47.2	17.2	0.3
中砂	4.5	22	15.0	1	35	0.25
圆砾	13.5	22	31.3	1	35	0.25

4.3　数值模拟分析方法与计算步骤

考虑基坑开挖与支护过程中的变形与破坏情况，模型计算采用塑性分析，分为 7 个施工段进行计算，过程的模拟利用有限元软件“单元生死”技术，通过分步激活载荷，连续墙及锚杆和“杀死”土体单元，模拟基坑开挖的全过程，如图 4.4 和图 4.5 所示。

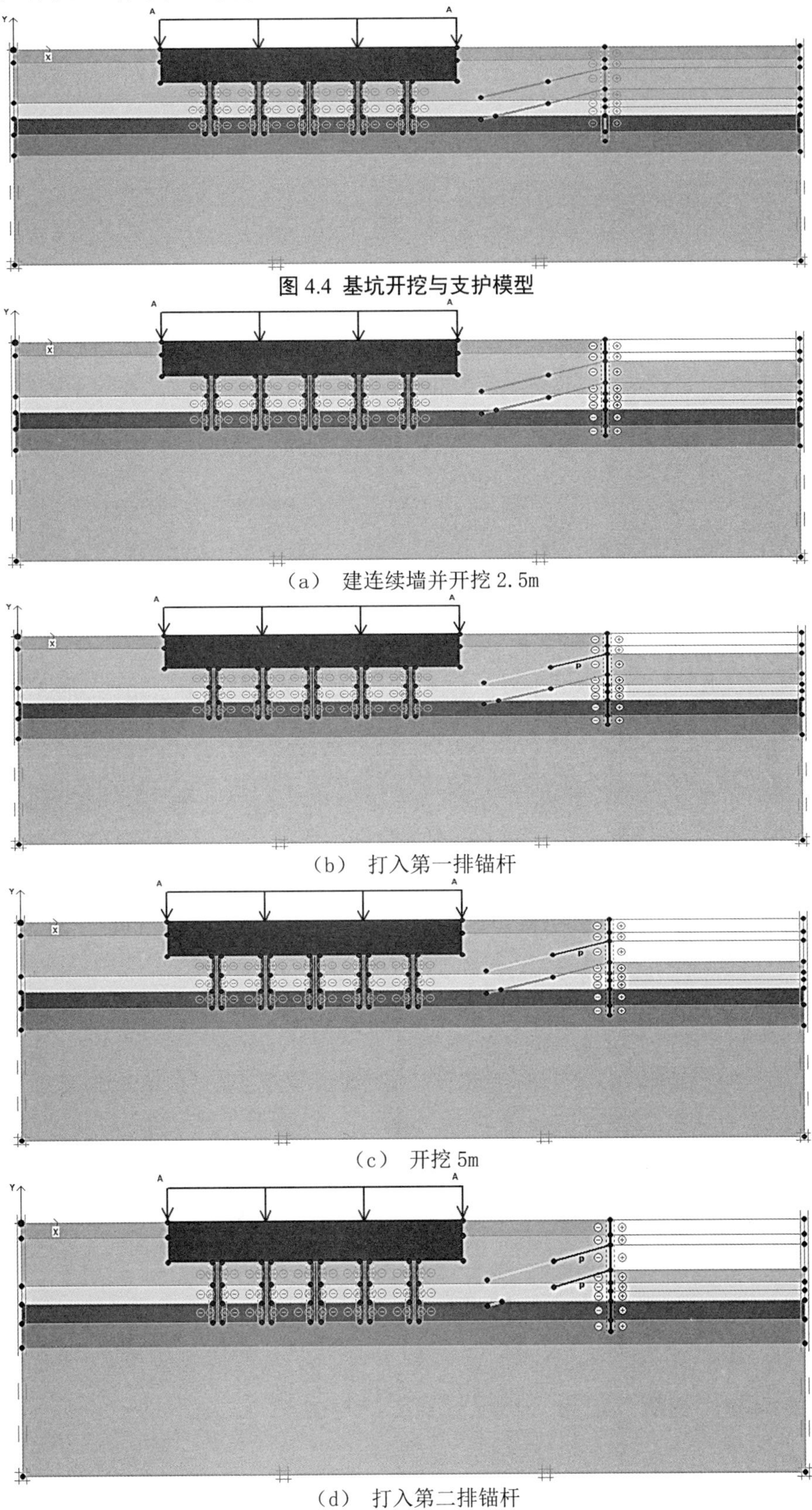

图 4.4 基坑开挖与支护模型

（a） 建连续墙并开挖 2.5m

（b） 打入第一排锚杆

（c） 开挖 5m

（d） 打入第二排锚杆

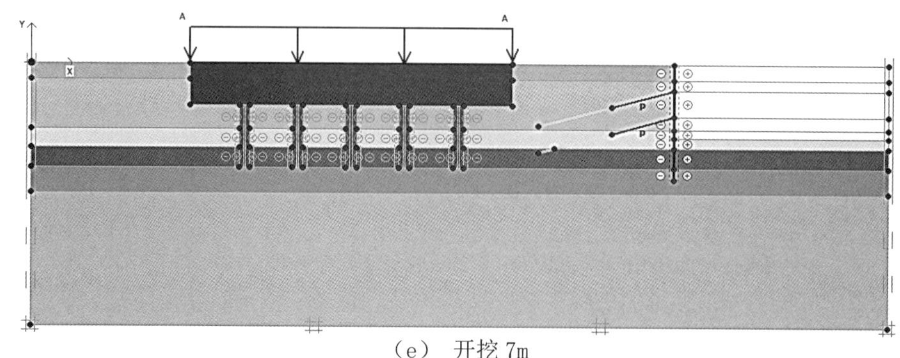

（e） 开挖 7m

图 4.5 基坑开挖与支护施工过程

①初始状态阶段。该阶段需要激活全部土体、建筑物及其等效载荷，如图 4.4 所示，考虑其对初始应力的影响，同时此阶段要将位移归零，忽略建筑物载荷产生的初始位移。

②修建连续墙阶段。激活连续墙及其与土的界面单元，将位移归零，忽略修建连续墙产生的初始位移。

③基坑开挖 2.5m 阶段。“杀死单元”相应的土体来模拟基坑开挖至 2.5m，此阶段开始计算基坑开挖的影响，包括以后阶段都不能将位移归零。

④打入第一排锚杆阶段。分别点击激活第一排锚杆的固定段和自由段，同时对锚杆自由段施加一定的预应力。

⑤开挖 5m 阶段。“杀死单元”相应的土体来模拟基坑开挖至 5m。

⑥打入第二排锚杆阶段。分别点击激活第二排锚杆的固定段和自由段，同时对锚杆自由段施加一定的预应力。

⑦开挖 7m 阶段。“杀死单元”相应的土体来模拟基坑开挖至 7m。

整个过程如图 4.5 所示。在这些阶段设置完成后，开始进入计算阶段，为了可以直观地了解某些特殊点的应力、应变、位移等随时间的变化情况，选取锚杆端点及连续墙上端点以曲线形式输出，如图 4.6 所示。计算完成后，将成果输出，可以很直观地了解所计算对象变形后的位移、应力、应变、塑性区等问题，下面将分别对紧邻 5#和 38#楼基坑的开挖与支护变形破坏过程进行重点分析。

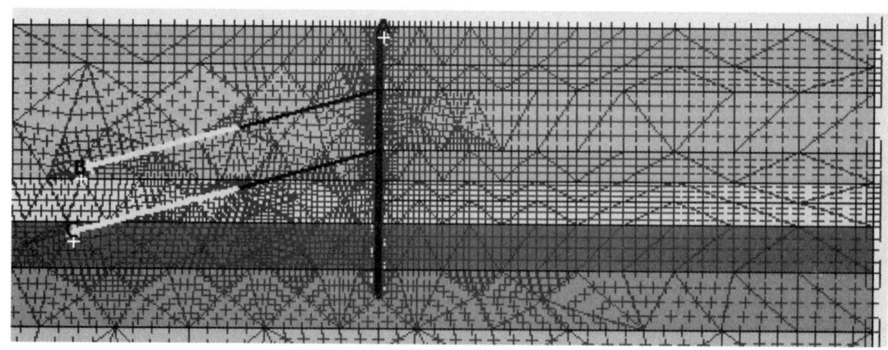

图 4.6 选取生成曲线所需点

4.4 紧邻建筑物基坑开挖与支护过程变形破坏分析

4.4.1 紧邻 5#楼基坑开挖与支护过程变形破坏分析

5#楼距离开挖基坑大约 15m 左右，经数值分析得到基坑在开挖至 7m 时的网格变形图（见图 4.7）可知，建筑物基本没有位移变化，连续墙向基坑侧移，而墙后土体发生明显的沉降。

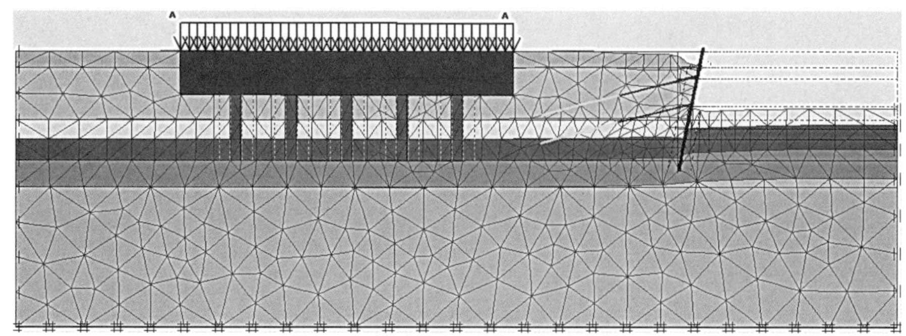

图 4.7　基坑开挖最终网格变形图

由基坑总位移矢量图（见图 4.8）与基坑总位移等值线图（见图 4.9）得出相应的数值，基坑开挖后的总位移为 113mm，其中水平位移最大值为 48mm，发生于连续墙中上部，垂直位移分为两部分：①基坑边壁沉降，约 70mm；②坑底隆起，约 90mm。

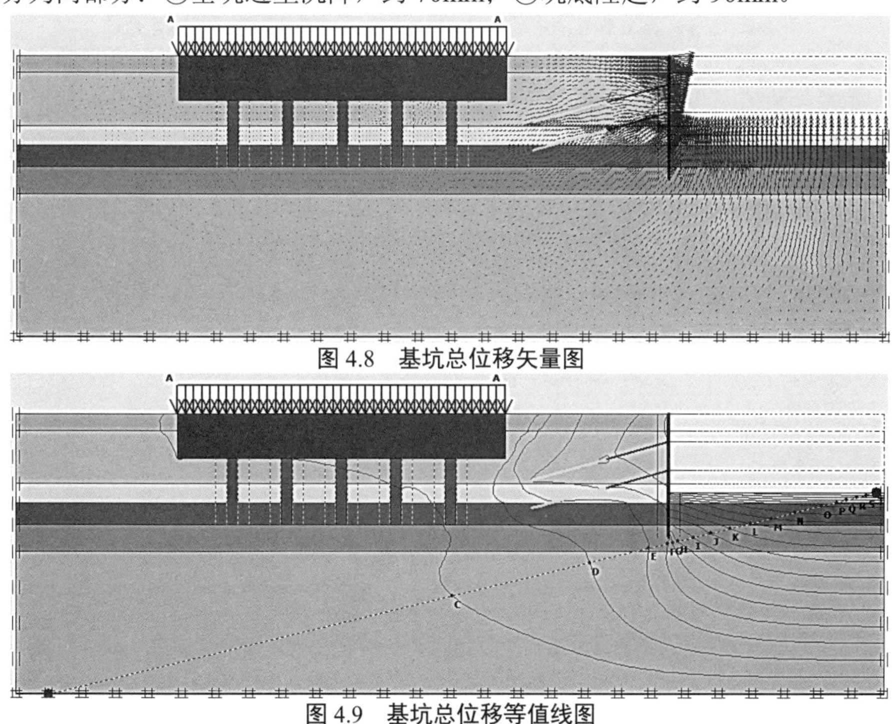

图 4.8　基坑总位移矢量图

图 4.9　基坑总位移等值线图

通过基坑总位移阴影图（见图 4.10）可以很直观地看出，建筑物沉降大约 10mm，基坑开挖与建筑物之间的相互影响很小。

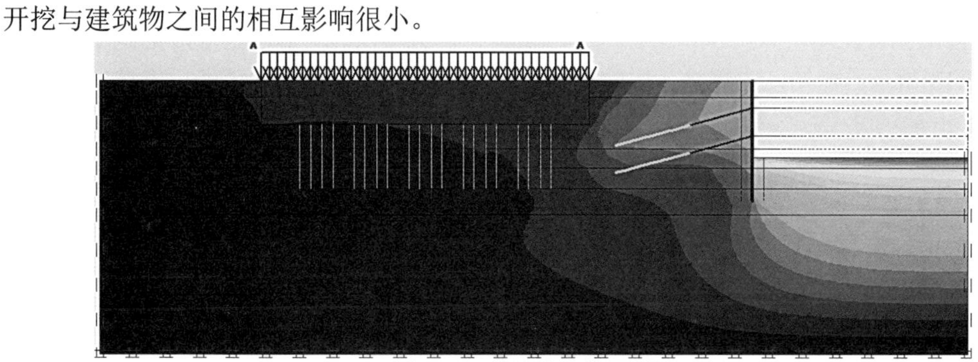

图 4.10　基坑总位移阴影图

基坑开挖在施工过程中，虽然建筑物对基坑开挖和支护影响较小，但当时出现了持续性的降雨，使土体强度降低，一些土体参数也发生了相应变化，造成了支护结构向内侧移以及基坑边壁土体的下沉，基坑开挖现场支护变形如图 4.11 所示。经现场测量，支护桩最大侧移量约 50mm，基坑边壁沉降量约 80mm。

图 4.11　基坑边壁变形塌陷

综上所述，5#楼附近基坑在开挖过程中，因距离建筑物较远，其之间相互影响较小，但由于外界原因，使基坑边壁和支护结构发生了很大的变形。经数值模拟得出的结果与现场实际测量结果基本吻合，更好地验证了基坑在开挖过程中变形破坏的原因。

4.4.2　紧邻 38#楼基坑开挖与支护过程变形破坏分析

38#楼房距离开挖基坑非常近，建立模型时建筑物桩与锚杆会有交叉。前面已将基坑建模与计算过程论述，本节仅建立基坑模型，如图 4.12 所示。

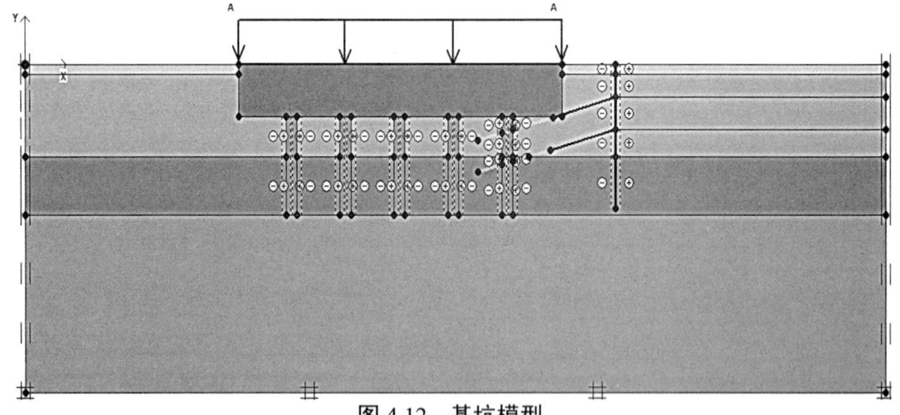

图 4.12　基坑模型

38#楼距离开挖基坑大约 3m 左右，经数值分析得到基坑在开挖至 7m 时的网格变形图（如图 3.13 所示）可知，建筑物产生向下位移，连续墙向基坑侧移，而墙后土体发生较小的沉降。由基坑总位移矢量图（如图 4.14 所示）与基坑总位移等值线图（如图 4.15 所示）可知：

①基坑开挖后的总位移为 69mm。

②基坑开挖后水平位移最大值为 22mm，发生于连续墙中上部。

③垂直位移分为两部分：

一是基坑边壁沉降，约 20mm;

二是一处为坑底隆起，约 50mm。

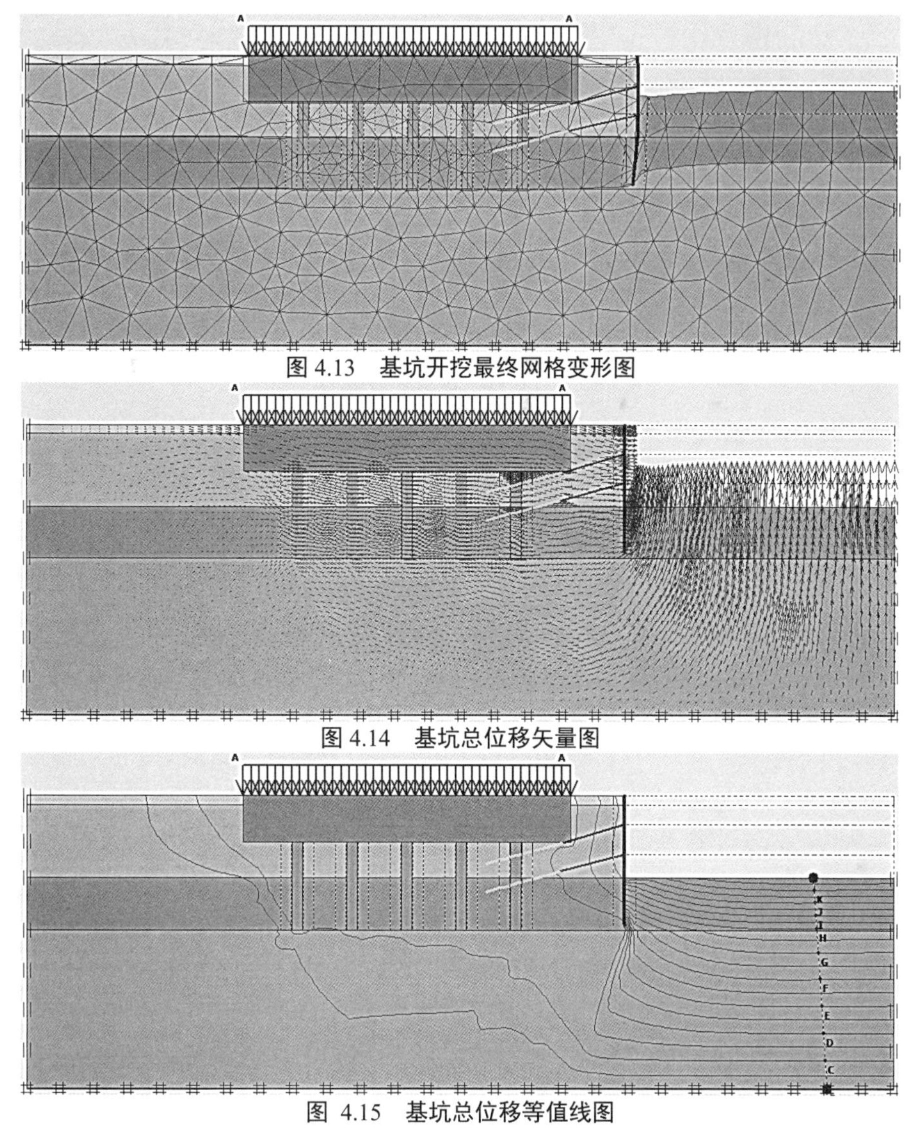

图 4.13　基坑开挖最终网格变形图

图 4.14　基坑总位移矢量图

图 4.15　基坑总位移等值线图

通过基坑总位移阴影图（如图 4.16 所示）可以很直观地看出，建筑物沉降大约 20mm，基坑开挖与建筑物之间的相互影响较大。

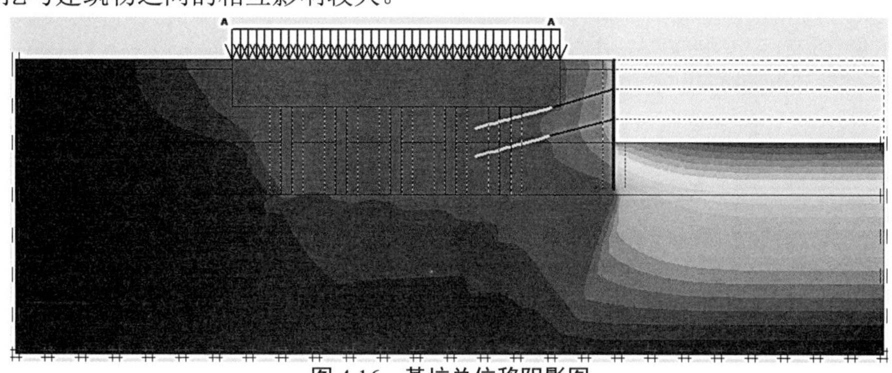

图 4.16　基坑总位移阴影图

通过图 4.17 的现场实际基坑图，可以看出建筑物距离基坑边壁非常近，但基坑边壁和支护结构变形都非常小，经现场测量，基坑边壁沉降约 25mm，支护结构侧移约 20mm。

图 4.17　基坑边壁变形破坏

经数值模拟得出的结果与现场实际测量结果基本吻合，很好地反映了紧邻建筑物基坑开挖和支护过程。对比 5#楼附近基坑，两者变形破坏程度有明显的差别，因此本节将在下文对两模型进行对比，找出基坑与支护结构变形破坏的原因与规律。

4.4.3　两模型对比分析

前面已将数值模拟结果与现场实际情况做了对比，可以得到基本吻合的结果，故可将两模型结果进行对比，分析其变形破坏的原因。5#楼与 38#楼均采用桩基础，位于同一基坑周围，地质条件基本相同，因此具有可比性，现将基坑开挖分为三个工况：①工况一为基坑开挖至 2.5m；②工况二为基坑开挖至 5m；③工况三为基坑开挖至 7m。

下面分别对支护结构水平位移和土压力进行对比。

（1）支护结构水平位移对比

三种工况下水平位移阴影图对比如图 4.18 至图 4.20 所示，其中图（a）为紧邻 5#楼基坑，图（b）为紧邻 38#楼基坑，可见支护结构侧移最大值一般在其中上部，所对应数据见表 4.4 所列。

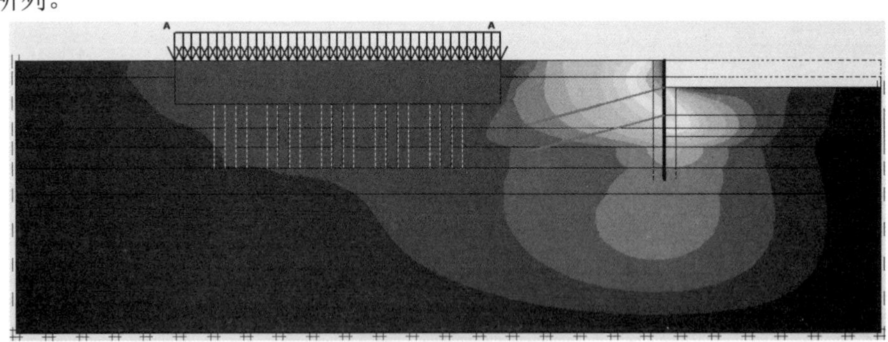

（a）紧邻 5#楼基坑水平位移

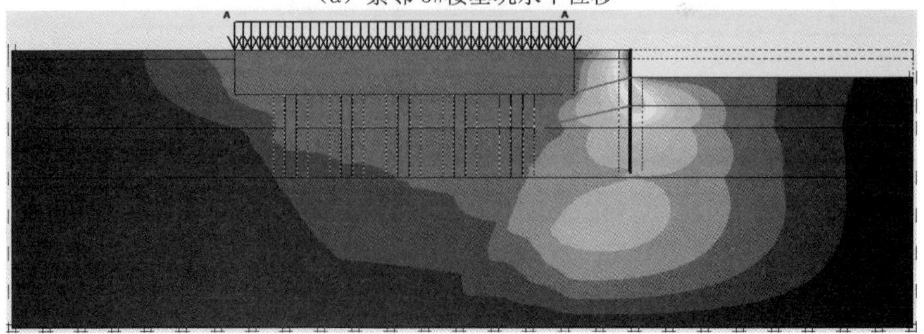

（b）紧邻 38#楼基坑水平位移

图 4.18　工况一：基坑水平位移对比图

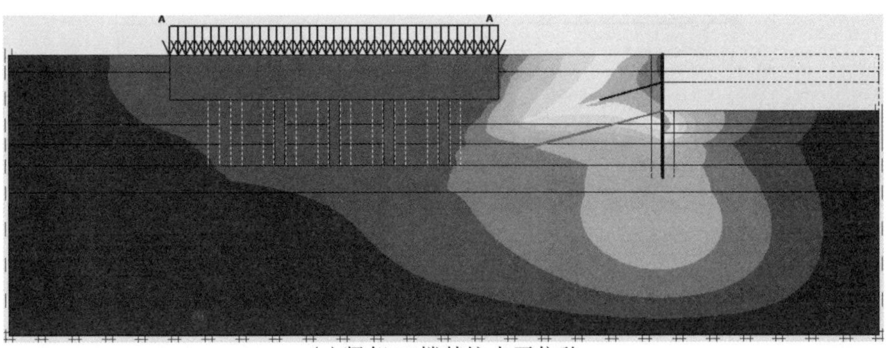

(a) 紧邻 5#楼基坑水平位移

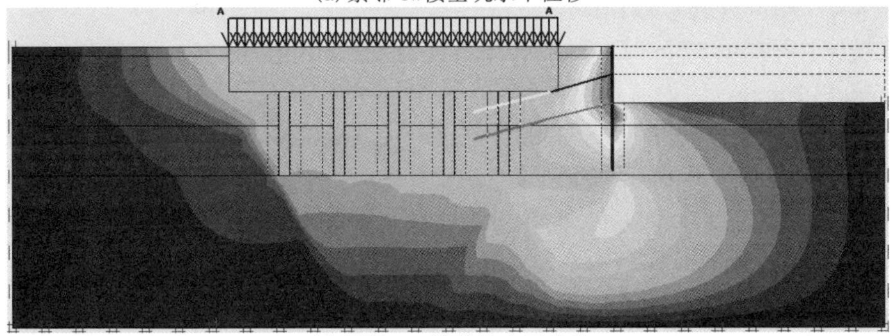

(b) 紧邻 38#楼基坑水平位移

图 4.19　工况二：基坑水平位移对比图

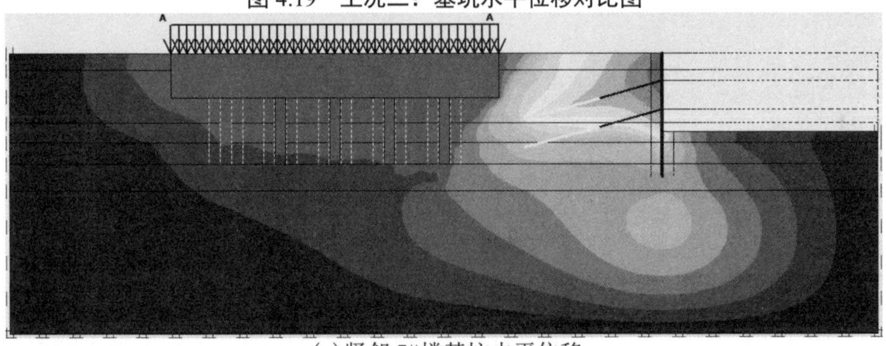

(a) 紧邻 5#楼基坑水平位移

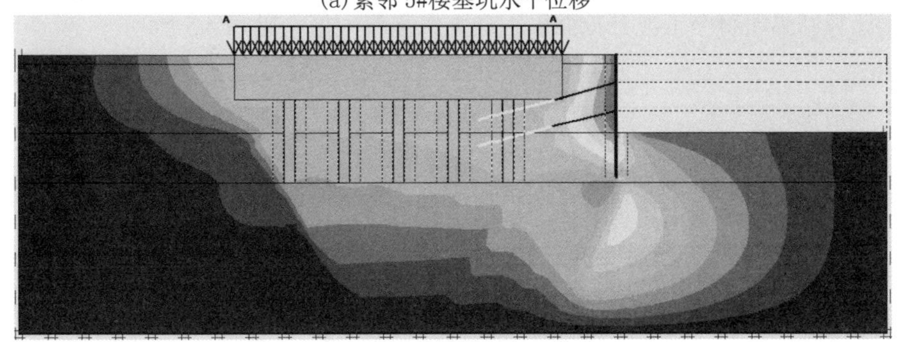

(b) 紧邻 38#楼基坑水平位移

图 4.20　工况三：基坑水平位移对比图

表 4.4　不同工况水平位移数据表

位移/mm	紧邻 5#楼基坑	紧邻 38#楼基坑
工况一	18.55	13.26
工况二	35.14	19.46
工况三	47.27	22.82

三种工况所对应水平位移最大值对比，如图 4.21 所示。

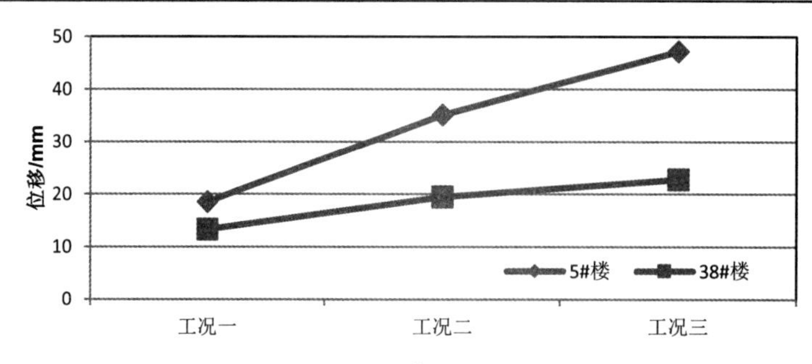

图 4.21　三种工况数据对比

从表 4.4 和图 4.21 可以看出:

①工况一：开挖至 2.5m 时，紧邻 5#楼基坑最大变形位移 18.55mm，紧邻 38#楼基坑最大变形位移 13.26mm，约为前者的 71%;

②工况二：开挖至 5m 时，紧邻 5#楼基坑最大变形位移 35.14mm，紧邻 38#楼基坑最大变形位移 19.46mm，约为前者的 55%;

③工况三：开挖至 7m 时，紧邻 5#楼基坑最大变形位移 47.27rnrn，紧邻 38#楼基坑最大变形位移 22.82，约为前者的 48%。

综上所述，通过分析可以得到如下结论：

①支护桩的变形为抛物线形，桩的最大变形一般发生在桩中上部，5#楼距离基坑较远，建筑物桩基础对基坑开挖的影响可以忽略，38#楼距离基坑很近，建筑物桩基础对基坑开挖影响较大。

②通过对比发现，由于紧邻建筑物桩基础的存在，工况一、工况二、工况三的基坑变形分别减少了 29%，45%，52%，位移量分别减小了 5.29mm，15.68mm，24.45mm。

③在有紧邻建筑物桩基础的情况下进行基坑开挖，从开挖开始其基坑水平变形位移就明显小于同等地质条件下无桩开挖的情况，即紧邻桩基的存在对于基坑开挖是有利影响。这同紧邻 5#楼基坑比 38#楼基坑变形过大规律相吻合。

（2）支护结构土压力对比

将计算得到的紧挨桩身的土体水平方向应力看作作用在基坑支护结构上的侧向土压力。根据数值计算结果取每个工况开挖面以上最大水平应力值，见表 4.5 所列。

表 4.5　不同工况支护结构侧向土压力数据表

土压力/kPa	紧邻 5#楼基坑	紧邻 38#楼基坑
工况一	25.13	22.1
工况二	60.89	42.46
工况三	103.34	88.47

三种工况所对应最大土压力对比，如图 4.22 所示。

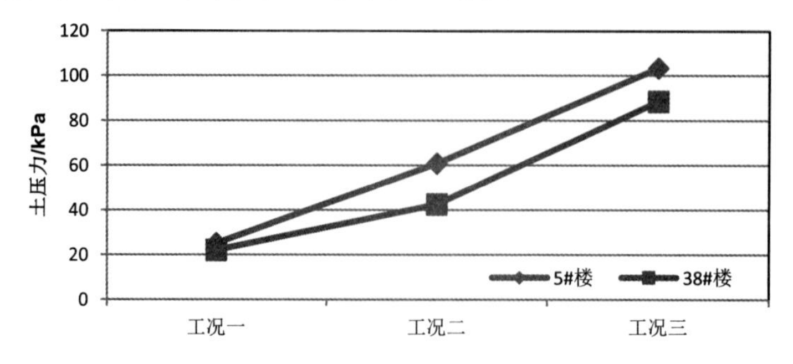

图 4.22　三种工况土压力对比

从表 4.5 和图 4.22 可以看出：

①工况一：开挖至 2.5m 时，紧邻 5#楼基坑支护结构最大土压力为 25.13kPa，紧邻 38#楼基坑支护结构最大土压力为 22.1kPa，约为前者的 88%；

②工况二：开挖至 5m 时，紧邻 5#楼基坑支护结构最大土压力为 60.89kPa，紧邻 38#楼基坑支护结构最大土压力为 42.46kPa，约为前者的 70%；

③工况三：开挖至 7m 时，紧邻 5#楼基坑支护结构最大土压力为 103.34kPa，紧邻 38#楼基坑支护结构最大土压力为 88.47kPa，约为前者的 85%。

通过分析可以得到如下结论：

①5#楼距离基坑较远，建筑物桩基础对基坑开挖的影响可以忽略，38#楼距离基坑很近，建筑物桩基础对基坑开挖影响较大。

②由上面数据可以看出，有紧邻建筑物桩基础的基坑支护结构所受的土压力要明显小于同等地质条件下周围无桩基坑的支护结构。

③开挖面以上的部分对支护结构的内力起着控制作用，土压力的差异也更为明显，三个工况的减小幅度分别为 12%，30%和 15%。

上述分析表明，紧邻建筑物桩基的存在对基坑开挖支护结构后的土体具有一定的约束力，使其向基坑的侧向位移变小，同时也使基坑周围土体的剪切破坏带变小，这就可以为工程设计与施工提供两方面的可利用条件：

一方面是在深基坑工程开挖过程中，为保护紧邻建筑物的安全，可以设置一定的桩排做隔离保护措施。

另一方面，当紧邻建筑物的基础为桩基础时，由于桩基的隔离作用，作用于支护体系上的土压力将有明显减小，将这一因素考虑进设计过程中，合理地利用紧邻桩基对土压力的分担可以更合理地设计支护体系，节省工程造价。

但是，值得注意的是，必须对紧邻桩基所受的附加土压力载荷进行安全验算，防止载荷过大造成桩基破坏，从而影响上部建筑结构的安全。

4.5　紧邻高层建筑基坑阴阳区力学特性分析

在二维模拟分析基础上，本节采用 Midas/GTS 有限元技术对环境复杂的④区进行三维分析。此处基坑在紧邻建筑处存在很大的阴阳角，在施工过程中，很容易出现问题，因此非常有必要进行对比验算分析。

4.5.1　三维基坑有限元模型建立

Midas/GTS(Geotechnical and Tunnel Analysis System)是包含施工阶段的应力分析和渗透分析等岩土和隧道所需的几乎所有分析功能的通用分析软件。

（1）模型尺寸和边界条件

模型尺寸考虑建筑物和基坑开挖的影响范围，取大于 3 倍的基坑开挖深度，沿深度方向取足够深。计算模型确定：

①三维模型土层尺寸取 75m×65m×49.6m 区域，建筑物按楼房实际高度取值，均用实体定义材料；

②建筑物桩基、钢管桩与锚杆采用梁单元模拟；

③实体的网格划分采用四节点四面体单元；

④模型周边采用法向约束，底部固定。

模型建立及网格划分见图 4.23，仅考虑钢管桩情况见图 4.24，考虑锚杆+钢管桩情况见图 4.25。

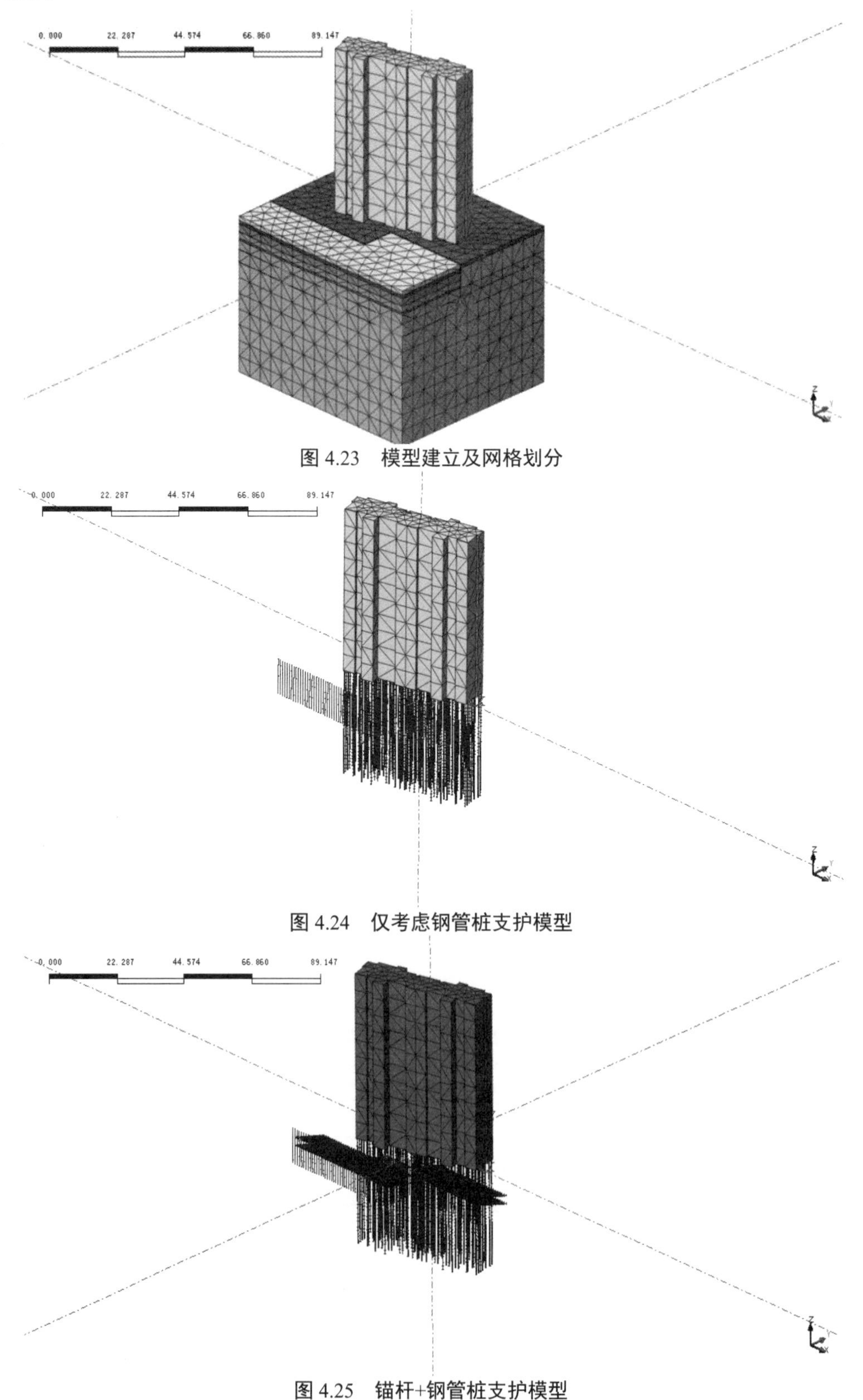

图 4.23　模型建立及网格划分

图 4.24　仅考虑钢管桩支护模型

图 4.25　锚杆+钢管桩支护模型

（2）确定力学参数

本模型参数选取依据依托工程现场勘察报告，土体本构模型为 Mohr-Coulomb 模型，建筑物为弹性模型，土层物理力学参数见表 4.6。

表 4.6　土层物理力学参数

土层参数	厚度 H/m	容重 γ/（kN/m³）	弹性模量 E/MPa	黏聚力 c/kPa	摩擦角 ϕ/(°)	泊松比 μ
杂填土	1.4	18.3	5.0	5.0	18.0	0.35
粉质黏土	6.2	18.9	20.0	47.2	17.2	0.31
粉土	3.0	18.6	27.0	1.7	33.6	0.25
中砂	4.0	17.7	27.0	2.8	37.3	0.23
砾砂	35.0	19.9	48.5	1.7	36.7	0.24

（3）施工阶段定义

基坑开挖工程分析为非线性分析，非线性特性可从岩土的初始条件获得。在初始条件下按照施工顺序进行全施工阶段模拟分析；对于复杂的实际工程，一般是将其简化取比较重要的施工阶段进行分析。Midas/GTS 的施工阶段分析采用的是累加模型，即每个施工阶段都继承了上一个施工阶段的分析结果，并累加了本施工阶段的分析结果。程序中默认单元、载荷、边界的变化均在施工阶段的开始步骤(first step)激活，所以当实际施工过程中有这些条件的变化时，要把该变化时刻定义为一个施工阶段。

总之，紧邻高层建筑基坑阴阳区是特殊区域，本节通过考虑 0.5m 与 1m 间距钢管桩支护以及单排锚杆+钢管桩支护与双排锚杆+钢管桩支护分别进行对比分析，开展紧邻高层建筑基坑阴阳区力学特性研究。

4.5.2　仅考虑钢管桩支护基坑阴阳区力学特性分析

为了考虑钢管桩支护结构间距对基坑阴阳区边壁的影响程度，分别取钢管桩间距为 0.5m 和 1m 进行对比分析。

（1）钢管桩间距为 0.5m 时基坑力学特性分析

①通过位移图(见图 4.26 至图 4.28)可以看出，当钢管桩间距为 0.5m 时，X 方向的位移最大值为 41.2mm，出现于基坑阴阳角处；Y 方向的位移最大值为 97.3mm，出现于楼房周围的基坑边壁；而基坑总位移最大值为 111.3mm，出现于基坑坑底以及边壁处。三种情况位移量均过大，不满足规范要求。

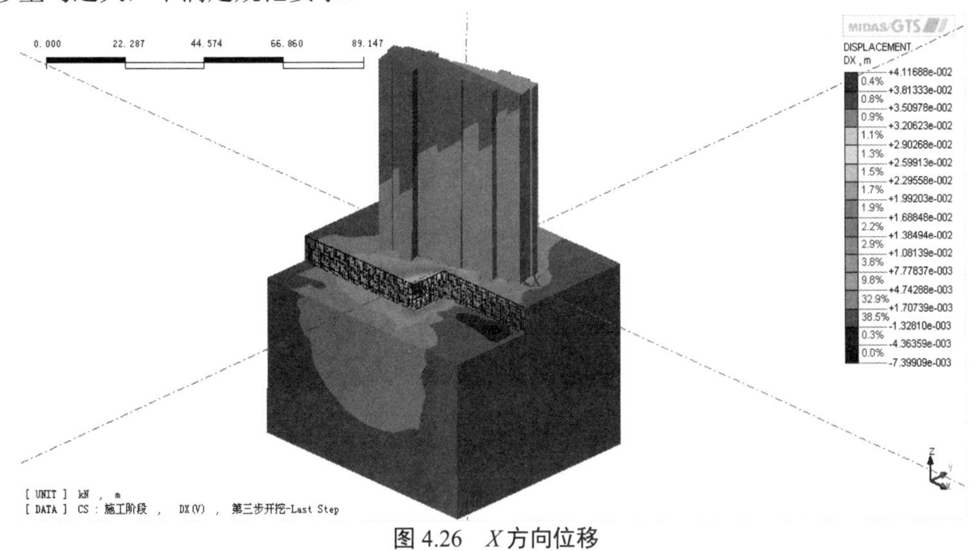

图 4.26　X 方向位移

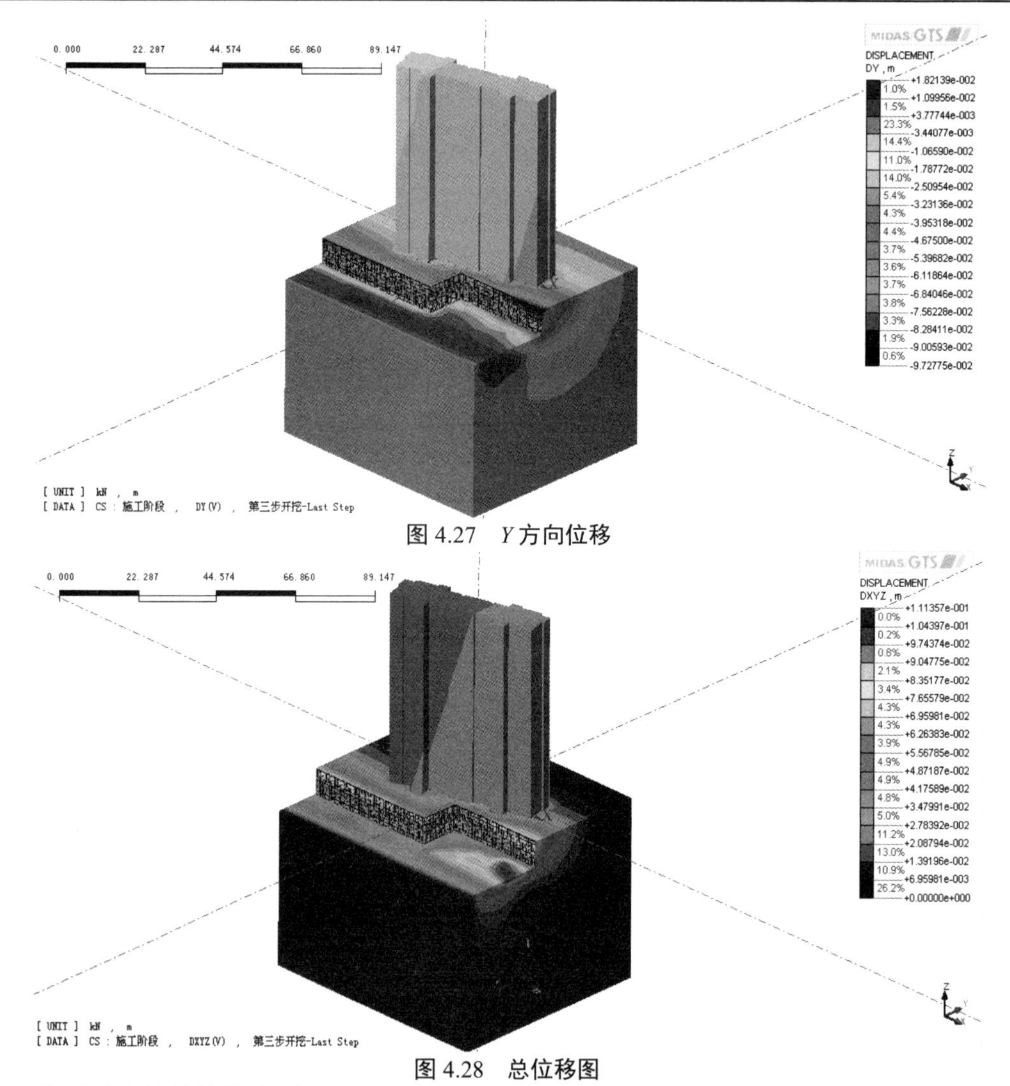

图 4.27　*Y* 方向位移

图 4.28　总位移图

②通过支护结构剪力图(见图 4.29 和图 4.30)可知，*Y* 方向剪力最大值为 140.2kN，出现于钢管桩中上部；*Z* 方向剪力最大值为 155.9kN，在钢管桩沿 *Z* 轴方向均匀出现。

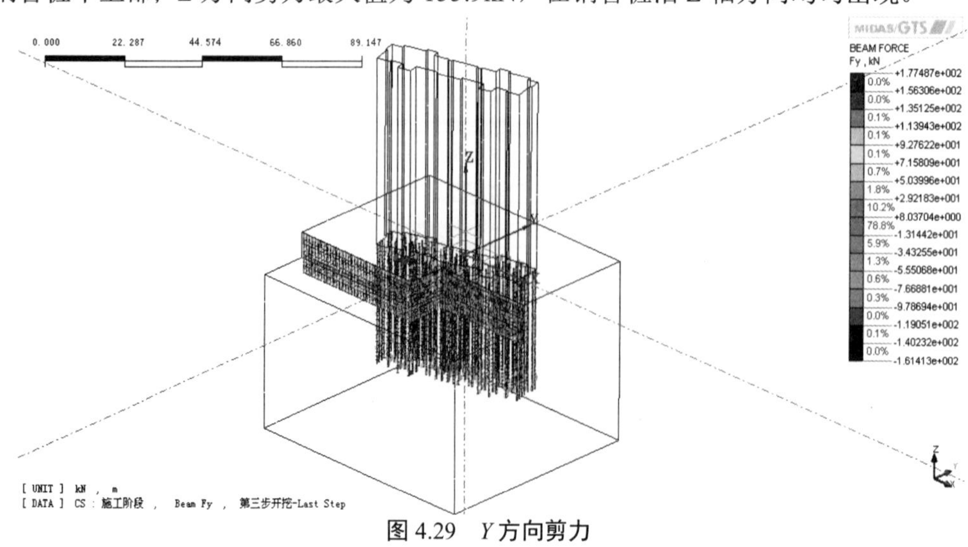

图 4.29　*Y* 方向剪力

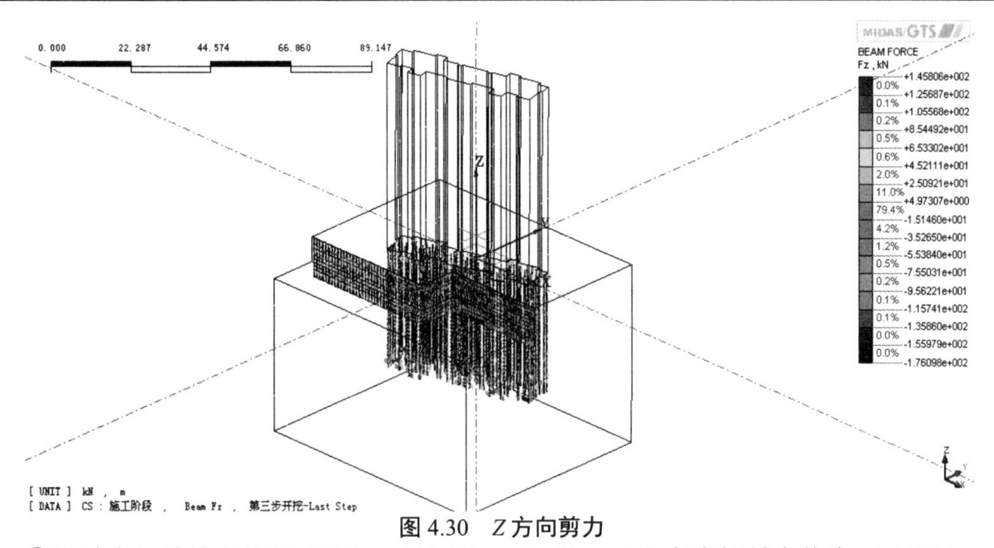

图 4.30　*Z* 方向剪力

③通过支护结构弯矩图(见图 4.31 和图 4.32)可知，*Y* 方向弯矩最大值为 149.0kN·m，在阴阳角处出现于钢管桩中上部，其他地方均出现于钢管桩中下部；*Z* 方向弯矩最大值为 175.9kN·m，均出现于钢管桩中上部。

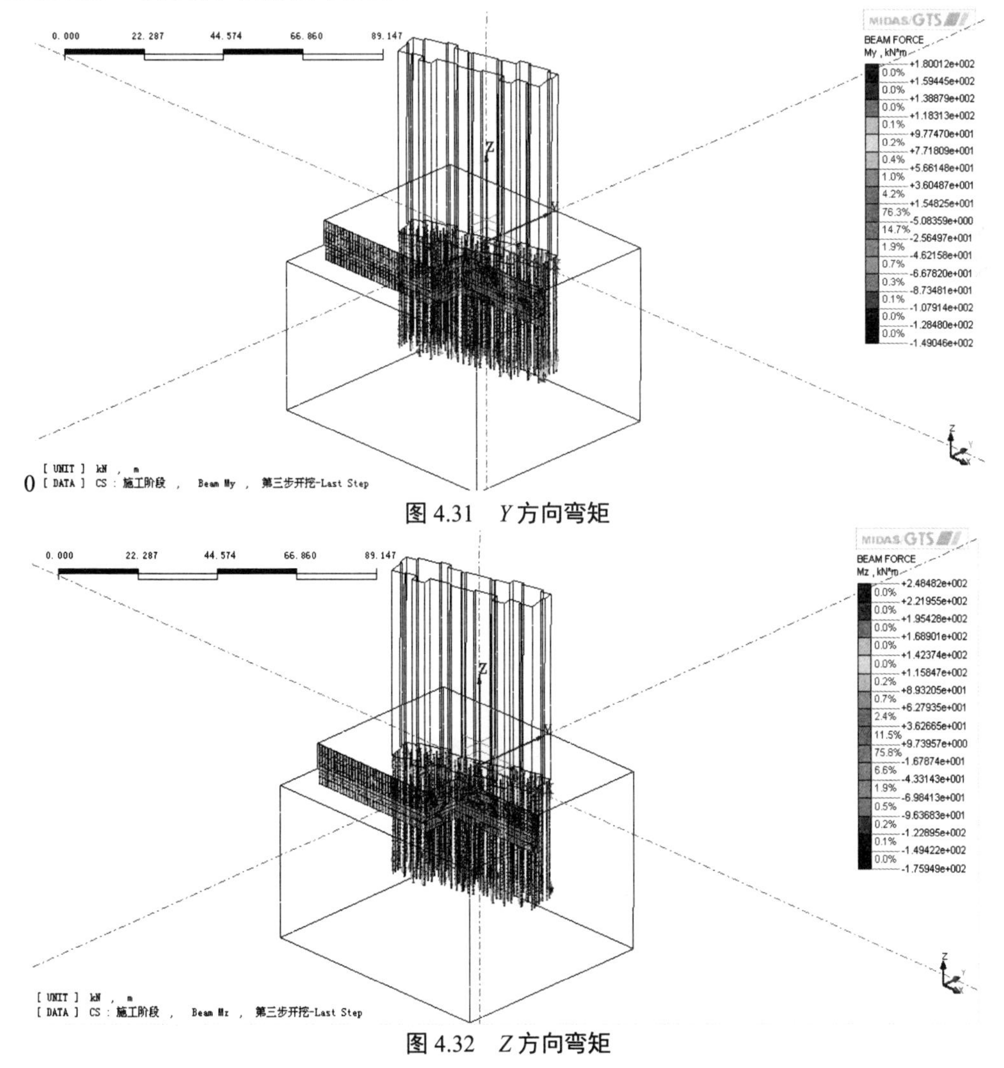

图 4.31　*Y* 方向弯矩

图 4.32　*Z* 方向弯矩

④通过支护结构剪应力图(见图4.33和图4.34)可知，Y方向剪应力最大值为2418.7kPa，出现于钢管桩中下部；Z方向剪应力最大值为4461.9kPa，出现于基坑阴阳角处。

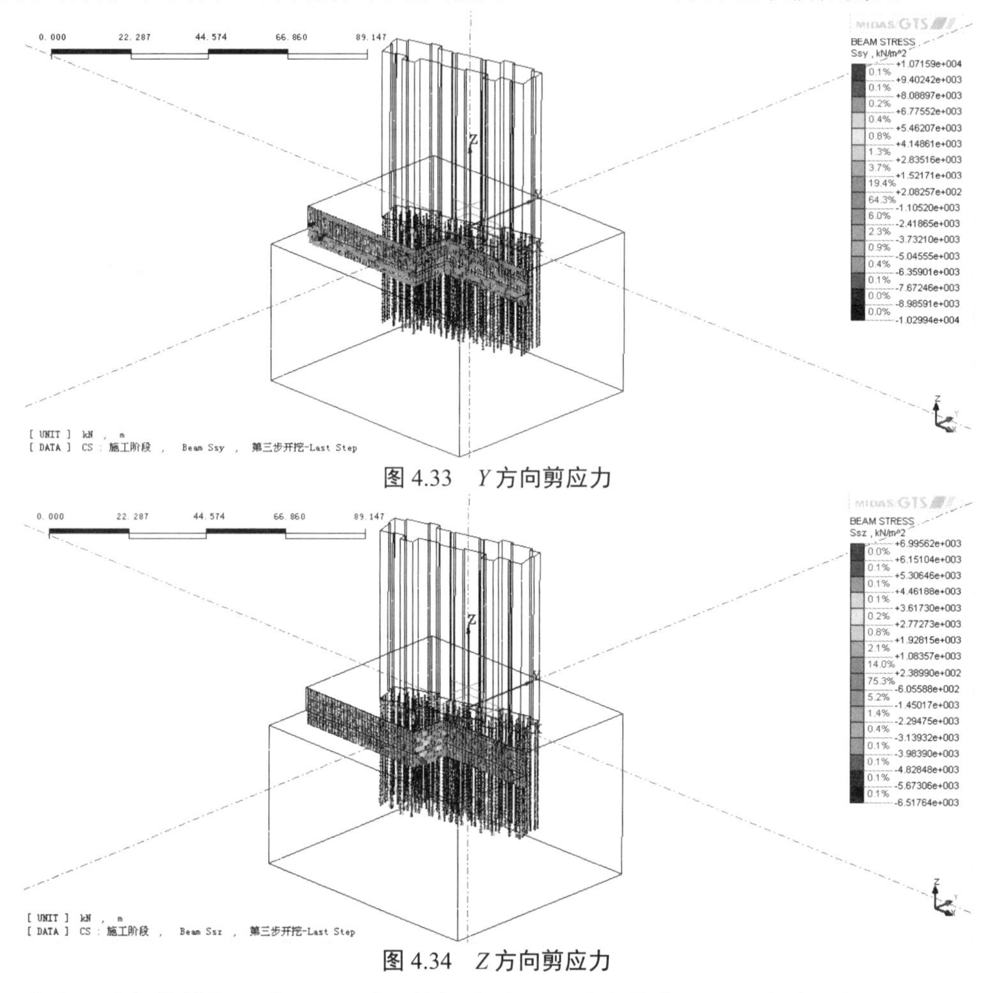

图4.33　Y方向剪应力

图4.34　Z方向剪应力

总之，当钢管桩间距为0.5m时，基坑边壁出现过大的位移，不能满足规范要求。而支护结构位于基坑阴阳角处的钢管桩存在很大的剪应力，受力情况复杂，是潜在的危险区域。

（2）钢管桩间距为1m时基坑力学特性分析

①通过位移图见图4.35至图4.37。

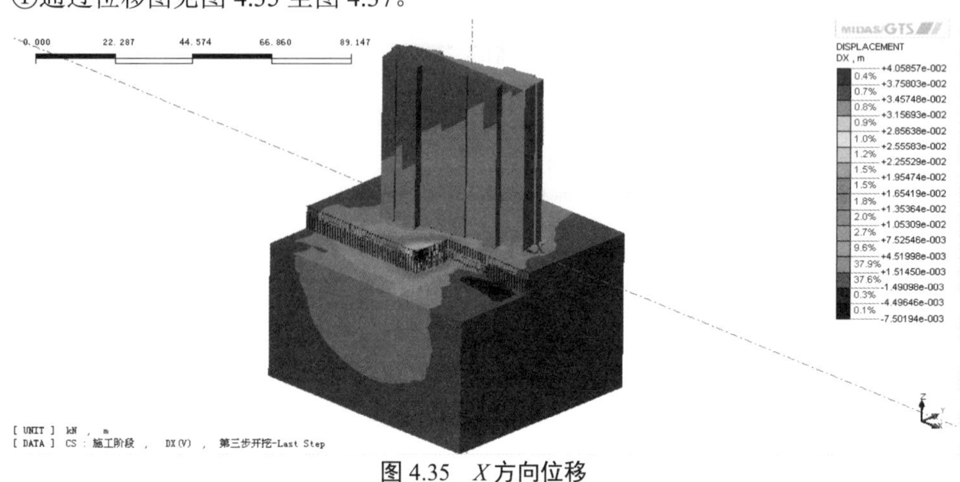

图4.35　X方向位移

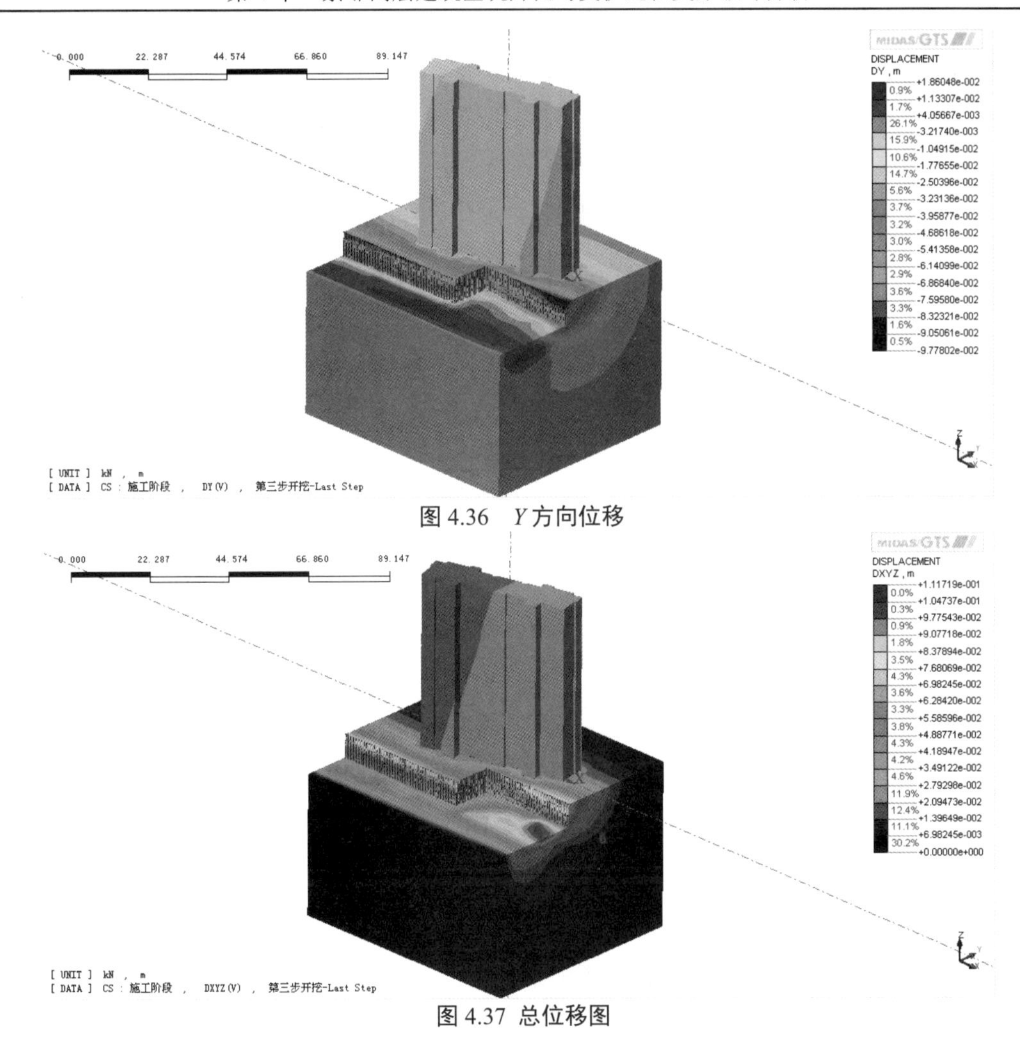

图 4.36　*Y* 方向位移

图 4.37　总位移图

分析可知：当钢管桩间距为 0.5m 时，*X* 方向的位移最大值为 40.6mm，出现于基坑阴阳角处；*Y* 方向的位移最大值为 97.8mm，出现于楼房周围的基坑边壁；而基坑总位移最大值为 111.7mm，出现于基坑坑底以及边壁处。三种情况位移量均过大，不满足规范要求。

②支护结构剪力图(见图 4.38 和图 4.39)。

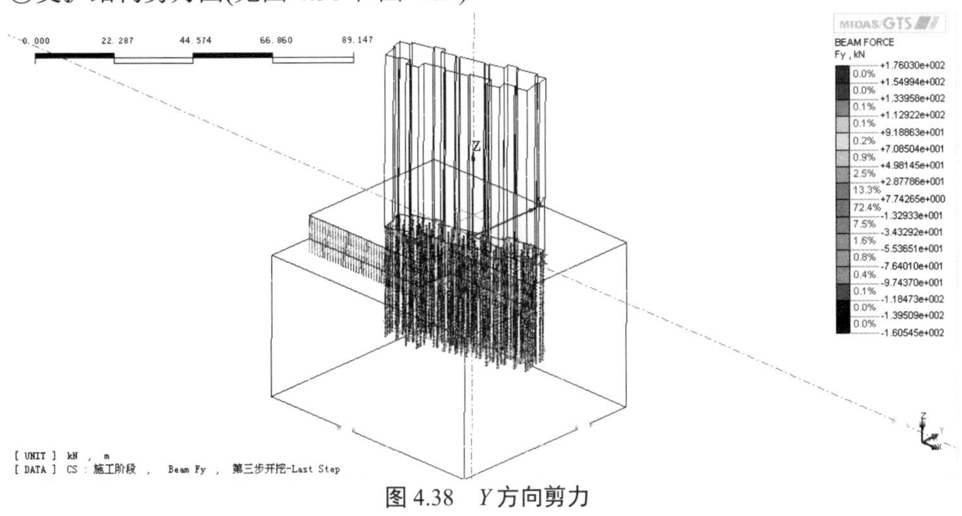

图 4.38　*Y* 方向剪力

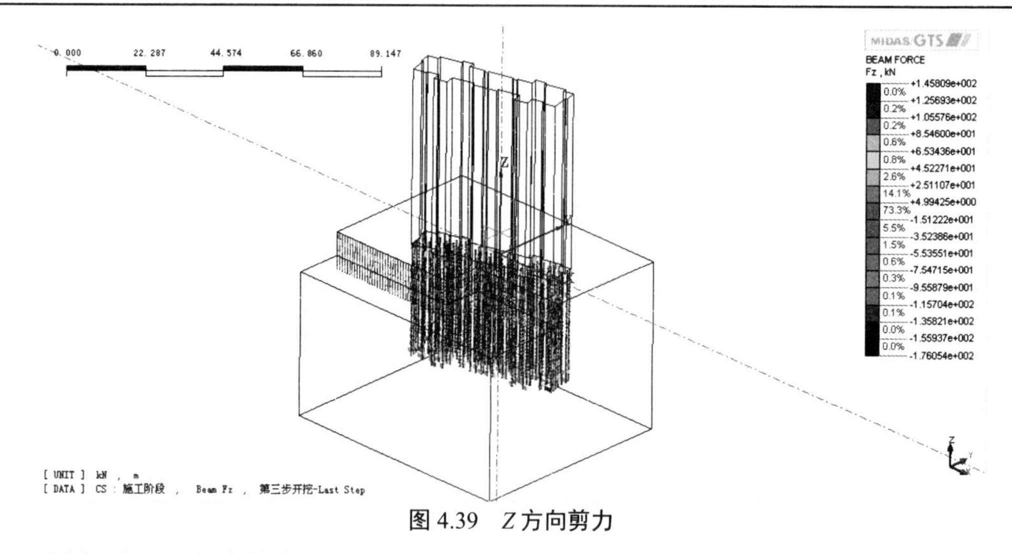

图 4.39　*Z* 方向剪力

分析可知：*Y* 方向剪力最大值为 160.5kN，出现于钢管桩中下部；*Z* 方向剪力最大值为 176.1kN，在钢管桩沿 Z 轴方向均匀出现。

③支护结构弯矩图见图 4.40 和图 4.41。

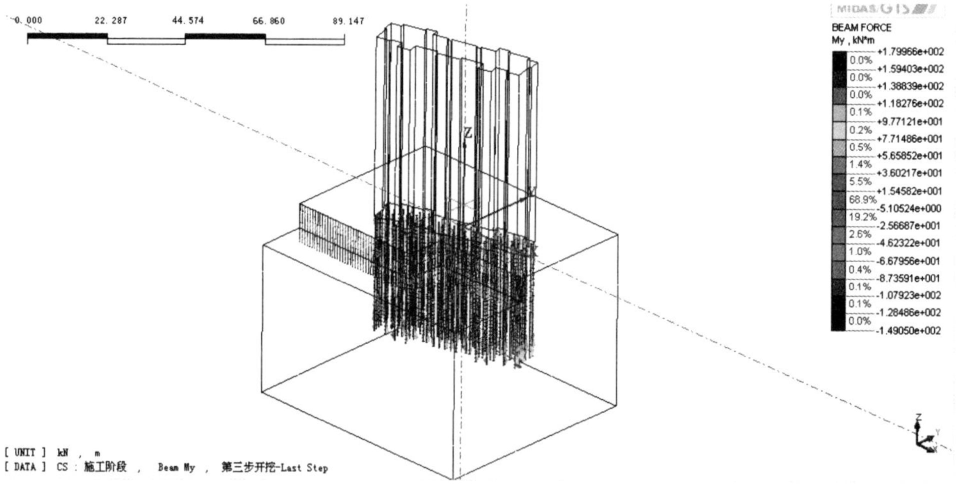

图 4.40　*Y* 方向弯矩

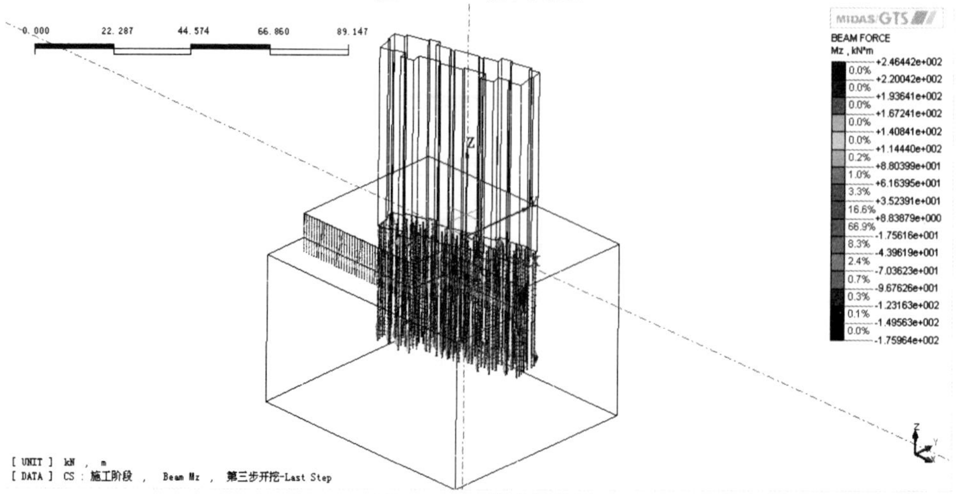

图 4.41　*Z* 方向弯矩

分析可知：Y 方向弯矩最大值为 149.1kN·m，在阴阳角处出现于钢管桩中上部，其他地方均出现于钢管桩中下部；Z 方向弯矩最大值为 180.0kN·m，出现于钢管桩中上部及底部。

④支护结构剪应力图见图 4.42 和图 4.43。

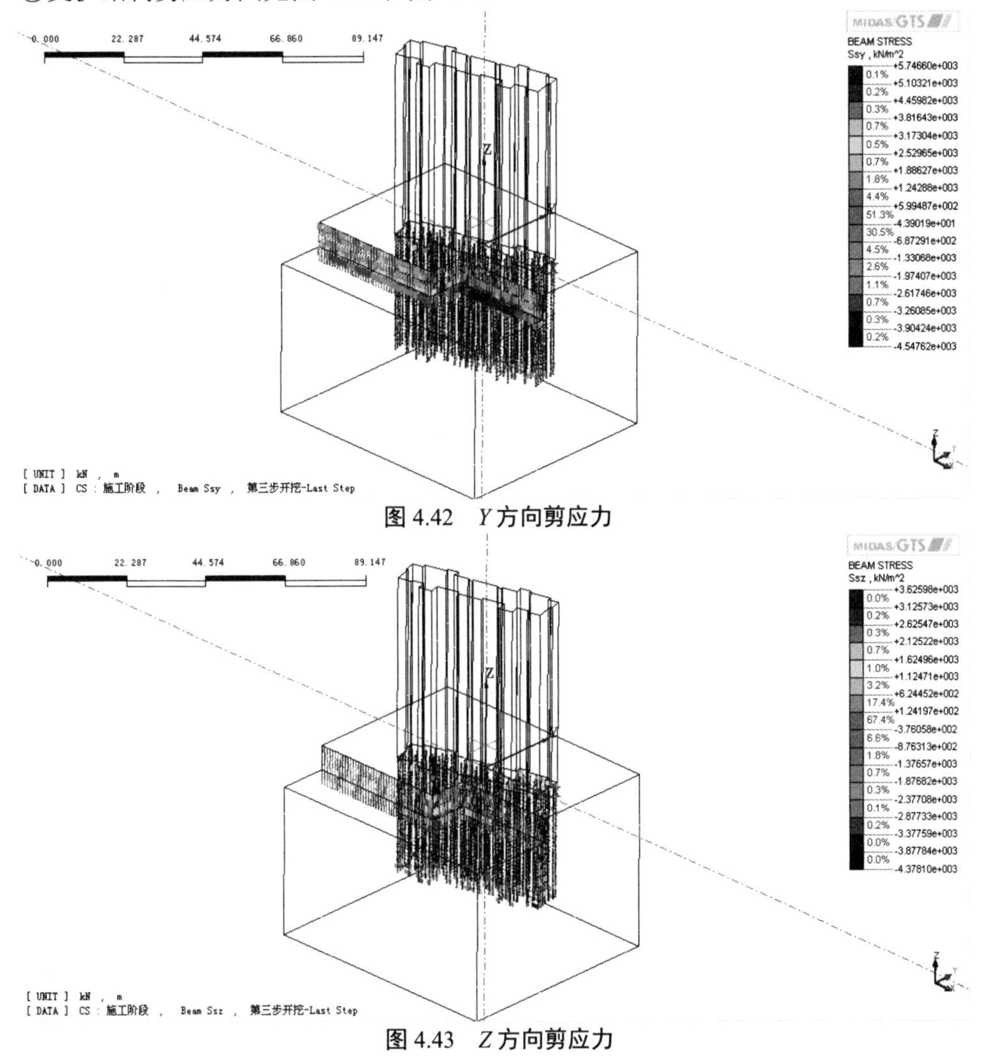

图 4.42　Y 方向剪应力

图 4.43　Z 方向剪应力

分析可知：Y 方向剪应力最大值为 3260.8kN/m^2，出现于钢管桩中下部；Z 方向剪应力最大值为 3625.9kN/m^2，出现于基坑阴阳角处。

当钢管桩间距为 1m 时，基坑边壁出现过大的位移，不能满足规范要求。而支护结构位于基坑阴阳角处的钢管桩存在很大的剪应力，受力情况复杂，是潜在的危险区域。

（3）两种情况对比分析

将钢管桩间距为 0.5m 与 1m 时的计算结果进行对比，从中找出规律。两种情况基坑边壁最大位移见表 4.7 所列，支护结构最大内力对比见表 4.8 所列。

表 4.7　基坑边壁最大位移

位移/mm	D_X	D_Y	D_{XYZ}
钢管桩间距 0.5m	41.2	97.3	111.3
钢管桩间距 1m	40.6	97.8	111.7

表 4.8　支护结构最大内力

内力	F_y/kN	F_z/kN	M_y/(kN·m)	M_z/(kN·m)	S_{sy}/kPa	S_{sz}/kPa
钢管桩间距 0.5m	140.2	155.9	149.0	175.9	2418.7	4461.9
钢管桩间距 1m	160.5	176.1	149.1	180.0	3260.8	3625.9

通过表 4.7 可知，钢管桩间距为 0.5m 和 1m 情况下，前者 X 方向最大位移比后者增加 0.6mm，而 Y 方向为，前者比后者减少 0.5mm，总位移减少 0.4mm，两者最大值均出现于相同位置，变化量都非常小。由表 4.8 可知，钢管桩间距为 0.5m 和 1m 情况下，前者 Y 方向最大剪力比后者减少 20.3kN，Z 方向剪力减少 20.2kN；前者 Y 方向最大弯矩比后者减少 0.1kN·m，Z 方向减少 4.1kN·m，前者 Y 方向最大剪应力比后者减少 842.1kPa，Z 方向增加 836.0kPa，两者最大值出现位置基本一致。

由基坑边壁位移最大值以及支护结构内力最大值对比可知，当钢管桩间距为 0.5m 和 1m，边壁位移以及支护结构内力变化量均不大，故选择间距为 1m 的支护形式，同时与挂网喷护相结合。但需要注意的一点是，仅考虑钢管桩支护，位移值与内力值均较大，不能满足规范要求，因此还需进行锚杆+钢管桩共同支护结构形式。

4.5.3 考虑单双排锚杆基坑阴阳区力学特性分析

（1）单排锚杆+钢管桩基坑力学特性分析

①通过位移图见图 4.44 至图 4.46。

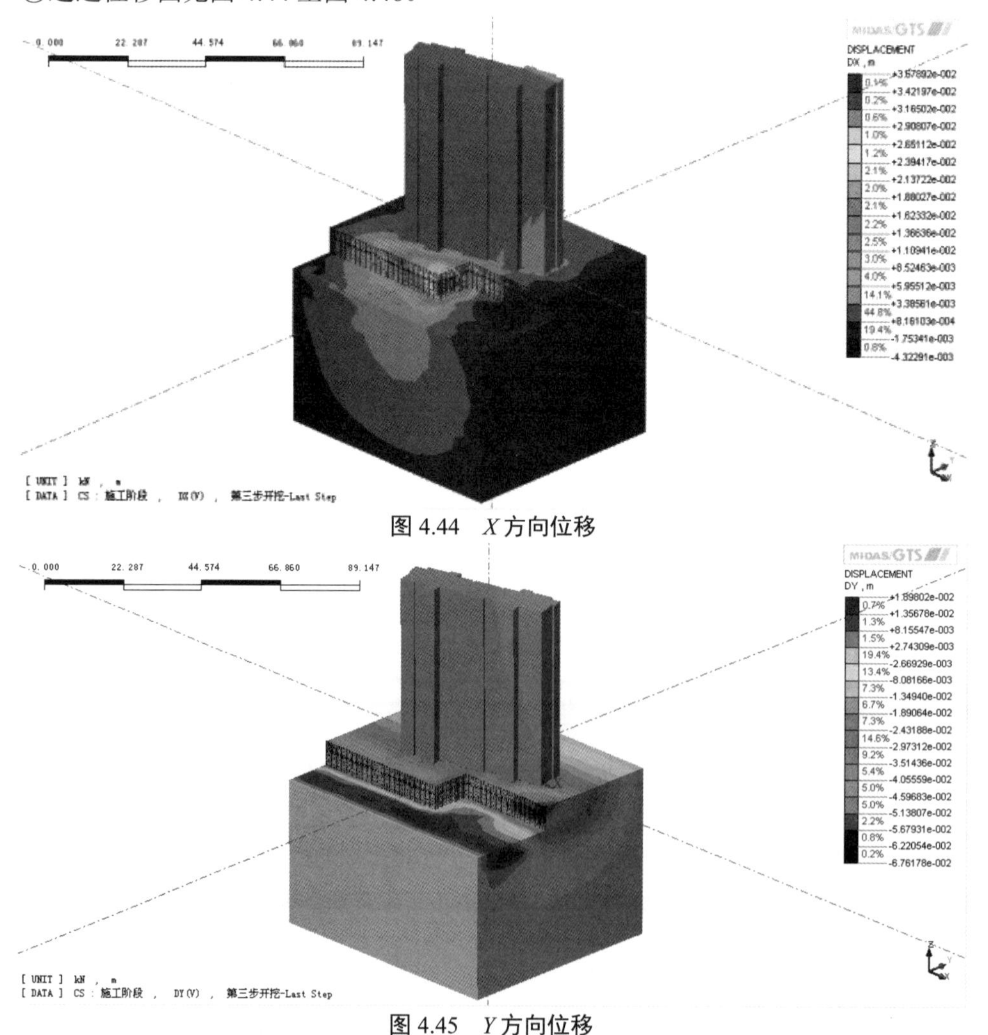

图 4.44　X 方向位移

图 4.45　Y 方向位移

分析可知：当采用单排锚杆+钢管桩时，X 方向的位移最大值为 36.7mm，出现于基坑阴阳角处；Y 方向的位移最大值为 67.6mm，出现于楼房周围的基坑边壁；而基坑总位移最大值为 97.7mm，出现于基坑坑底以及边壁处。Y 方向情况位移量过大，不满足规范要求。

②支护结构剪力图见图 4.47 和图 4.48。

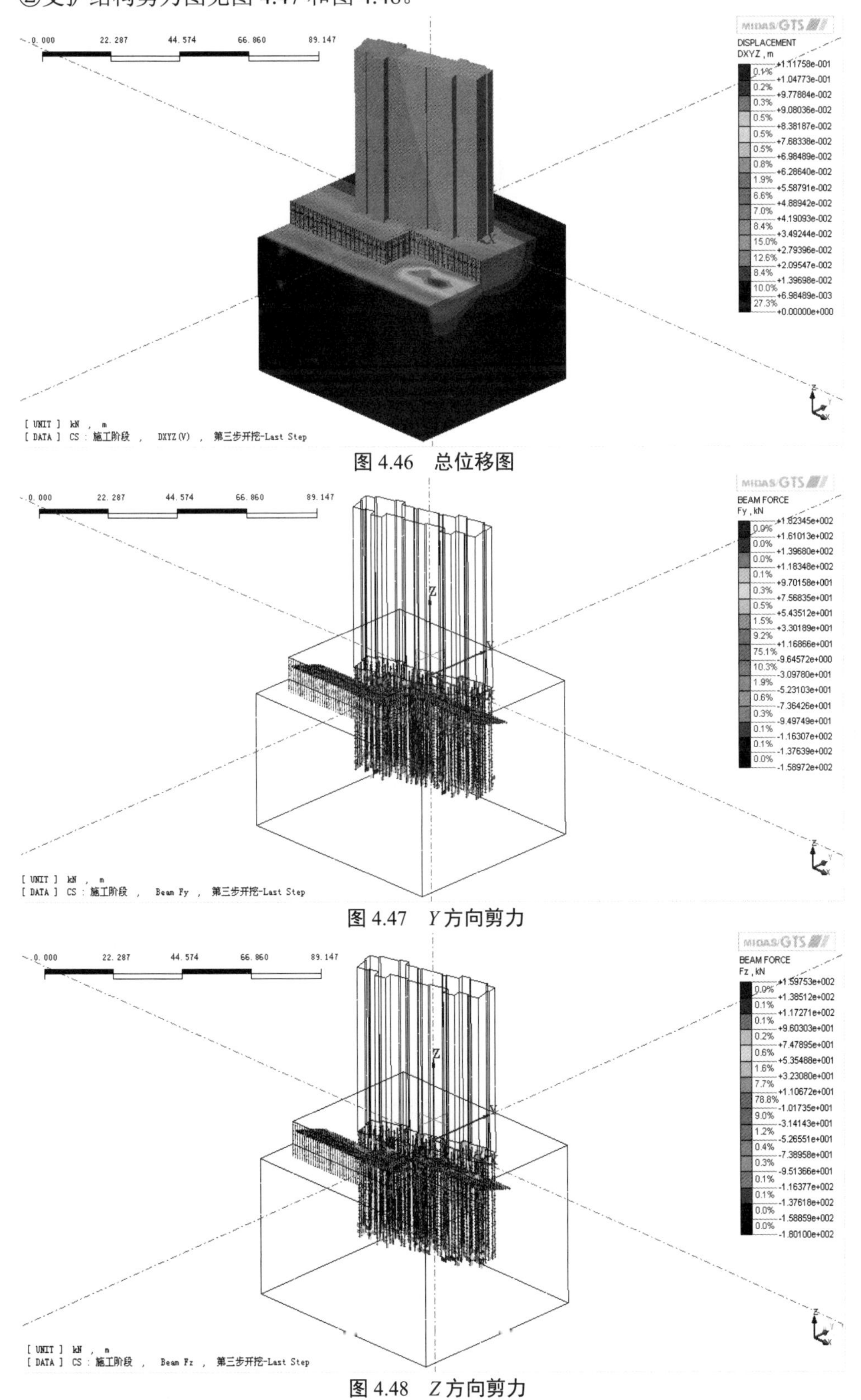

图 4.46　总位移图

图 4.47　Y 方向剪力

图 4.48　Z 方向剪力

分析可知：*Y* 方向剪力最大值为 54.3kN，出现于钢管桩中下部及锚杆末端；*Z* 方向剪力最大值为 32.3kN，在钢管桩沿 *Z* 轴方向均匀出现。

③支护结构弯矩图见图 4.49 和图 4.50。

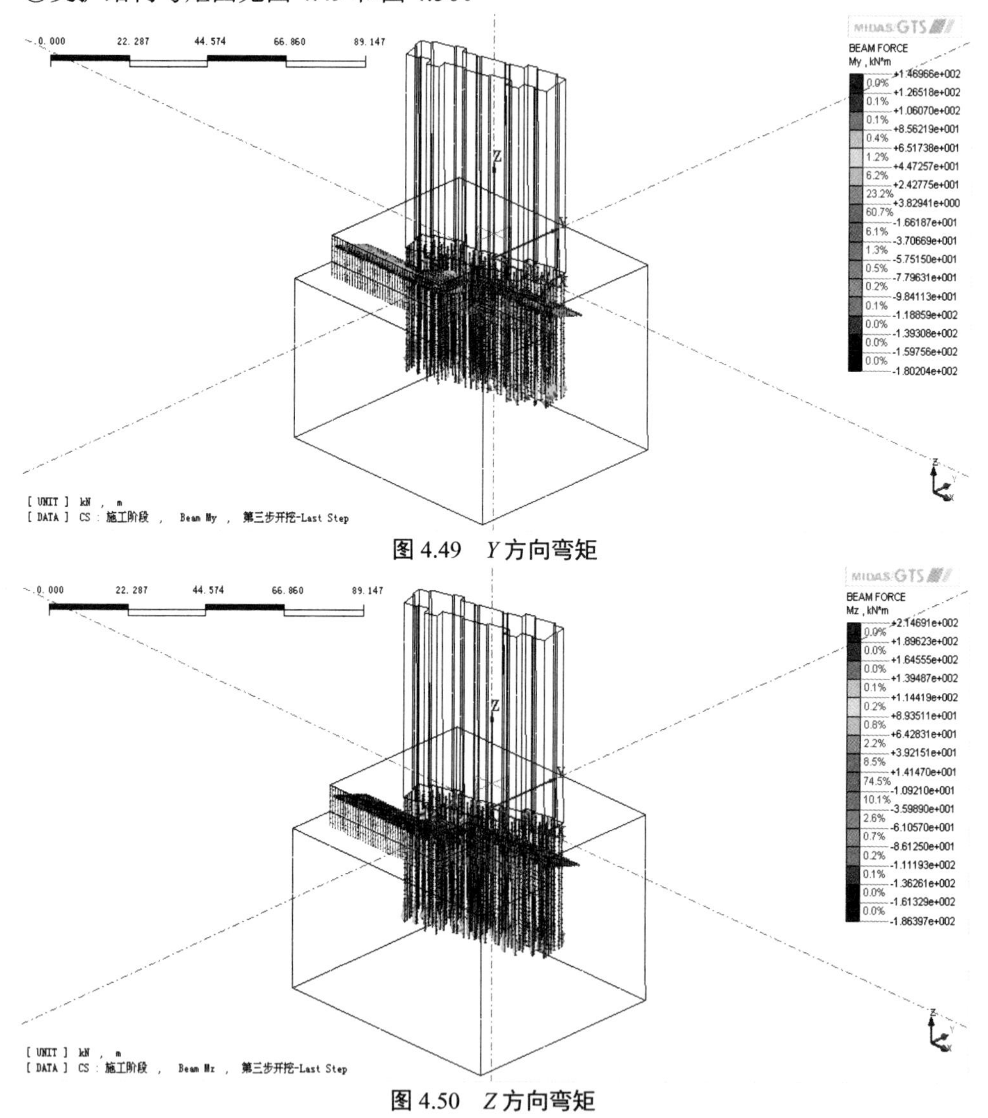

图 4.49 *Y* 方向弯矩

图 4.50 *Z* 方向弯矩

分析可知：*Y* 方向弯矩最大值为 77.9kN·m，在阴阳角处出现于钢管桩中上部，其他地方均出现于钢管桩中下部；*Z* 方向弯矩最大值为 61.1kN·m，出现于钢管桩中上部及底部。

④通过支护结构剪应力图(图 4.51 和图 4.52)可知，*Y* 方向剪应力最大值为 1908.6kPa，出现于钢管桩中下部；*Z* 方向剪应力最大值为 3454.3kPa，出现于基坑阴阳角处。

当采用单排锚杆+钢管桩时，基坑边壁仍出现过大的位移，*Y* 方向位移不能满足规范要求。而支护结构位于基坑阴阳角处的钢管桩和锚杆存在很大的剪应力，受力情况复杂，是潜在的危险区域。

（2）双排锚杆+钢管桩基坑力学特性分析

①通过位移图(图 4.53 至图 4.55)可以看出，当采用双排锚杆+钢管桩时，*X* 方向的位移最大值为 18.2mm，出现于基坑阴阳角处；*Y* 方向的位移最大值为 40.5mm，出现于楼房周围的基坑边壁；而基坑总位移最大值为 67.2mm，出现于基坑坑底以及边壁处，位移量均满

足规范要求。

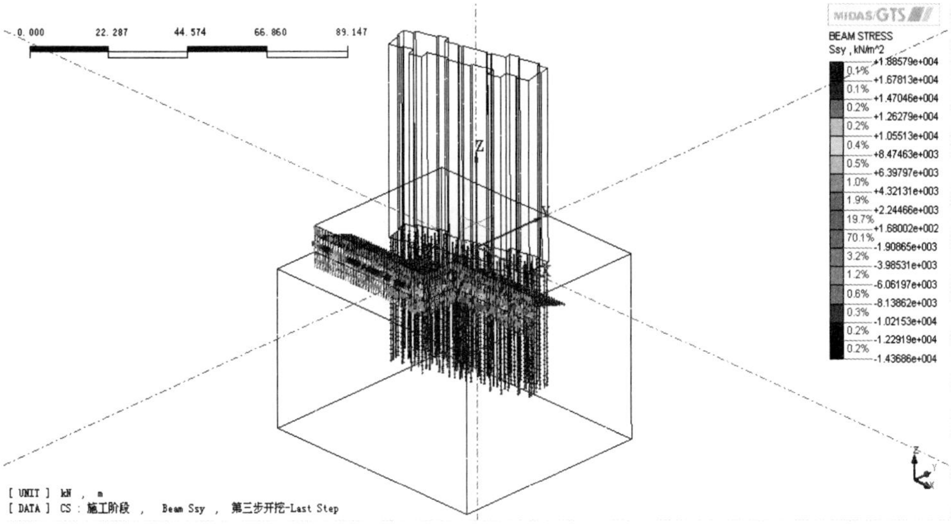

图 4.51　*Y* 方向剪应力

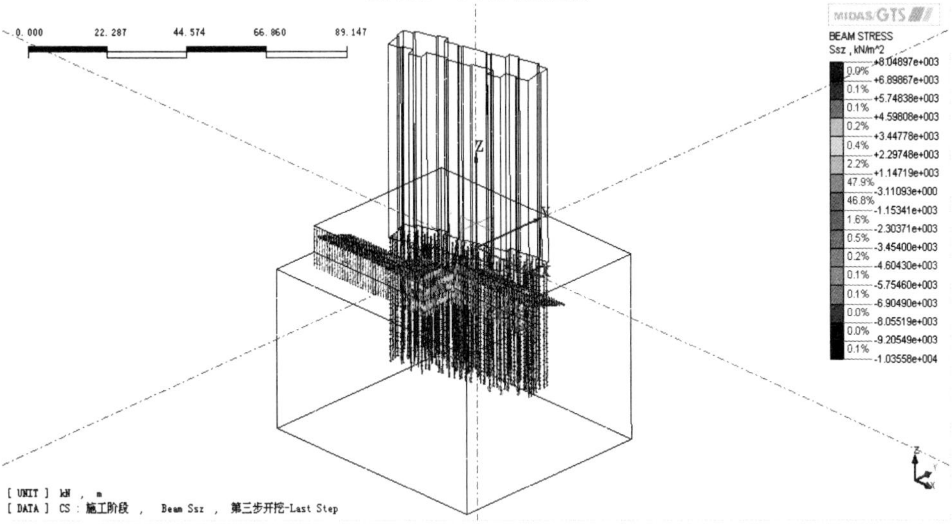

图 4.52　*Z* 方向剪应力

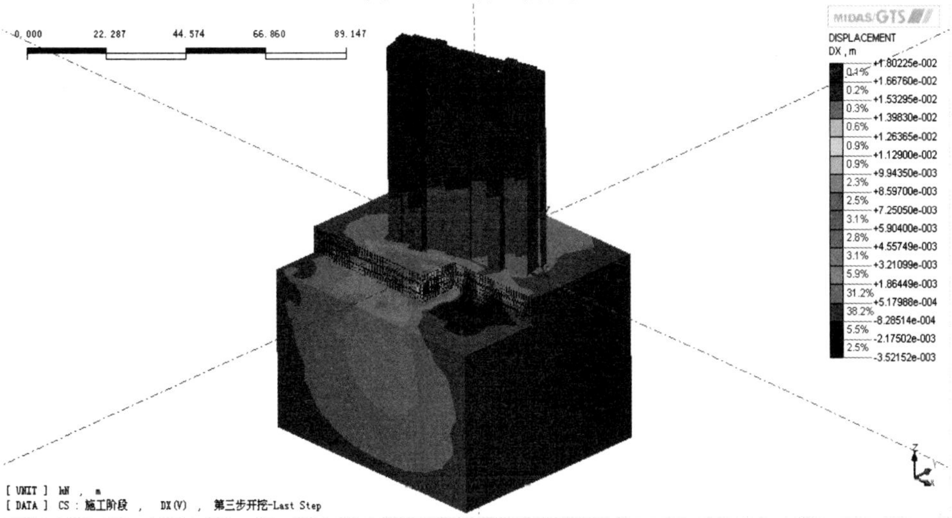

图 4.53　*X* 方向位移

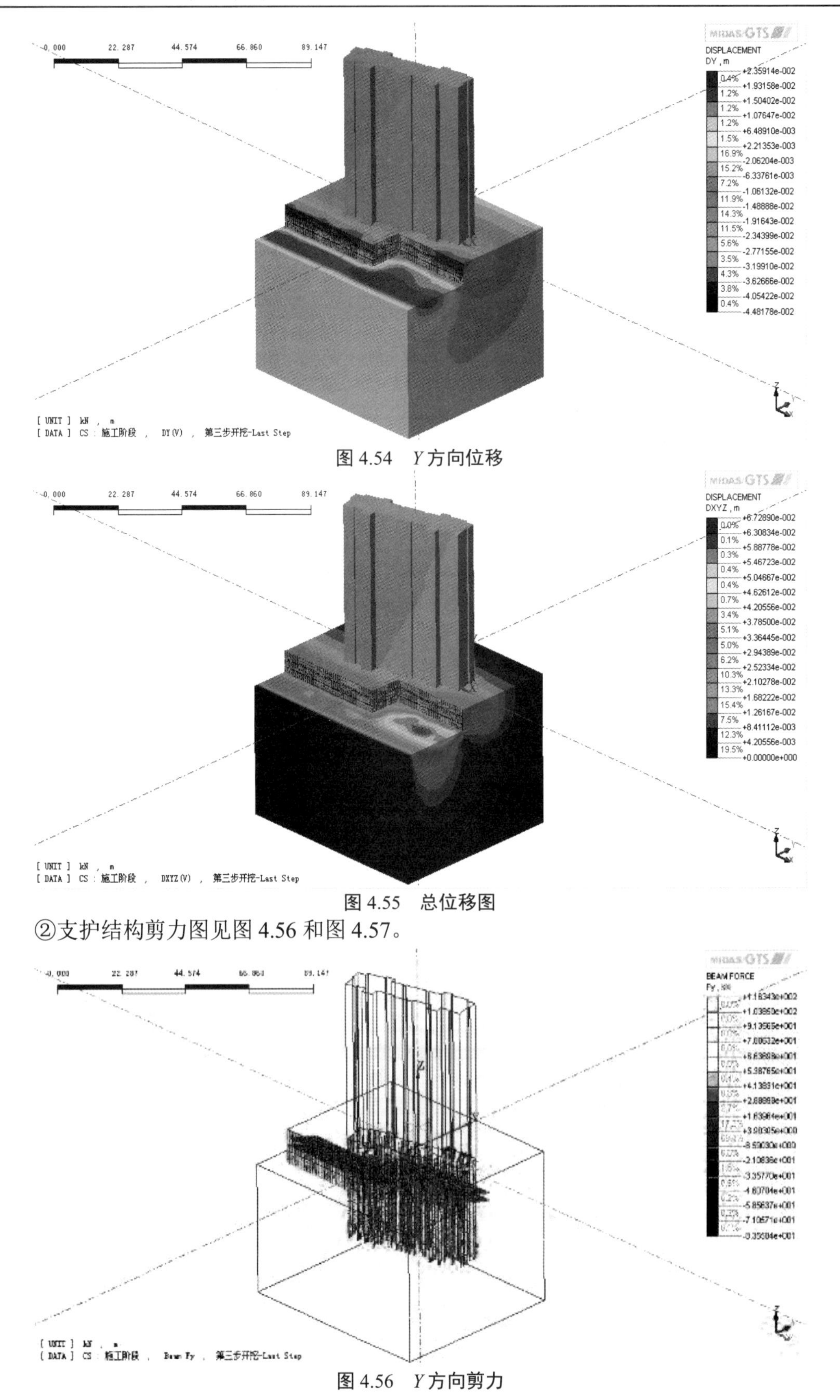

图 4.54　*Y* 方向位移

图 4.55　总位移图

②支护结构剪力图见图 4.56 和图 4.57。

图 4.56　*Y* 方向剪力

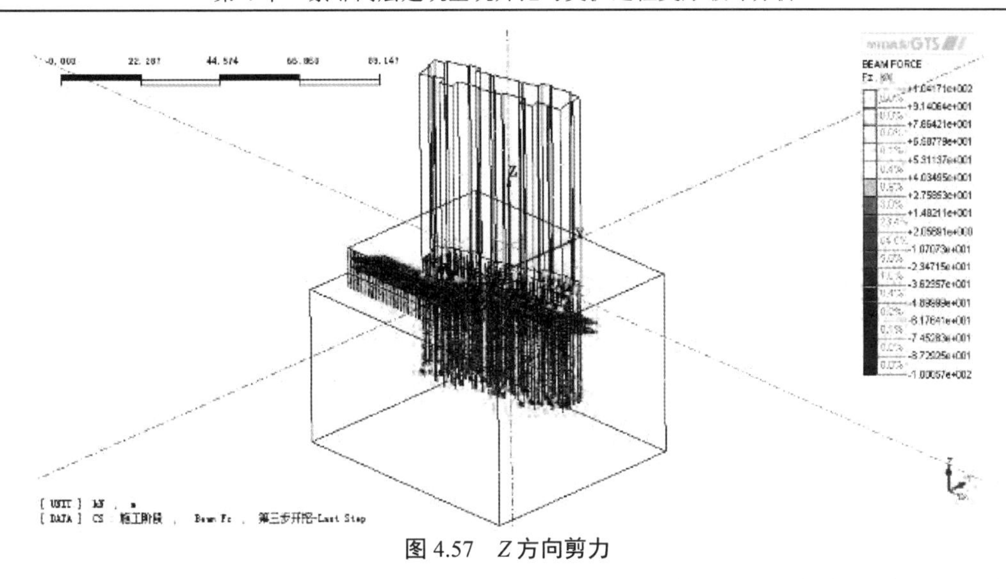

图 4.57　*Z* 方向剪力

分析可知：*Y* 方向剪力最大值为 21.1kN，出现于钢管桩中下部及锚杆末端；*Z* 方向剪力最大值为 23.4kN，在钢管桩沿 *Z* 轴方向均匀出现。

③支护结构弯矩图见图 4.58 和图 4.59。

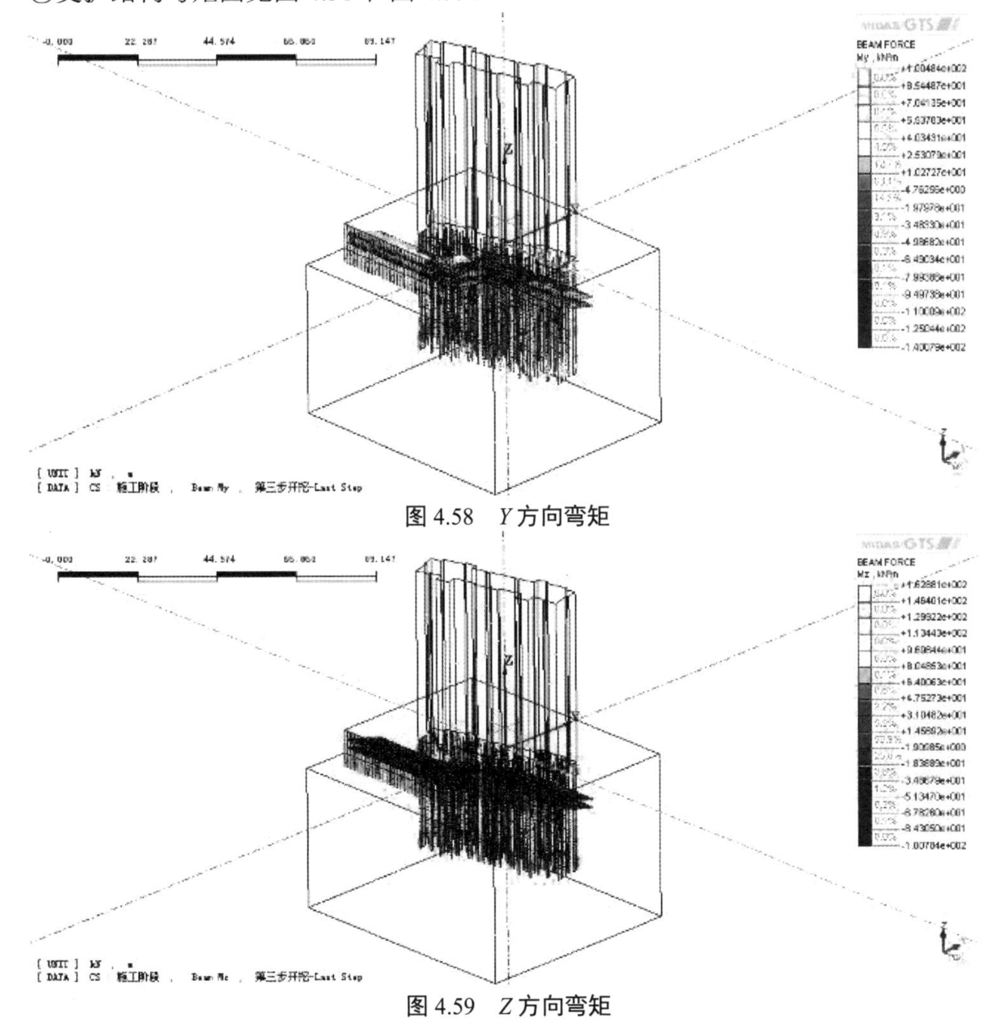

图 4.58　*Y* 方向弯矩

图 4.59　*Z* 方向弯矩

分析可知：Y 方向弯矩最大值为 49.8kN·m，在阴阳角处出现于钢管桩中上部，其他地方均出现于钢管桩中下部；Z 方向弯矩最大值为 31.2kN·m，出现于钢管桩中上部及底部。

④支护结构剪应力图见图 4.60 和图 4.61。

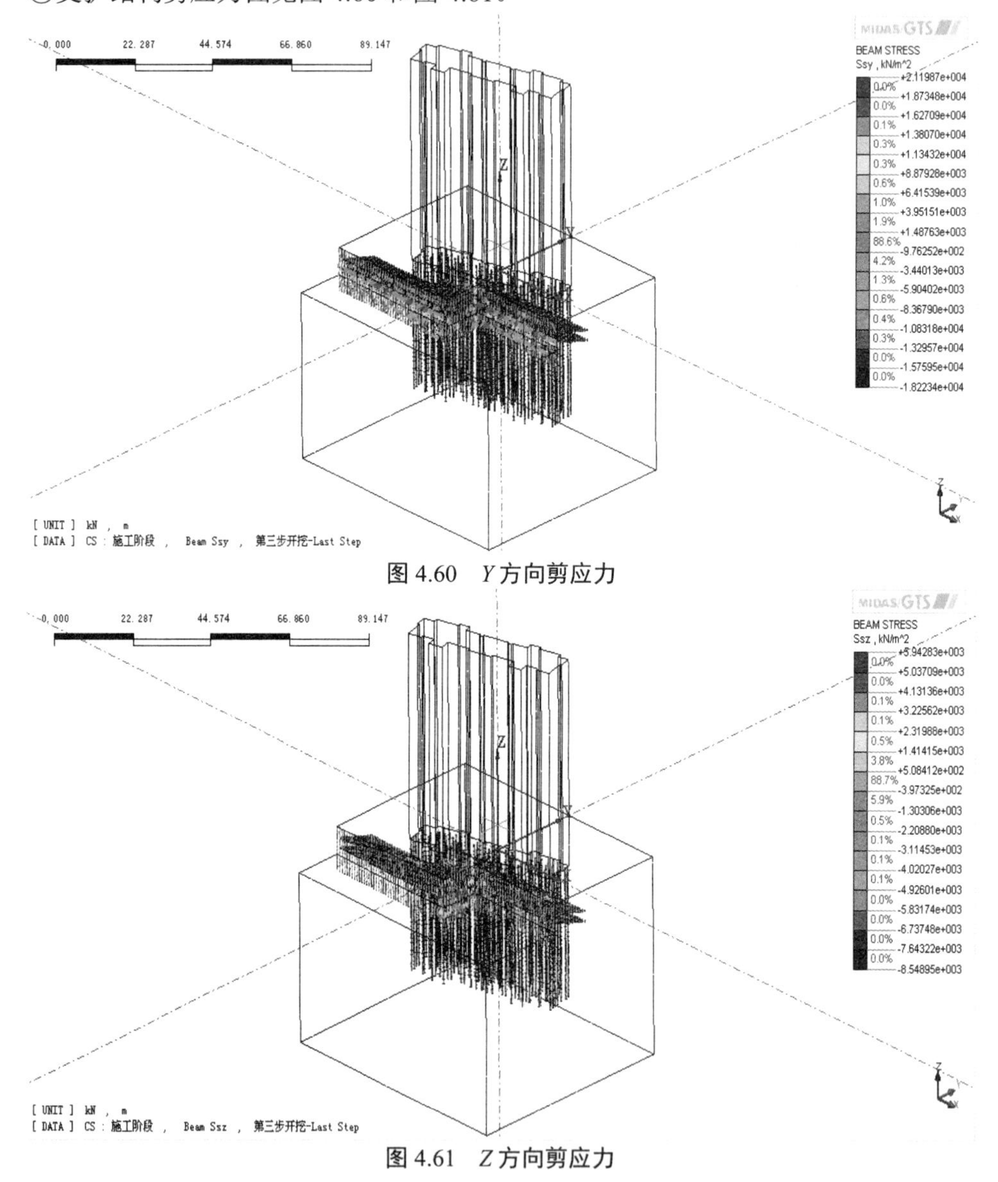

图 4.60 Y 方向剪应力

图 4.61 Z 方向剪应力

分析可知：Y 方向剪应力最大值为 967.2kN/m^2，出现于钢管桩中下部；Z 方向剪应力最大值为 1303.1kN/m^2，出现于基坑阴阳角处。

当采用双排锚杆+钢管桩时，基坑边壁位移得到控制，能满足规范要求。但支护结构位于基坑阴阳角处的钢管桩与锚杆存在较大的剪应力，受力情况复杂，是潜在的危险区域，需要引起人们高度重视。

（3）两种情况对比

将采用单排锚杆与双排锚杆计算结果进行对比，从中找出规律。两种情况基坑边壁最大位移见表 4.9，支护结构最大内力对比见表 4.10。

表 4.9　　基坑边壁最大位移

位移/mm	D_X	D_Y	D_{XYZ}
单排锚杆	36.7	67.6	97.7
双排锚杆	18.2	40.5	67.2

表 4.10　　支护结构最大内力

内力	F_y/kN	F_z/kN	M_y/(kN·m)	M_z/(kN·m)	S_{sy}/kPa	S_{sz}/kPa
单排锚杆	54.3	32.3	77.9	61.1	1908.6	3454.3
双排锚杆	21.1	23.4	49.8	31.2	967.2	1303.1

①基坑边壁最大位移对比情况

通过表 4.9 可知，采用单排锚杆和双排锚杆情况下，后者 X 方向最大位移比前者减少 18.5mm，而 Y 方向为，后者比前者减少 27.1mm，总位移减少 30.5mm，两者最大值均出现于相同位置，可见采用双排锚杆明显减少了基坑边壁的位移量，满足规范要求。

②支护结构最大内力

由表 4.10 可知，采用单排锚杆和双排锚杆情况下，后者 Y 方向最大剪力比前者减少 33.2kN，Z 方向剪力减少 8.9kN；后者 Y 方向最大弯矩比前者减少 28.1kN·m，Z 方向减少 29.9kN·m；后者 Y 方向最大剪应力比前者减少 941.4kPa，Z 方向减少 2151.2kPa，两者最大值出现位置基本一致，采用双排锚杆明显改善了支护结构受力情况，但基坑阴阳角处存在相对较大剪应力，需引起注意。

综上所述，分析小结如下：

在保证基坑安全和最大限度节省材料前提下，在基坑阴阳区选择钢管桩间距 1m 与双排锚杆支护形式。但同时在基坑阴阳角处仍存在较大剪应力，因此在复杂环境下进行基坑开挖施工，应尽量避免出现类似很直的阴阳角，将其设置成为逐渐过渡段；对于阴角处，基坑边壁支护出现盲区，很容易首先在此处发生破坏，应增加部分锚杆或锚索，加强边壁的稳定。

4.6　本章小结

本章采用有限元软件对紧邻高层建筑基坑开挖与支护结构变形破坏进行分析，重点研究了紧邻高层建筑基坑开挖与支护过程变形破坏的原因和规律，指出土方开挖在基坑施工中后期控制着周边土体变形和紧邻建筑物的沉降；采用坑内加固土体的方法，可以减轻基坑施工对紧邻建筑物的影响。得到以下主要结论：

①在建立有限元模型过程中，要结合实际情况确定计算所需参数，选择合适的土体本构模型，这样才能准确模拟基坑开挖过程。

②紧邻 5#楼与 38#楼基坑开挖和支护变形破坏的模拟结果，均与实际情况基本吻合，更好地验证了基坑开挖和支护结构变形破坏原因。

③通过两种情况的对比，可知紧邻建筑物桩基的存在对基坑开挖支护结构后的土体具有一定的约束力，使其向基坑的侧向位移变小，同时也使基坑周围土体的剪切破坏带变小，为设计和施工提供了有利条件。但在实际工程中，必须对紧邻桩基所受的附加土压力载荷进行安全验算，防止载荷过大造成桩基破坏，从而影响上部建筑结构安全。

④通过建立三维模型，对基坑边壁位移以及管锚支护内力进行对比分析，在保证基坑安全和最大限度节省材料的前提下，在基坑阴阳区选择钢管桩间距 1m 与双排锚杆支护形式。

⑤基坑阴阳角处很容易产生较大位移与剪应力，往往成为首先破坏区域，因此紧邻高层建筑环境下进行基坑开挖施工，应尽量避免出现类似很直的阴阳角，而对于阴角处应增加部分锚杆或锚索，加强边壁的稳定。

第 5 章　地下通道开挖引起基坑地表变形开裂检测分析

针对前述章节第⑦区的特殊施工环境，在位于 39#楼房附近开挖堑沟，修建连接地下车库的混凝土结构箱涵通道，开挖通道基坑紧邻楼房层至基础，另一侧放坡+土钉支护，施工中引起土钉边坡变形、地表出现大量裂缝。为此，采取加强放坡的土钉支护措施后，边坡变形得到有效控制，但是地面仍然出现 2～3 条裂缝。为了揭示地下通道开挖引起边壁和地表变形破坏，开展了地表开裂检测探明原因，同时进行土钉边坡稳定性验算与评价。

5.1　通道开挖地表开裂变形

在基坑放坡段由于临时需要，开挖了一条地下通道（见图 5.1），由于在开挖过程中引起了地面开裂，故本章在对此处进行探地雷达检测基础上，再结合基坑稳定性验算，对地表的破坏变形进行一定的控制。

图 5.1　地下通道开挖处

现场在开挖通道后，附近地表出现了两条大裂缝如图 5.2 所示。采用探地雷达技术对其进行检测。

图 5.2　地下通道开挖引起地表裂缝图

5.2 地表开裂变形探地雷达检测

5.2.1 探地雷达检测方法

（1）检测方法与原理

现场检测采用 LTD-2200 型探地雷达仪和 GC1500MHz、GC900MHz 天线进行。探地雷达由一体化主机、天线及相关配件组成（见图 5.3）。

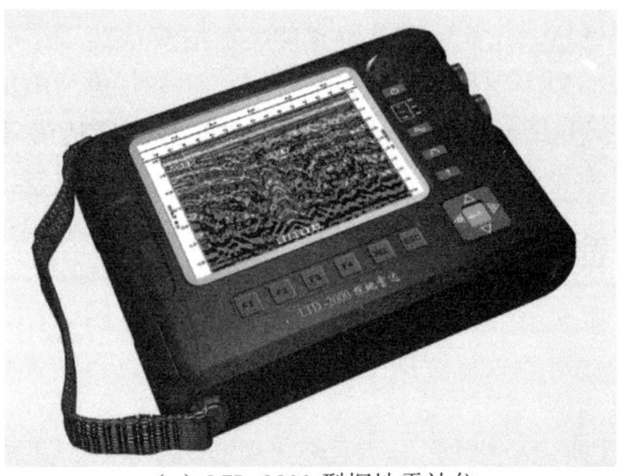

（a）LTD-2200 型探地雷达仪

（b）1500MHz 天线

（c）900MHz 天线

图 5.3 LTD 探地雷达的组成

雷达工作时，向地下介质发射一定强度的高频电磁脉冲（几十兆赫兹至上千兆赫兹），电磁脉冲遇到不同电性介质的分界面时即产生反射或散射，探地雷达接收并记录这些信号，再通过进一步的信号处理和解释即可了解地下介质的情况（见图 5.4）。

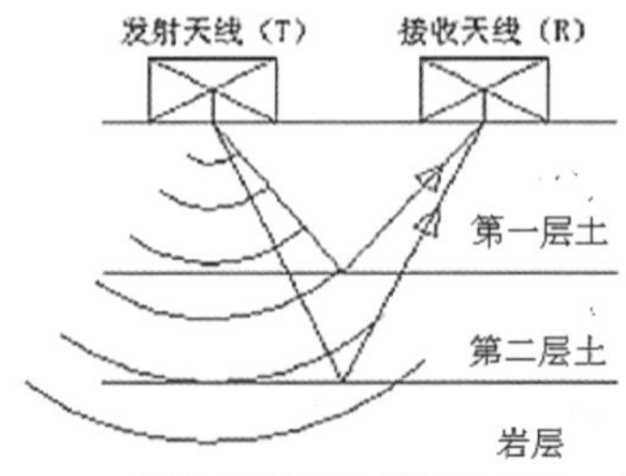

图 5.4 LTD 探地雷达探测地面时的工作原理

（2）探地雷达主要性能指标

LTD-2200 探地雷达具有方便实用、运行稳定可靠等优点，而且可以选择逐点测量、距离触发测量、连续测量等测量方式。

①LTD-2200 型雷达主机为单通道模式。

②LTD-2200 型雷达主机为单、双通道模式可选，分时工作。

③兼容性：兼容 LTD2200 型雷达的全系列天线；连续工作时间：≥4h。

④体积：≤311 mm×212 mm×61 mm（含航空插座）；主机重量：≤2.5kg。

⑤整机功耗：15W，内置 16.8V、65Wh 锂电池供电或外部电源供电 9～18V。

⑥脉冲重复频率：16kHz，32kHz，64kHz，128kHz 可调；扫描速率：16Hz，32Hz，64Hz，128Hz 可调。

⑦时窗范围：5ns～1us,连续可调；记录道长度：256，512，1024，2048 可调。

⑧输入带宽：1Hz～16kHz；动态范围：-7dB～130dB；雷达信号输入范围：±10V；系统信噪比：大于 70dB；软件处理功能：滤波、放大、道间平均、去背景处理。

相对于探地雷达所用的高频电磁脉冲而言，通常工程勘探和检测中所遇到的介质都是以位移电流为主的低损耗介质。在这类介质中，反射系数和波速主要取决于介电常数：

$$\gamma=\frac{\sqrt{\varepsilon_1}-\sqrt{\varepsilon_2}}{\sqrt{\varepsilon_1}+\sqrt{\varepsilon_2}},\ \ v=\frac{C}{\sqrt{\varepsilon}} \tag{5.1}$$

式中，γ—反射系数；v—速度；ε—相对介电常数；C—光速；下角标 1，2 分别表示上、下介质。

电磁波由空气进入地下土层，会出现强反射（对应地面，并且由于空气中电磁波传播速度较快，这时的地面对应的是负相位）；同样，当电磁波由第一层土传播至第二层土，继而由第二层土传播到岩层时，如果交界处贴合不好，或存在空隙，也会导致雷达剖面相位和幅度发生变化，由此可确定每层土厚度和发现地面裂缝存在情况。电磁波遇到以传导电流为主的介质，比如建筑物中存在的钢筋，会出现全反射，接收到的能量非常强，在雷达剖面上显示强异常，以此可确定钢筋分布情况。

5.2.2　地表裂缝深度检测与分析

为了更清楚了解地表情况，用探地雷达对裂缝地面进行了探测，如图 5.5 所示，探测距离为 7.5m，分为两条路线，探测方向由基坑边向外，900MHz 和 1500MHz 探地雷达天线各测一次如图 5.6 所示。

图 5.5　正在进行探地雷达检测

图 5.6　探地雷达探测路线和方向示意图

（1）线路 1 探测结果及分析

对线路 1 采用 900MHz 天线探测结果影像图如图 5.7 所示，采用 1500MHz 天线探测结果影像图如图 5.8 所示。

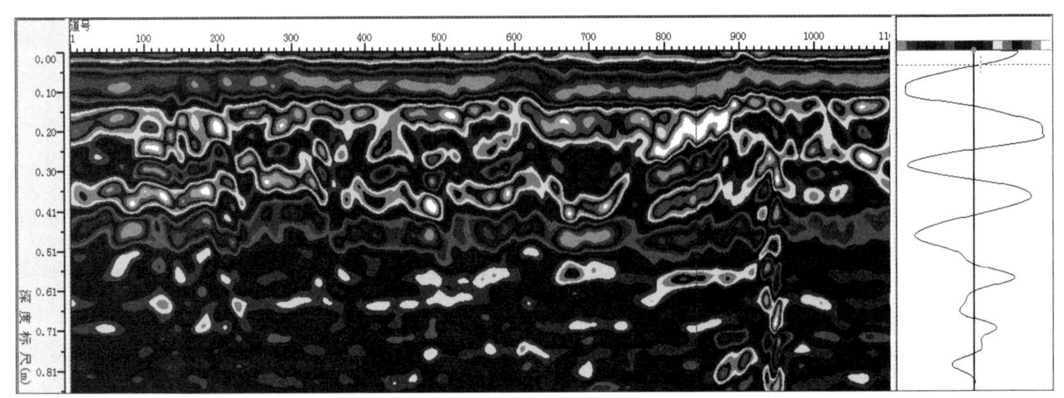

（a）探地雷达 900MHz 天线探测 1 次小波滤波伪彩色剖面图

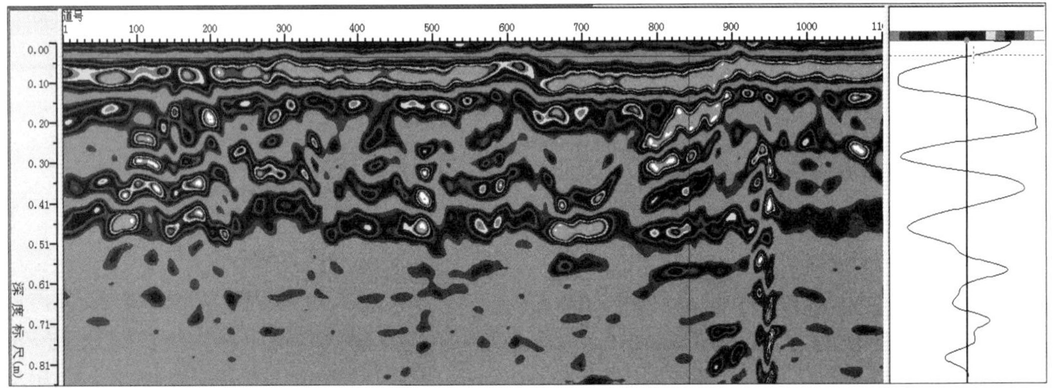

（b）探地雷达 900MHz 天线探测 1 次小波滤波+平方数学运算归一化处理剖面图

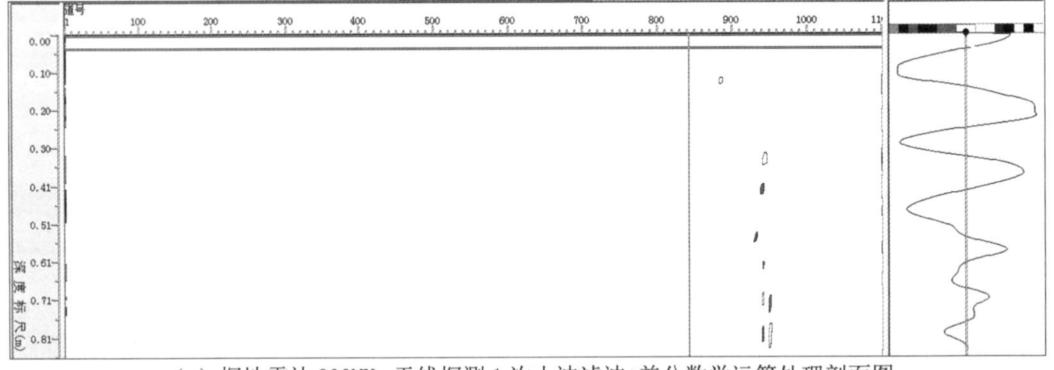

（c）探地雷达 900MHz 天线探测 1 次小波滤波+差分数学运算处理剖面图

图 5.7 对线路 1 采用 900MHz 天线探测结果影像图

对线路 1 分别用 900MHz 和 1500MHz 两种天线进行探测，通过以上两组图可知：①900MHz 天线比 1500MHz 天线探测深度要深，但精度不如后者；②经过不同方法处理的两组图像结果表明，该测线存在一条很明显的裂缝，与实际情况相符合，但它并不是起源于地表，而是在地表以下约 0.2m 处，这说明裂缝是由正常变形引起的，并非滑坡造成。

（2）线路 2 探测结果及分析

对线路 2 采用 900MHz 天线探测，结果影像图见 5.9，采用 1500MHz 天线探测结果影像图见 5.10。同样，对线路 2 也分别用 900MHz 和 1500MHz 两种天线进行探测。通过处理后图像结果对比可见，900MHz 探测图像在裂缝附近有一条明显的大裂痕，是由于裂缝附近地表塌陷，仪器在此处悬空而造成的，与实际情况符合，说明裂缝是由正常变形引起的，并非是由滑坡造成的。

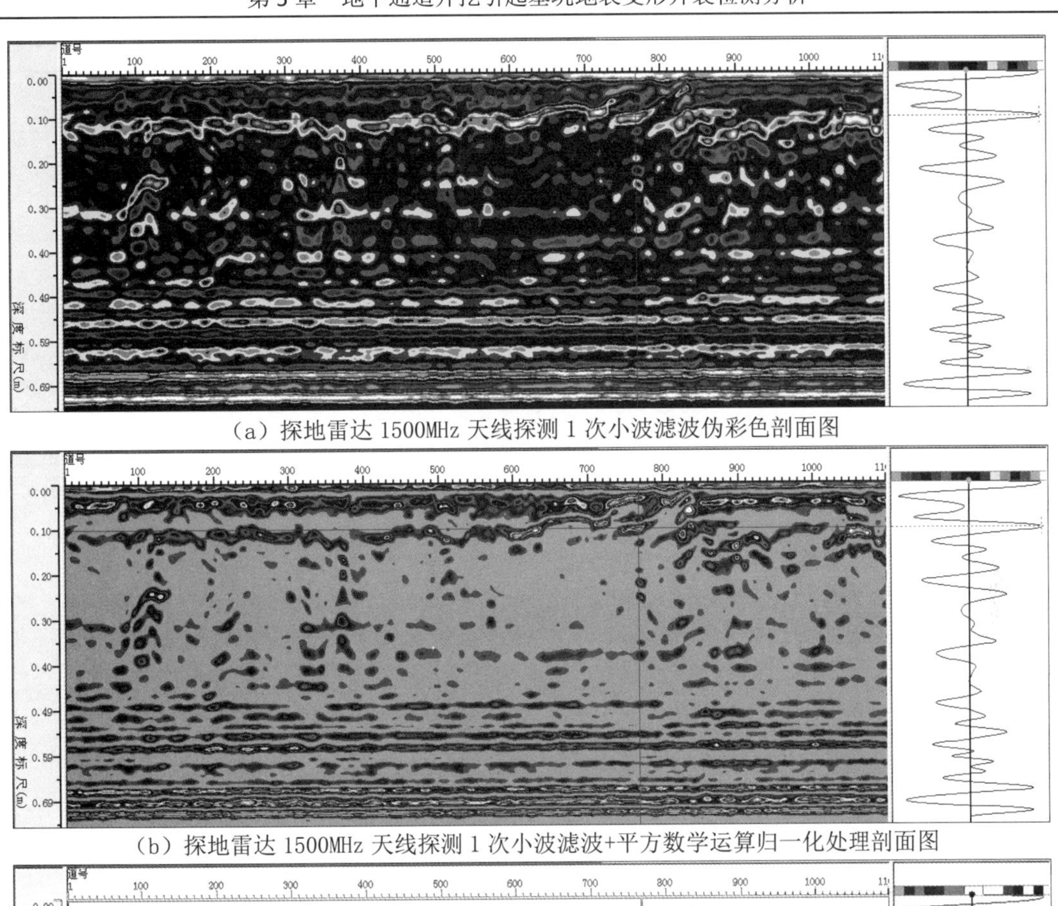

（a）探地雷达 1500MHz 天线探测 1 次小波滤波伪彩色剖面图

（b）探地雷达 1500MHz 天线探测 1 次小波滤波+平方数学运算归一化处理剖面图

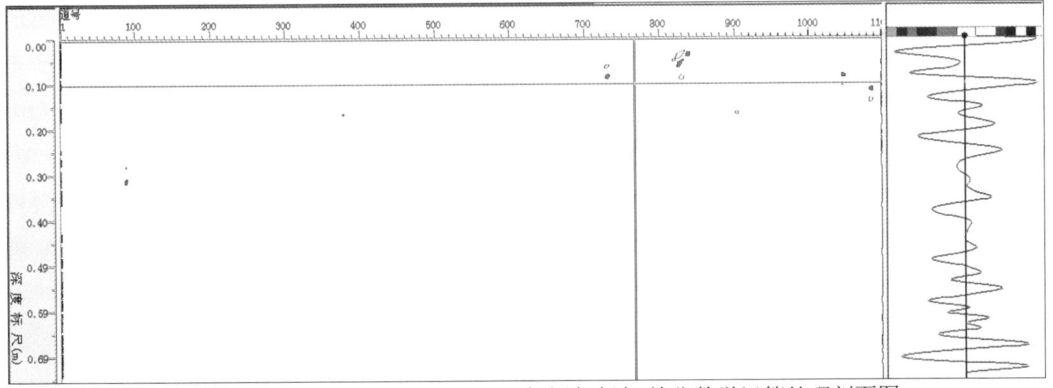

（c）探地雷达 1500MHz 天线探测 1 次小波滤波+差分数学运算处理剖面图

图 5.8　对线路 1 采用 1500MHz 天线探测结果影像图

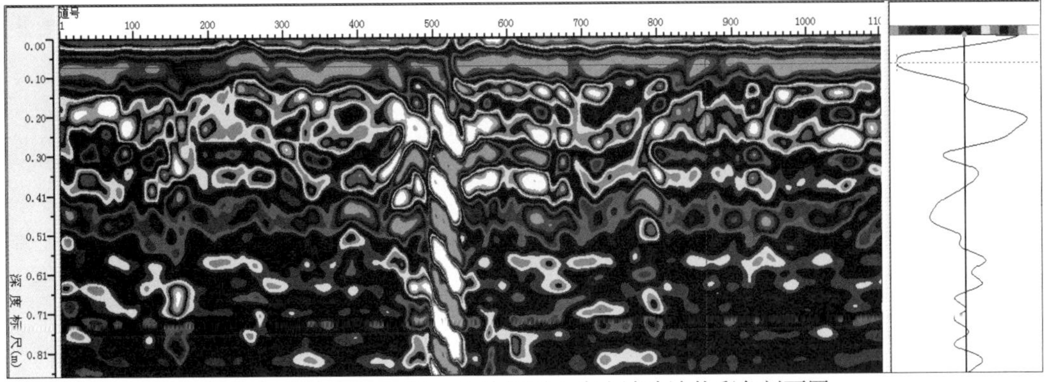

（a）探地雷达 900MHz 天线探测 1 次小波滤波伪彩色剖面图

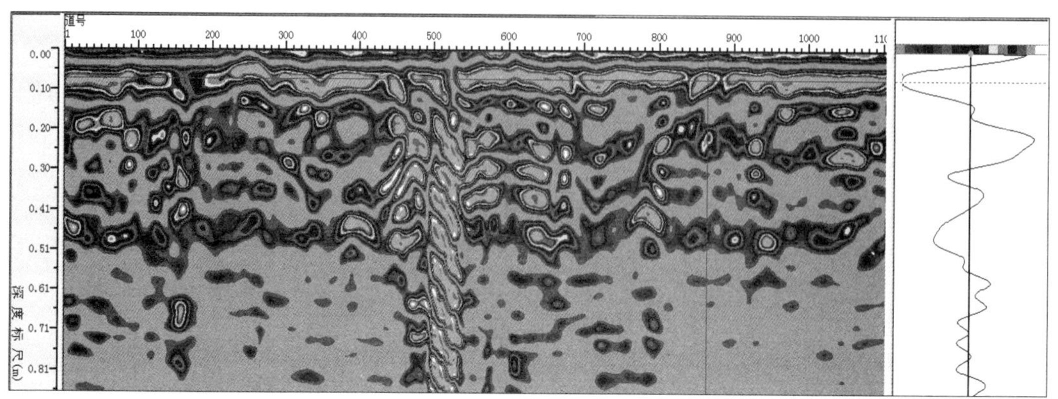

（b）探地雷达 900MHz 天线探测 1 次小波滤波+平方数学运算归一化处理剖面图

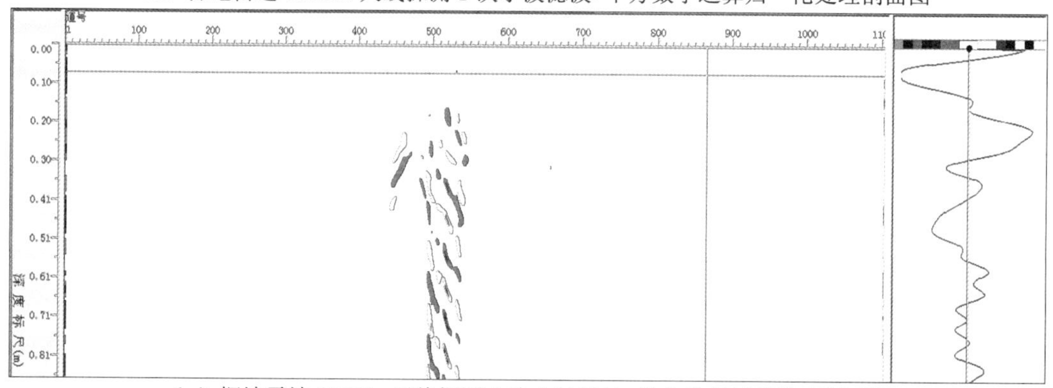

（c）探地雷达 900MHz 天线探测 1 次小波滤波+差分数学运算处理剖面图

图 5.9　对线路 2 采用 900MHz 天线探测结果影像图

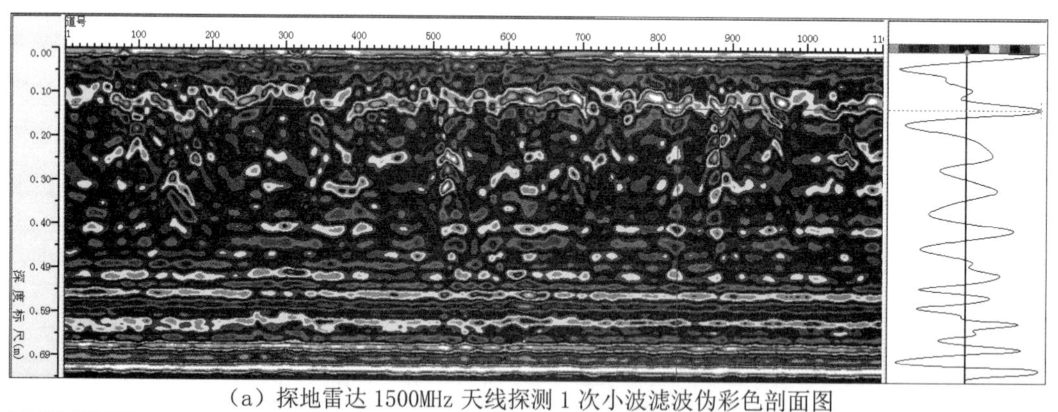

（a）探地雷达 1500MHz 天线探测 1 次小波滤波伪彩色剖面图

（b）探地雷达 1500MHz 天线探测 1 次小波滤波+差分数学运算处理剖面图

图 5.10　对线路 2 采用 1500MHz 天线探测结果影像图

5.3　地下通道开挖支护边壁验算与评价

地下通道开挖可分为三种工况即开挖深度为 4m，5m 和 6m 的情况，下面对其分别进行验算分析。根据现场勘察报告，确定各土层力学参数见表 5.1。

表 5.1　　土层物理力学参数

土层名称	厚度 H/m	容重 γ/(kN/m^3)	弹性模量 E/MPa	黏聚力 c/kPa	摩擦角 φ/(°)	泊松比 μ
杂填土	1.0	15	5.0	1	18	0.35
粉质黏土	2.8	18.9	4.8	47.2	17.2	0.3
粉质黏土	2.2	18.6	4.0	47.9	12.8	0.3
粉质黏土	2.8	19.2	5.0	56	19.3	0.3
中砂	2.7	22	15.0	1	35	0.25
圆砾	18.5	22	31.3	1	35	0.25

（1）通道开挖 4m 时验算分析

在放坡段开挖，本段采用土钉支护，考虑降水处理以及地面载荷影响，故开挖 4m 时计算。①局部抗拉验算。对其进行验算的结果：局部抗拉验算结果见表 5.2。②内部稳定验算。内部稳定验算结果见表 5.3，由内部稳定验算结果可知，开挖 4m（即工况 4）时的安全系数为 2.344>1.300，满足要求。

表 5.2　　局部抗拉验算结果

开挖工况	开挖深度/m	破裂角/(°)
1.0m	1.500	46.8
2.0m	2.500	46.7
3.0m	3.500	46.7
4.0m	4.000	49.2

表 5.3　　内部稳定验算结果

开挖工况	安全系数	圆心坐标 x/m	圆心坐标 y/m	半径/m
2.0m	2.803	-6.472	12.737	13.146
3.0m	2.524	-6.461	12.033	13.269
4.0m	2.344	-6.485	10.485	12.329

（2）通道开挖 5m 时验算分析

在放坡段开挖，本段采用土钉支护，考虑降水处理以及地面载荷影响，故开挖 5m 时计算。①局部抗拉验算。对其进行验算的结果：局部抗拉验算结果见表 5.4，对于其抗拉验算。②内部稳定验算。内部稳定验算结果见表 5.5，由内部稳定验算结果可知，开挖 5m（即工况 4）时的安全系数为 2.043＞1.300，满足要求。

表 5.4　　局部抗拉验算结果

开挖工况	开挖深度/m	破裂角/（°）
2.0m	2.500	46.7
3.0m	3.500	46.7
4.0m	5.000	47.5

表 5.5　　内部稳定验算结果

开挖工况	安全系数	圆心坐标 x/m	圆心坐标 y/m	半径/m
2.0m	2.803	-6.222	13.737	13.146
3.0m	2.524	-6.211	13.033	13.269
4.0m	2.043	-5.985	10.985	12.510

（3）通道开挖 6m 时验算分析

在放坡段开挖，本段采用土钉支护，考虑降水处理以及地面载荷影响，故开挖 6m 时计算。①局部抗拉验算。对其进行验算的结果：局部抗拉验算结果见表 5.6，对于其抗拉验算结果，会应用于后面的计算中。②内部稳定验算。内部稳定验算结果见表 5.7，由内部稳定验算结果可知，开挖 6m（即工况 4）时的安全系数为 1.816＞1.300，满足要求。

表 5.6　　局部抗拉验算结果

开挖工况	开挖深度/m	破裂角/（°）
1.0m	1.500	46.8
2.0m	2.500	46.7
3.0m	3.500	46.7
4.0m	6.000	46.2

表 5.7 内部稳定验算结果

开挖工况	安全系数	圆心坐标 x/m	圆心坐标 y/m	半径/m
2.0m	2.803	-5.972	14.737	13.146
3.0m	2.524	-5.961	14.033	13.269
4.0m	1.816	-6.192	12.192	13.675

5.4 基坑支护边壁与地表变形破坏控制

现场对地表裂缝距离基坑边壁的长度进行了测量，测量第一条裂缝距离坑边大约 2.5m，第二条裂缝距离坑边大约 5m。当地下通道开挖深度为 H 时，由模拟分析结果知，其抗拉破裂角为 α，所对应地面拉裂的距离(如图 5.11 所示)：

$$b=H\times\tan(90-\alpha)-a \tag{5.2}$$

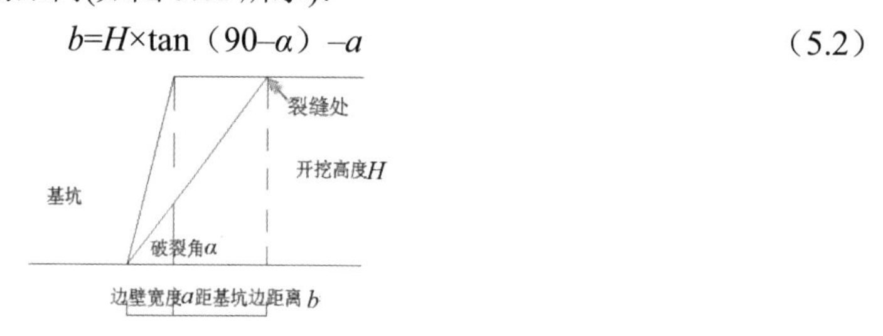

图 5.11 地面裂缝分析计算简图

当地下通道开挖深度为 4m 时，其抗拉破裂角为 49.2º，对应地面拉裂距离 2.45m；当地下通道开挖深度为 5m 时，其抗拉破裂角为 47.5º，对应地面拉裂的距离 3.4m；当地下通道开挖深度为 6m 时，其抗拉破裂角为 46.2º，对应地面拉裂的距离 4.7m；与实际情况基本吻合。因此，通过模拟分析和实际情况的对比可知，距离基坑边较近的裂缝是由于地下通道开挖对地面的拉裂作用造成的，而较远裂缝也是因拉裂造成，拉裂距离与裂缝实际距离基本吻合。而通过内部稳定性验算可知，安全系数均满足要求，故地面裂缝并非由滑坡引起。因此，可知地面裂缝因拉裂造成，属正常变形，与坡面滑动无关，进一步验证了雷达检测的准确性。

通过稳定性验算与雷达检测可知，由于临时开挖地下通道，引起了地面开裂，主要是由于拉裂造成，属正常变形，并不是滑坡引起，故现场采用以下方法控制变形：①地下通道因是临时开挖，要对其进行及时的回填处理；②对地表裂缝可进行注浆处理，或对其进行强夯避免其进一步扩大；③可将地下通道上方有裂缝地面附近的堆砌物暂时移走，以避免过大的活载荷使裂缝进一步扩大。

综上所述，采取上述方法后，现场地表变形得到了有效控制，为后面的施工提供了安全保证。

5.5 本章小结

地下通道的开挖引起了地表的变形破坏，采用探地雷达检测方法和稳定性验算进行相互验证，并提出变形控制方法。本章得出的主要结论如下：

①针对现场实际情况，运用探地雷达对开裂地表进行检测，由检测结果分析可知，地表裂缝并不起源于地面，并非滑坡所造成，而是由拉裂产生，属正常变形。

②采用极限平衡方法，对地下通道开挖 4m，5m 和 6m 时进行验算分析，可知其内部稳定性均满足要求，未产生滑动面，地表裂缝主要由拉裂造成，与探地雷达检测结果一致。

③采用基坑迅速回填，对地表裂缝进行注浆，减少通道上方活载荷等方法，使地表变形破坏得到有效控制。

第 6 章　基坑开挖高层建筑倒塌软塑性土抗剪特性分析

软塑性土主要是由天然含水量大、压缩性高、承载能力低的淤泥沉积物及少量腐殖质所组成的土。具有天然含水量高、天然孔隙比大、压缩性高、抗剪强度低、固结系数小、固结时间长、灵敏度高、扰动性大、透水性差、土层层状分布复杂、各层之间物理力学性质相差较大等特点。在软塑性土层上进行紧邻高楼基坑开挖，若不及时处理，很容易出现问题，严重的甚至导致基坑垮塌、建筑物倾覆以及紧邻地面的塌陷，需引起高度重视。本章针对某商品房小区在建的 13 层楼整体倒塌事故进行原因分析，为以后的工程施工提供可参照经验，避免类似事故的发生。

6.1　紧邻基坑建筑物地基软塑性土抗剪特性

6.1.1　抗剪强度指标的取值依据

Skempton 研究发现，在一些特定条件下，土的应力-应变曲线会出现从一个峰值强度经过一个“软化强度”过渡到“残余强度”的渐进变化过程，并建议评估没有经历先期滑动的黏性土坡的稳定性时应该采用完全软化强度，而在评估已经历过先期滑动的黏性土坡的稳定性时应采用残余强度。Mesri 认为，卸荷（包括取消侧限）导致土体膨胀、产生卸荷裂隙和软化。随着剪切强度接近黏土主要矿物成分的正常固结压力，软化的最终结果表现为土体达到完全软化状态。在达到软化条件之前，土的任何状态都被称为是一个未受扰动的原状条件。由于实际土体的裂隙和软化情况比较复杂，所以原状条件极不稳定。加之剪切带中板状黏土矿物颗粒有可能沿剪切方向平行排列，这些因素综合作用就形成了残余条件。在斜坡稳定性分析中，一些学者提出了滑移启动强度的概念，并且将其定义为滑坡整体失稳启动时滑移带土的平均抗剪强度，但受众多因素的影响，滑移启动强度是一个不易确定的量值。Stark 和 Eid 的研究表明，在发育有裂隙且未经历过先期滑动破坏的液限大于 50%的硬黏土边坡的稳定性分析中，其滑移启动强度低于完全软化强度，高于残余强度，接近土的完全软化强度与残余剪切强度的平均值。对该结果的一种解释是，在有效应力保持不变的情况下作为有效排水强度折减的软化，导致土体中水量增加，减小了土体达到软化的剪切强度值，土体达到完全软化剪切强度后，渐进破坏又减小了土体沿破坏面的平均剪切强度，从而使土体的滑移剪切强度值处于完全软化强度和残余剪切强度之间。

如图 6.1 所示，对于超固结黏土，在排水剪峰值强度之后土的抗剪强度不断降低，其过程可以分为剪胀作用引起的含水率增加和黏土颗粒平行于剪切方向的定向排列两个阶段：第一阶段结束时，超固结黏土的强度即为完全软化强度；第二阶段结束时，便达到了残余强度。对于正常固结黏土，其排水状态下剪强度的降低则完全归结于黏土颗粒的定向排列。只有当黏土颗粒为扁平状，且黏粒粒径 d<0.002mm 的重量超过 20%～25%时，才有可能发生黏土颗粒沿剪切方向的定向排列，否则，对于超固结土其残余强度与完全软化强度基本一致；对于正常固结土其完全软化强度与峰值强度也基本相等。

图 6.2 为含裂隙硬黏土排水剪切强度的实测结果，可以看到滑移启动强度介于完全软

化强度和残余强度之间。

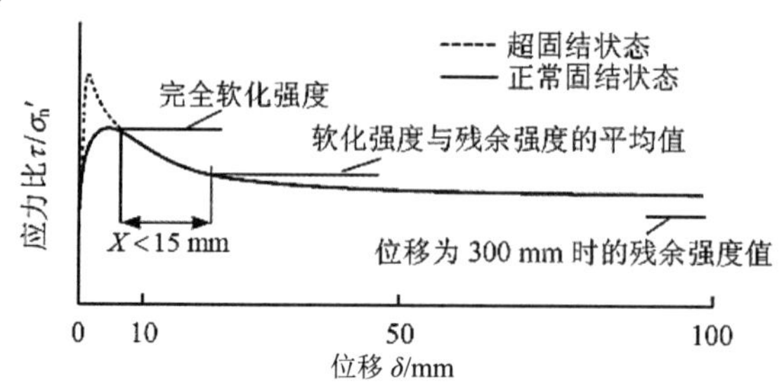

图 6.1　应力-位移曲线示意图（σ_n'为常数，黏粒含量大于 40%）

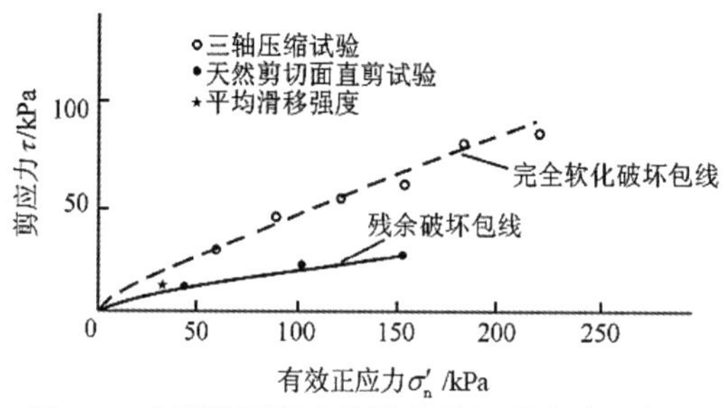

图 6.2　含裂隙硬黏土的排水剪切强度破坏包线

图 6.3 为土体液限 ω_L 与完全软化摩擦角和残余摩擦角的差值（$\phi'-\phi_r'$）之间的关系。图中显示，当土的塑性指标适中时，完全软化摩擦角与残余摩擦角之间的差值最大，如土的液限为 130%，有效正应力分别为 50kPa 和 100kPa 时，所对应的 $\phi'-\phi_r'$值分别为 12°和 16°，而土的液限小于 30%时，其差值小于 3°。一些研究表明，低塑性硬黏土的滑移启动强度也可能会达到未受扰动土的峰值强度。

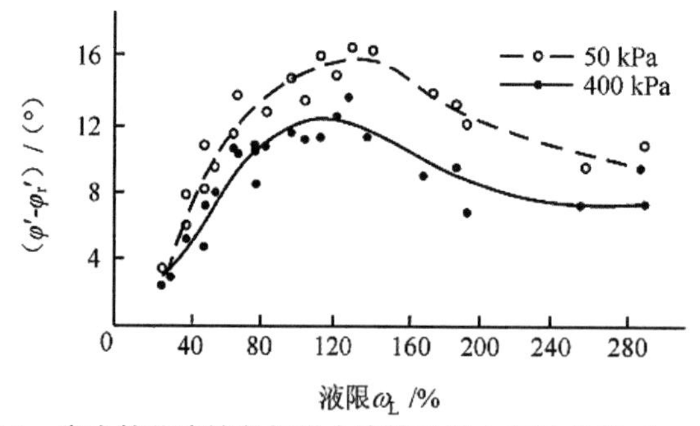

图 6.3　完全软化摩擦角与残余摩擦角的之间的差值（$\phi'-\phi_r'$）

在对紧邻基坑既有建筑物地基承载力进行评估时，由于基础下面的地基土体一方面局部出现不同程度的塑性破坏区，另一方面土体并未经历先期滑动破坏，因此从宏观角度看，其抗剪强度指标应在完全软化强度与残余抗剪强度之间选取，似乎比较合理。当然，从细观角度而言，土的抗剪强度参数的选取是一个受多种因素影响的非常复杂的问题，已有许多研究资料表明，土的内摩擦角主要取决于矿物成分和黏粒含量，其次也受土的密度、含水率、形成历史和结构性等因素的影响。要真实客观地揭示紧邻基坑地基土体抗剪强度特性，还必须结合既有建筑物地基土体的实际工作状态，兼顾对土的微、细观方面的研究。但从宏观角度而言，借鉴有裂隙且未经历过先期滑动破坏的硬黏土边坡稳定性分析的研究成果，采用土的完全软化强度与残余强度的平均值作为评估紧邻基坑既有建筑物地基承载力时的强度指标，不失为解决上述工程问题的一条途径。

6.1.2　土的软化强度和残余强度的测试

土的完全软化强度是应力的函数并受黏土矿物类型和黏粒粒组的数量的控制。Stark 和 Eid 描述了在实验室利用硬黏土制备试样以及采用环剪仪测试土的软化强度的过程。

采用环剪仪测试土的完全软化强度时，先通过磨圆的泥岩和页岩或筛分后的粉土和黏土样本确定该重塑土样品的液限、塑限和黏粒尺寸。然后，将重塑土样品置入环形容器中。法向应力范围的选取应能代表未经历先期滑动破坏的边坡或堤坝的实际受力状况。采用 0.018mm/min 的剪切位移速率来保证剪切过程中的排水条件。在重塑土样品达到所规定固结应力状态后，才能测试土样的完全软化剪切强度。当所要达到的固结应力较高时，最好采用两阶段加载方法，以减少潜在因素的干扰。完成固结的土样被剪切，直到峰值强度发生流动（完全软化），一般在最大剪切位移达到 10 mm 后便可结束环剪仪测试土的完全软化强度的工作。Stark 和 Eid 比较了环形剪切仪与三轴压缩试验所得试验数据的差别。对于正常固结黏土或粉土以及松砂等处于压缩状态的土样，排水条件下三轴压缩试验得到的完全软化摩擦角比环形剪切仪获得的数值大约高出 2.5°，这主要归结于两种仪器剪切和应力状态的差异。由于三轴压缩试验更接近未经历过先期滑动破坏土体现场剪切模式，建议在连续断面上由环形剪切仪测得的完全软化摩擦角应增加 2.5°。

许多研究表明，滑移带土的残余强度与土的应力历史以及土的原始结构无关，无须采用原状土，可以用土的重塑试样进行大位移剪切试验求取残余强度。Stark 等及戴富初、王思敬等分别介绍了利用环剪仪测试土的残余抗剪强度的操作过程，认为采用环剪试验确定土的残余抗剪强度比较准确，优于反复直剪试验。一些学者根据试验资料给出了土的残余抗剪强度与其影响因素之间的相关关系式。Kanji 通过实际资料的统计，得出了 ϕ_r'与塑性指数 I_P 之间的经验公式为

$$\phi_r' = \frac{46.6}{I_P^{0.446}} \tag{6.1}$$

周平根等统计得出有关滑坡的残余强度与土的塑性指数、黏土颗粒含量之间的关系为

$$\phi_r = 35.8 - 0.204 p_c - 1.266 I_P \tag{6.2}$$

李妥德等给出的 pH>7 的碱性滑带土不排水残余抗剪强度与土的塑性和液性指数的关系为

$$\lg\phi_r = 2.427\,8 - 1.227\,9 \lg I_P - 0.117\,3 \lg I_L \tag{6.3}$$

Mesri 等提出了用于描述完全软化和残余抗剪强度包线曲率的经验公式为

$$\left.\begin{aligned} s(fs) &= \sigma_n' \tan[\phi_{fs}']_s^{100}\left[\frac{100}{\sigma_n'}\right]^{1-m_{fs}} \\ s(r) &= \sigma_n' \tan[\phi_r']_s^{100}\left[\frac{100}{\sigma_n'}\right]^{1-m_r} \end{aligned}\right\} \tag{6.4}$$

式中，$[\phi_{fs}']_s^{100}$ 和 $[\phi_r']_s^{100}$ 分别为 σ_n' =100kPa 时软化强度和残余强度割线摩擦角。

对于任意塑性指数 I_P 有

$$1-m_{fs} \text{ 为 } \frac{\lg(\tan[\phi_{fs}']_s)}{\tan[\phi_{fs}']_s^{100}} \text{ 与 } \lg(100/\sigma_n') \text{ 的比值} \tag{6.5}$$

$$1-m_r \text{ 为 } \frac{\lg(\tan[\phi_r']_s)}{\tan[\phi_r']_s^{100}} \text{ 与 } \lg(100/\sigma_n') \text{ 的比值} \tag{6.6}$$

在斜坡稳定分析中，当缺少现场测试资料时，经验数据 $[\phi'_{fs}]_s$ 和 $[\phi'_r]_s$ 可以被用来估算土的抗剪强度。地基承受建筑物载荷的作用后，引起地基内土体的剪应力增加。规范要求基础下土体所处状态不能超过临塑载荷，而实际工程中基础下土体所处状态一般难以准确估算。由于既有建筑物基础边缘下的土体首先达到极限平衡状态，在基础边角会出现局部塑性区。因此，取基础边缘下土样，按上述方法测试或估算土体的软化强度和残余强度，以地基土的完全软化强度和残余强度两者之间平均值，作为评估受开挖影响的既有建筑物地基土体承载力减损的抗剪强度指标，从理论上而言是可行的。采用这种方法得到的抗剪强度指标均低于斜坡上地基的抗剪强度指标，使紧邻基坑既有建筑物地基承载力的理论计算值不会超过斜坡上地基承载力，考虑到紧邻基坑既有建筑物地基受力条件与斜坡地基受力条件的差异是比较合理的。

6.2 基坑开挖诱使高楼倒塌依托工程

2009 年 6 月 27 日 5 时许，某商品房小区在建的 13 层住宅楼发生了整体倾倒事故，如图 1.1 所示。该事故为典型的基础破坏：上部结构在倒下后也能保持良好的完整性，建筑物所采用的 PHC 管桩呈不同形式的破坏。本书拟在收集资料的基础上，基于三维有限元分析，探究该建筑物倾倒的机理。

6.2.1 高楼基础与结构

倾倒建筑物为 13 层剪力墙结构体系，位于基地北侧，北邻河道。基础采用 PHC 管桩+条形地基梁。工程桩总数为 114 根，桩型为 PHC AB 型高强预应力混凝土管桩，采用《先张法预应力混凝土管桩》图集。桩端持力层均为第 7-1-2 层粉砂层，单桩承载力设计值为 1300kN。工程桩具体参数:桩长 33m，管径 400mm，壁厚 80mm，混凝土强度等级为 C80。

6.2.2 基坑开挖与堆土

据了解，建筑物北侧堆土分两次完成。第一次堆土坡顶高度约 3～4m，距离建筑物约 20m。距离防汛墙约 10m，第二次堆土坡顶高度约 10m，一侧基本上紧挨着建筑物，另一侧与第一次堆土相接。建筑物的南侧正在开挖地下车库基坑，基坑开挖深度从地表计算为 4.6m 左右，围护边距离建筑物 2～4m 左右。基坑采用复合土钉支护形式，土钉长度约为 6～9m，均打入建筑物基础以下。堆土实况如图 6.4 所示。

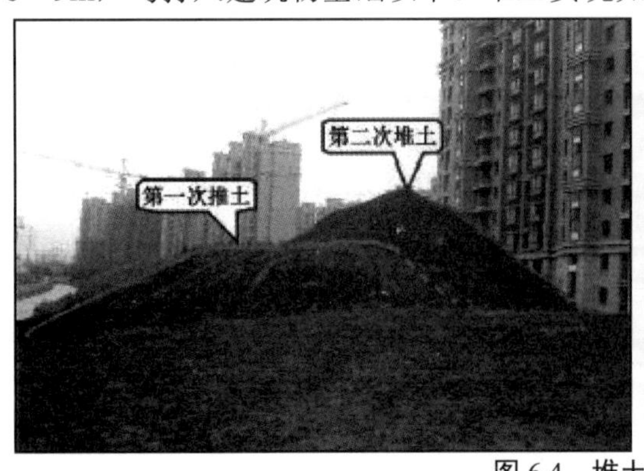

图 6.4　堆土与滑坡照片

6.2.3 工程地质条件

场地位于东海之滨、长江三角洲入海口东南前缘，地貌形态单一，属滨海平原类型，地势较平坦。场地自地面以下 603m 深度范围内的土层按其成因可分为 7 层，约 25.9～29.8m 以上各土层均为第四系全新世（Q_4）土层，约 25.9m 以下至 60.3m 均为上更新世（Q_3）土层。典型静力触探 *p-s* 曲线如图 6.5 所示。

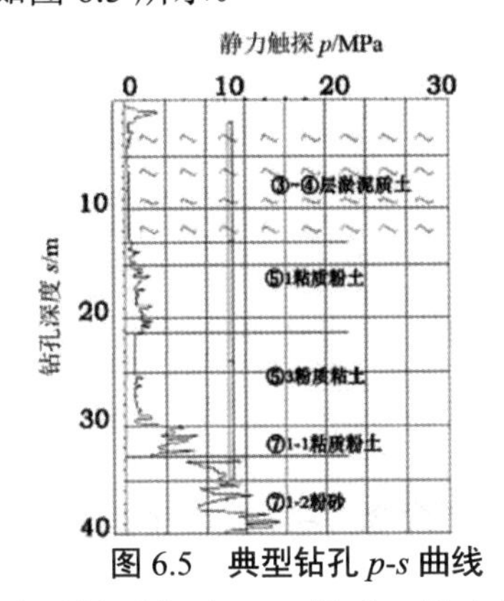

图 6.5　典型钻孔 *p-s* 曲线

探测主要土层物理力学性质如表 6.1 所示。静力触探 *p*/MPa 钻孔深度 *s*/m

表 6.1　土层物理力学性质表

层号	弹性模量 E/MPa	泊松比 μ	摩擦角 ϕ/（°）	凝聚力 C/kPa	密度 γ/(kg/m^3)
淤泥质土	18	0.36	26	14	1900
黏质粉土	12.3	0.36	17	11	1770
粉质黏土	5	0.35	11	10	1740
黏质粉土	15	0.3	14.7	11.4	1850
粉砂	50	0.27	35	4	1950
混凝土	28000	0.15	50	600	2300
堆土	12	0.38	15	5	1600

6.3　基坑开挖诱使高楼倒塌原因分析

事发楼房附近有过两次堆土施工：第一次堆土施工发生在半年前，堆土距离楼房约 20m，离防汛墙 10m，高 3～4 m。第二次堆土施工发生在 6 月下旬。6 月 20 日，施工方在事发楼盘前方开挖基坑，土方紧贴建筑物堆积在楼房北侧，堆土在 6 天内即高达 10m。边挖边堆，堆土速度很快。6 月 26 日起雷阵雨天气频繁现身。6 月 27 日早晨雷雨大作，家住闵行梅陇地区的居民则被更猛烈的一声轰响惊醒。5 时 30 分许，闵行区莲花南路罗阳路口西侧，一在建楼盘工地发生楼体倒覆事件，如图 6.6 所示为楼房倒塌过程示意图。

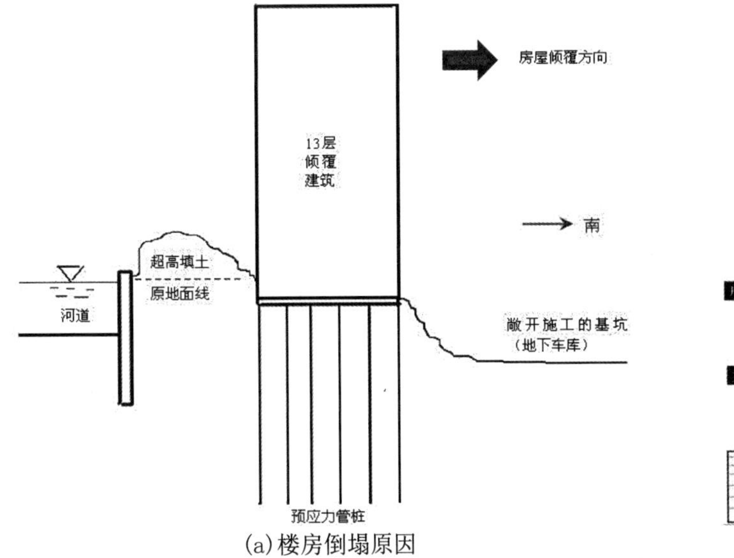

(a) 楼房倒塌原因　　(b) 楼房倒塌影响因素

图 6.6　楼房倒塌过程示意图

6.3.1 倒楼基础的管桩设计

倒楼设计采用 PHC 管桩，属于预应力混凝土桩。当楼体整栋倾倒后，现场实测向南水平位移约 10cm，对未倒的处于同状态的 6 号楼进行实测也发现向南水平位移约 10cm，这证实了水平位移是倒楼整栋倾倒的前兆，但没有明显的破坏迹象，这是指人们用眼睛可以观察到的楼宇倾斜的迹象（失效是在一定的时间段内反应）；楼体在倾倒时，有目击者曾观察到只有十几秒的时间就轰然倒下。

表 6.2　事故发生场地地基土主要土层物理力学指标

土名	孔隙比 e	天然含水量 /%	塑性指数 I_p	液性指数 I_L	压缩系数	压缩模量 /kPa	天然密度 /(kg/m³)	抗剪强度		容许承载力 /kPa
								摩擦角 ϕ/(°)	凝聚力 c/kPa	
褐黄色硬壳层	0.9～1.06	26.5～38	7～16	0.6～1.1	0.14～0.33	4～6	18.5	20～27	11～22	100～110
灰色淤泥质粉黏土	0.96～1.3	40.6～49	14～15	1.5～1.67	0.62～0.88	2.5～3.1	17～17.6	15～17	13	60～80
灰色淤泥质黏土	1.2～1.45	40～60	11	1.89	0.68	2.5～2.9	17.5	15～17	13	60～80
暗绿色粉黏土	2.0～3.5	24.1	12.7	0.44	0.22	6.5～7.4	19.7～2.0	16	53	185

楼体的倾倒呈现筏板基础倾斜，筏板基础下的南侧桩基受压，而北侧桩基受拉的力学模型。倒楼的总质量有几万吨，当在这典型的南侧受压而北侧受拉到了破断极限的受力工况下，出现了受压桩基被压碎成四五截，受拉桩基断头截面呈齐、整、平、直状态。管桩的破坏形式如图 6.7 所示。

（a）楼房倒塌基础破坏

（b）倒塌楼房结构完整

图 6.7　管桩呈不同形式破坏

桩基的断头面层稍为出露的钢丝头因预应力消失而缩回，桩混凝土断面内呈剪切断裂的迹象。说明用于预应力混凝土的钢丝强度较高，但塑性较差，应力—应变曲线没有明显流幅。PHC 管桩在这栋整体倾倒的破坏性“试验”中呈现的是非塑性破坏，符合预应力钢筋的材料特性，如图 6.8 所示。倒楼设计采用塑性较好的普通钢筋混凝土桩基：当楼体北侧堆土加载到受拉桩基的应力达到了钢筋的屈服强度，钢筋开始塑流，楼宇开始倾斜；钢筋的流幅与楼宇倾斜的角度成正比；在钢筋的流幅段，应力得到释放；由于钢筋内部组织发生了变化，钢筋抗拉强度得以提高，使楼宇的倾斜处在动态平衡状态；钢筋的塑性破坏，给人们以明显的破坏迹象，堆土也会停止，人员疏散，对建筑物可以纠偏加固；只有当破坏“试验”需要继续进行，在楼宇北侧继续加载堆土，应力达到钢筋的极限强度后被拉断，使得楼宇失去平衡倾覆倒下。PHC 管桩具有工业化生产、产品质量稳定、节省材料、垂直承载力强等特点，是一种很好的桩型，也得到了广泛的应用。但是，在地震的高设防等级和高频发地区应慎用 PHC 管桩。

（a）PHC 管桩破坏

（b）待用 PHC 管桩

图 6.8　PHC 管桩及其破坏

6.3.2　倒楼的基础埋深设计

经过调查和技术分析，房屋倾倒的主要原因是，紧贴倒楼北侧，在短期内堆土过高，最高处达 10m 左右；与此同时，紧邻大楼南侧的地下车库基坑正在开挖，开挖深度为 4.6m，大楼两侧的压力差使土体产生水平位移，过大的水平力超过了桩基的抗侧能力，导致房屋倾倒。

第二次堆土是造成楼房倒覆的主要原因。土方在短时间内快速堆积，产生了 3000t 左右的侧向力，加之楼房前方由于开挖基坑出现凌空面，导致楼房产生 10cm 左右的位移，对 PHC 桩（预应力高强混凝土）产生很大的偏心弯矩，最终破坏桩基，引起楼房整体倒覆。分析原因如下。

①楼房北侧堆土压力在楼房下面土中会形成向南的水平应力和位移，与楼房南侧挖地下室基坑卸压引起楼房下面土的位移是同向的，而楼下的管桩对这种水平推力作用抵抗能力较差。

②楼北侧堆土压力同时会造成其下方乃至楼房基础下的土体下沉，但楼房基础下的管桩（负）侧摩阻力、轴压力仍有较强抵抗能力。在楼房南侧开挖基坑时，若没有及时有效地采取技术措施限制坑壁附近楼房基础下土的水平位移，该处桩就会承受不住这种作用而先被破坏，致使楼房向南倾斜，继而楼房基础下靠北侧的管桩因上部建筑重心偏离而由受压逐渐转为受拔并向南承受水平载荷断裂，楼房倾覆。

③由于管桩是脆性破坏，南侧桩一旦断裂，随之北侧桩受拔断裂，大楼倒地，往往历时很短的。但南侧桩断裂前坑边土的位移发展却需要一个时间过程，估计事故头天楼房南侧坑边土会有一些失稳迹象，这时若及时地被应有的基坑监测发现并回填南侧基坑和卸除北侧超高填土，或许还有一线希望保住这座楼房的。

④从堆土未使该段河岸失稳来看，堆土对楼房南侧地基土虽然有所作用，但程度似可认为有限，主因分析似也不可忽视楼南侧基底以下坑壁围护方案对土体位移限制的有效性和施工是否规范的问题。

倒楼的下部桩基绝大多数在基础筏板底下 0.40～0.80m 处断裂，仅在沿河一侧的少数桩在基础筏板底面以下 1.20～2.10m 处断裂。这一“试验”结果符合常理，筏板基础的抗侧能力高于桩基基础。事故调查组专家、国家勘察设计师顾国荣认为：土方在短时间内快速堆积，产生了 3000t 左右的侧向力，加之楼宇前方由于开挖基坑出现凌空面，导致楼宇产生

10cm 左右的位移，对 PHC 桩（预应力高强混凝土）产生很大的偏心弯矩，最终破坏桩基，引起楼房整体倒覆。如果倒楼基础采用埋深设计：基础埋深将降低楼北侧堆土对桩基的侧压力；南侧地下车库基础底标高与楼桩基顶标高差值减少，可以降低楼南侧车库基坑开挖对楼南侧土体的影响。上述两个条件的改变，要达到倒楼倾倒的堆土水平推力的临界值就不是 3000t，也许是 4000t 或 5000t。

6.3.3 土体丧失稳定

场地的地基主要为沿海软土层。从高路堤的工程特性来看，影响沉降量及工后沉降的主要土层为：褐黄色粉质黏土（俗称“硬壳层”）、淤泥质土、暗绿色粉质黏土等。根据该三类土层的分布及厚度，地基土主要分两大类：一类地基“硬壳层”厚度一般在 2～3m 左右，淤泥质土厚度达 10m 以上，暗绿色土层埋藏较深或缺失，该类地基采用砂井等竖向排水固结法或粉喷桩法无法打穿淤泥质土层，地基土的压缩变形量大；另一类地基“硬壳层”一般较厚，淤泥质土层不厚，暗绿色土层埋深浅，该类地基可采用打穿软土层的处理工艺，地基土的变形量较小。根据事故发生场地地质资料，可以看出事故发生场地地基土的厚度存在较大的差异。

南面 4.6m 深的地下车库基坑掏空 13 层楼房基础下面的土体，可能加速房屋南面的沉降，使房屋向南倾斜。楼北侧堆土太高，堆载已是土承载力的 2 倍多，使第③层土和第④层土处于塑性流动状态，造成土体向淀浦河方向的局部滑动，滑动面上的滑动力使桩基倾斜，使向南倾斜的上部结构加速向南倾斜。同时，10m 高的堆土是快速堆上的，这部分堆土是松散的，在雨水的作用下，堆土自身要滑动（如图 6.7（a）所示），滑动的动力水平作用在房屋的基础上，不但使该楼水平位移，更严重的是这个力与深层的土体滑移力构成一对力偶，加速桩基继续倾斜。高层建筑上部结构的重力对基础底面积形心的力矩随着倾斜的不断扩大而增加，最后使得高层建筑上部结构向南迅速倒塌至地。

基于事故发生场地地基土的物理力学指标，再加上本工程施工大干快上，不按规范办事，6 天内堆土高 10m（相当于 180kN/m^2 的载荷），其堆土载荷远远超过第③、第④层土的抗剪强度，使第③、第④层土处于塑性流动状态，土体向其软弱处滑动。土体的滑动使桩基础在第④、第⑤层交界处发生向河道方向的移动，致使高层建筑向南地下车库的基坑方向倒塌。这是典型的土体丧失稳定的破坏。

6.4 本章小结

①开展了紧邻基坑建筑物地基软塑性土抗剪特性的分析，以及对抗剪强度指标的取值依据、土的软化强度和残余强度测试的分析。

②进行基坑开挖诱使高楼倒塌影响因素分析，揭示了高楼基础与结构和基坑开挖与堆土的关系、基坑开挖诱使高楼倒塌原因。

③认识了软塑性土层造成楼房倒塌案例分析中事故发生的原因。尽管现场施工组织和监管存在诸多不利因素，但出现重大工程事故或许为岩土工程师们进行复杂边界条件下的基坑围护、管桩布置和水平推力设计的考虑等提供了一次深刻的警示。

第 7 章　SolidWorks 仿真建模与高层建筑结构应力分析

SolidWorks 软件是基于 Windows 平台的三维设计软件，是由美国 SolidWorks 公司研制开发的。它是基于 PARASOLID 几何造型核心，具有基于特征的参数化实体造型、复杂曲面造型、实体与曲面融合、基于约束的装配实体造型等一系列先进的三维设计功能及工具；所具有的特征管理器，使复杂零部件的细节和局部设计安排条理清晰，操作简单；它采用了自顶向下的设计方法，设计数据 100%可以编辑，尺寸、相互关系和几何轮廓形状可以随时修改；它的全相关技术使得零部件之间和零部件与图纸之间的更新完全同步；它支持 IGES，DXF，STEP，DWG，ASC 等多种数据标准，可以很容易地将目前市场上几乎所有的机械 CAD 软件集成到设计环境中来。为了方便用户进行二次开发，SolidWorks 提供了大量的 API 函数。目前，SolidWorks 已经成为微机平台上的主流三维设计软件。

7.1　SolidWorks 实体仿真建模特点

SolidWorks 软件功能强大，组件繁多、易学易用、技术创新是 SolidWorks 的三大特点，使得 SolidWorks 成为领先的、主流的三维 CAD 解决方案。SolidWorks 能够提供不同的设计方案、减少设计过程中的错误以及提高产品质量。SolidWorks 不仅提供如此强大的功能，同时操作简单方便、易学易用。

7.1.1　SolidWorks 管理设置

（1）“全动感的”用户界面

SolidWorks 提供了一整套完整的动态界面和鼠标拖动控制。“全动感的”的用户界面减少设计步骤，减少了多余的对话框，从而避免了界面的零乱。崭新的属性管理器用来高效地管理整个设计过程和步骤。属性管理器包含所有的设计数据和参数，而且操作方便、界面直观。用 SolidWorks 资源管理器可以方便地管理 CAD 文件。SolidWorks 资源管理器是唯一同 Windows 资源器类似的 CAD 文件管理器。特征模板为标准件和标准特征，提供了良好的环境。用户可以直接从特征模板上调用标准的零件和特征，并与同事共享。SolidWorks 提供的 AutoCAD 模拟器，使得 AutoCAD 用户可以保持原有的作图习惯，顺利地从二维设计转向三维实体设计。

（2）配置管理

配置管理是 SolidWorks 软件体系结构中非常独特的一部分，它涉及零件设计、装配设计和工程图。配置管理使得你能够在一个 CAD 文档中，通过对不同参数的变换和组合，派生出不同的零件或装配体。

（3）协同工作

SolidWorks 提供了技术先进的工具，使得你通过互联网进行协同工作。通过 eDrawings 方便地共享 CAD 文件。eDrawings 是一种极度压缩的、可通过电子邮件发送的、自行解压和浏览的特殊文件。通过三维托管网站展示生动的实体模型。三维托管网站是 SolidWorks 提供的一种服务，你可以在任何时间、任何地点，快速地查看产品结构。

SolidWorks 支持 Web 目录，使得你将设计数据存放在互联网的文件夹中，就像存本地硬盘一样方便。用 3Dmeeting 通过互联网实时地协同工作。3Dmeeting 是基于微软 NetMeeting 的技术而开发的专门为 SolidWorks 设计人员提供的协同工作环境。

7.1.2 SolidWorks 实体仿真建模特点

（1）零件建模

SolidWorks 提供了无与伦比的、基于特征的实体建模功能。通过拉伸、旋转、薄壁特征、高级抽壳、特征阵列以及打孔等操作来实现产品的设计。

通过对特征和草图的动态修改，用拖拽的方式实现实时的设计修改。三维草图功能为扫描、放样，生成三维草图路径，或为管道、电缆、线和管线生成路径。

（2）曲面建模

通过带控制线的扫描、放样、填充以及拖动可控制的相切操作产生复杂的曲面，可以直观地对曲面进行修剪、延伸、倒角和缝合等曲面的操作。

（3）装配设计

在 SolidWorks 中，当生成新零件时，可以直接参考其他零件并保持这种参考关系。在装配的环境里，可以方便地设计和修改零部件。对于超过一万个零部件的大型装配体，SolidWorks 的性能得到极大的提高。SolidWorks 可以动态地查看装配体的所有运动，并且可以对运动的零部件进行动态的干涉检查和间隙检测。用智能零件技术自动完成重复设计。智能零件技术是一种崭新的技术，用来完成诸如将一个标准的螺栓装入螺孔中，而同时按照正确的顺序完成垫片和螺母的装配。镜像部件是 SolidWorks 技术的巨大突破。镜像部件能产生基于已有零部件（包括具有派生关系或与其他零件具有关联关系的零件）的新的零部件。SolidWorks 用捕捉配合的智能化装配技术，来加快装配体的总体装配。智能化装配技术能够自动地捕捉并定义装配关系。

（4）工程图

SolidWorks 提供了生成完整的、车间认可的详细工程图的工具。工程图是全相关的，当你修改图纸时，三维模型、各个视图、装配体都会自动更新。从三维模型中自动产生工程图，包括视图、尺寸和标注。增强了的详图操作和剖视图，包括生成剖中剖视图、部件的图层支持、熟悉的二维草图功能，以及详图中的属性管理员。

使用 RapidDraft 技术，可以将工程图与三维零件和装配体脱离，进行单独操作，以加快工程图的操作，但保持与三维零件和装配体的全相关。用交替位置显示视图能够方便地显示零部件的不同的位置，以便了解运动的顺序。交替位置显示视图是专门为具有运动关系的装配体而设计的独特的工程图功能。

7.1.3 SolidWorks 智能化功能

（1）SolidWorks 软件的用户化

SolidWorks 的 API 为用户提供了自由的、开放的、功能完整的开发工具。开发工具包括 Microsoft Visual Basic for Applications （VBA）、Visual C++，以及其他支持 OLE 的开发程序。

（2）SolidWorks 软件的帮助文件

SolidWorks 配有一套强大的、基于 HTML 的全中文的帮助文件系统。包括超级文本链接、动画示教、在线教程，以及设计向导和术语。

（3）SolidWorks 软件的数据转换

SolidWorks 提供了当今市场上几乎所有 CAD 软件的输入/输出格式转换器，有些格式还提供了不同版本的转换。主要有以下格式：IGES IPT （Autodesk Inventor）；STEP DWG；SAT（ACIS）DXF；VRML CGR（Catia graphic）；STL HCG（Highly compressed）；Parasolid graphics；Pro/ENGINEER Viewpoint；Unigraphics RealityWave；PAR （Solid Edge）TIFF；VDA-FS JPG；Mechanical Desktop。

7.2　SolidWorks Simulation 结构分析方法

随着计算机计算能力的飞速提高和数值计算技术的长足进步，有限元数值分析软件发展成为一门专门的学科——计算机辅助工程 CAE（Computer Aided Engineering）。CAE 软件与 CAD/CAM 是密不可分的，如果只抓 CAD，不抓 CAE，那么就摆脱不了傻大黑粗的阴影，CAD 也发挥不出它的真正作用。CAE 软件具有越来越人性化的操作界面和易用性，在各个领域的应用也得到不断普及并逐步向纵深发展，CAE 工程仿真在各个领域中的作用变得日益重要。

7.2.1　结构分析

CAD 软件通常都是用来解决工业设计中各阶段所需的设计。而工业设计全局可分为：造型设计阶段→机构或结构分析阶段→模具设计和制造阶段。负责这三个阶段的正是 CAD（计算机辅助制图设计）/CAM（计算机辅助制造）/CAE（计算机辅助分析）等名称所代表的软件或模块(插件)。这三个阶段都由不同的专业人员负责，而一个大型的 CAD/CAM/CAE 软件，通常都会包含这些专业的模块(插件)。换句话说，在一个产品的造型被开发出来后，在设计生产以前，中间还有一称为 CAE（计算机辅助分析）的专业。在过去软件不发达的时代，这部分几乎空白，一个产品设计好后，就以手制样品来作简单的破坏性检测，觉得可以就去开模子了。经常在开模时或等到东西做出来后，才发现大问题。所以，成本高，质量也不见得好。而在软件能力大幅增长的今天，CAE 已是产品开发中不可或缺的环节。高度运用 CAE 的结果，使得产品质量更可以控制，因修正错误所耗费的成本也在降低之中。应力分析主题正是结构分析中的重点之一。它可以提供以下优点：使用软件仿真来代替昂贵的实地测试(降低成本)；减少产品开发周期的次数(缩短产品开发时间和成本回收时间)；设计多样与优化（可一次形成多种设计概念，方便从中挑选最好的）。

7.2.2　应力分析

“应力分析”(或“静力分析”)就是根据材料、约束和载荷等条件来计算零件中的位移、应变及应力。不同材料可承受不同等级的应力，但是只要应力达到该材料的应力等级后，就表示该材料已无法再使用。这就是为什么要做应力分析的缘故。

在使用 SolidWorks Simulation 进行分析前，必须先定义模型的材料特性。定义材料前，要了解一些材料特性名词。

密度(Mass Density)：每一种材料都有它自己的密度。在 SolidWorks 中的单位是：g/mm^3。特别要注意的是：SolidWorks Simulation 定义的密度为重量密度，而非质量密度，所以数值比较大。

杨氏模量（Young's modulus）：杨氏模量又称为“弹性模量”。对于一定的材料来说，杨氏模量是一个常数。图 7.1 所示是一般“应力-应变”曲线示意图。

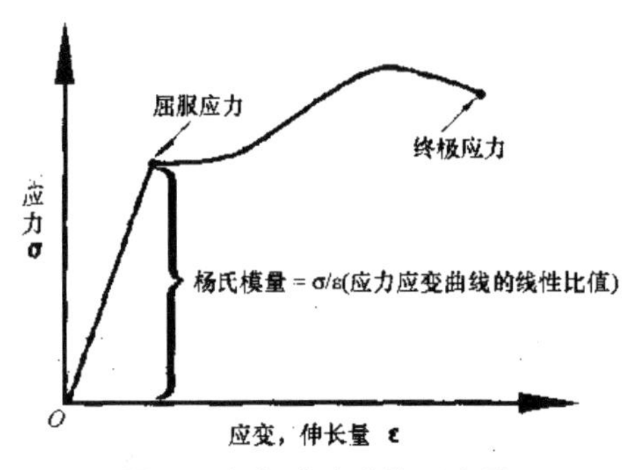

图 7.1 应力-应变曲线示意图

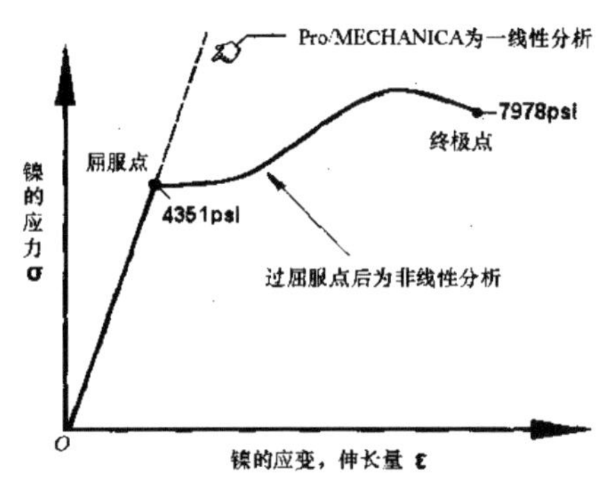

图 7.2 线性和非线性分析的区别

通过施加一递增的轴向载荷到一测试物上，就可测量出载荷和该物的变形量，同时得到这个曲线。从资料中，可画出应力（垂直轴）对应变或伸长百分比。当轴向载荷逐渐增加时，应变也以线性的方式增加，而这条斜线的斜率就是“杨氏模量”，其单位为应力 σ（载荷 / 面积）除以应变 ε（长度变化 / 长度）。典型的单位为：psi=g/mm^2，lb/ft^2，Pa=N/m^2（1MPa=10^{6}N/m^2）。材料性质并没有说明在何种应力下材料将损坏。如图 7.2 所示，镍具有大约 4351psi 的屈服应力和大约 7978psi 的终极强度。只要零件的实际应力超过它的屈服力，损坏即开始。SolidWorks Simulation 总是假设杨氏模量为常数值来作分析，这就称为线性材料分析。如果模型中的最大应力超过材料的屈服应力，那么所报告的应力值就不准确了。换句话说，在这种状况下就要做非线性的材料分析了。

（3）张力强度（Tensile Strength）

也称为“强度极限”。指材料在拉断前所承受的最大应力值。当材料屈服到一定程度后，由于内部晶粒重新排列，其抵抗变形能力又重新提高。此时，变形虽然发展很快，但却只能随着应力的提高而提高，直到应力达最大值为止。此后，材料抵抗变形的能力明显降低，并在最薄弱处发生较大的塑性变形，此处材料截面迅速缩小，出现“颈缩”现象，直至断裂破坏。材料受拉断裂前的最大应力值，就称为张力强度，单位：Pa（即 N/m^2）。

（4）屈服力（Yield Strength）

或称“屈服应力”。在机械与材料科学的定义是：材料开始生成塑性变形（永久变形）的应力值。当一材料受力时，若应力值小于屈服力，则材料的变形属于弹性变形；在载荷卸除之后，材料会回复到原来的形状；若受力持续加大，应力值增加而超过屈服力，则此时材料会生成塑性变形；当载荷卸除后，材料将无法恢复到原来的形状，呈现永久变形。

材料的屈服力在机械结构的设计、制造上是相当重要的指标。对设计上来说，屈服力被当作一个受力大小的极限，用来判断结构的破坏与否；在制造上，屈服力可用来作为工件成型的控制，像锻造、滚轧、抽拉和挤制成型等，单位：Pa（即 N/m^2）。

（5）泊松比（Poisson's Ratio）

泊松比是物体受到的侧向应变和物体轴向应变（物体拉伸方向的应变）之间的比值。即材料承受轴向张力时，轴向会伸长（轴向应变），横向也随轴向的伸长而收缩；也就是材料的宽度随长度增长面收缩（侧向应变）。反之，当材料承受压力时，其横向也会随轴面的缩短而伸长。对于大多数的材料来说，此值一般在 0.25～0.33 之间。

（6）热扩张系数（Coefficient of Thermal Expansion）

大多数材料受热（未约束）时膨胀，冷却时收缩。由于温度变化 1°所引起的应变为已知的热扩张系数，所以其单位为：应变（长度变化 / 长度）除以温度（度），单位为：mm/mm 或 mm/(mm·°F)。

（7）热导率（Heat Conductivity）

材料传导热量能力，称为“热导率”。热导率定义为单位截面、长度材料在单位温差下和单位时间内直接传导的热量，其单位为：W/(m·K)。

（8）比热容（Specific Heat）

使单位质量的某种物质升高单位温度所需的热量，就定义为该种物质的“比热容”（符号 c）。其国际单位制中的单位是 J/(kg·K)，即物体温度升高 1°所需的热量。

7.2.3　有限元分析法

有限元法的理论基础起源于 20 世纪 40 年代，从 1943 年数学家 Courant 第一次尝试用最小位能原理来解决 t. Venant 扭转问题以来，一些应用数学家、物理学家和工程师也都由于种种原因，纷纷涉足有限元法的领域[43]。在 1963—1964 年间，Besseling.melosh 和 Jones 等人证明了有限元法是理兹（Ritz）法的另一种形式，从而让理兹分析的所有理论基础都适用于有限元法，确认了有限元法是处理连续媒介问题的一种普遍方法[44-47]。

有限元法的应用已由弹性力学的平面问题，扩展到空间问题、板壳问题；也由静态平衡问题扩展到稳定性问题、动力学问题和波动问题；而在分析对象方面，则从弹性材料扩展到塑性、黏塑性和复合材料；也从固体力学扩展到流体力学、传热学等连续介质力学领域。此外，有限元法技术也逐渐由传统分析和验证扩展到优化设计，并与计算机辅助设计和辅助制造密切结合，形成了现在 CAE 技术的全局架构。在此架构下就称为“有限元分析”（Finite Element Analysis，FEA）；其所用可靠数学方法，称为“有限元法”（Finite Element Method，FEM）。有限元法就是对连续物体离散化，在物体内部和边界上划分节点，用许多离散的单元来逼近原来复杂的物体，如图 7.3 所示。

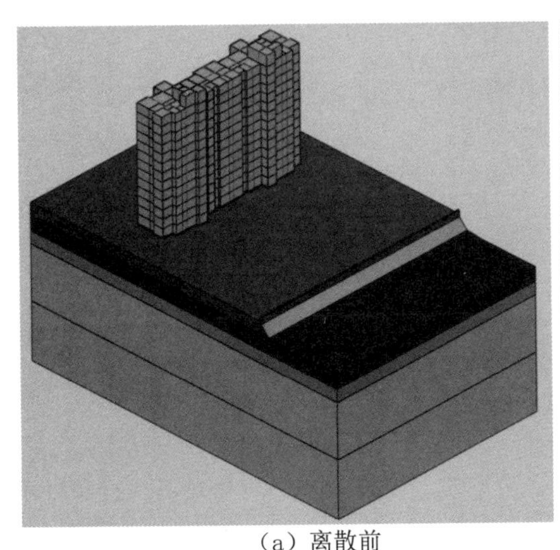

（a）离散前　　（b）离散后

图 7.3　连续物体三维实体离散化模型

对于连续物体力学分析，有限元分析一般过程如下：

（1）连续物体逼近离散

$$\Omega = \sum \Omega^e \tag{7.1}$$

式中，Ω^e—离散单位。

（2）单位特性的研究

研究的单位特性以形成单位刚度阵和节点外载矩阵：

①节点自由度（位移）描述：q^e。

②位移模式（简单性、完备性、连续性、唯一确定性）。

③由节点条件确定唯一模式中的特定系数，推导出形状函数矩阵：

$$u^e=N^e(x, y, z)\cdot q^e \tag{7.2}$$

式中，N^e—形状函数矩阵。

④单位应变场的表达（由几何方程）：

$$\varepsilon^e=[\partial]u^e=[\partial]N^e\cdot q^e=B^e\cdot q \tag{7.3}$$

式中，$[\partial]$—弹性力学中几何方程算子；B^e—几何矩阵。

⑤单位应力场的表达（由物理方程）

$$\sigma^e=D^e\varepsilon^e=D^eB^e;\ q^e=S^eq^e \tag{7.4}$$

式中，D^e—弹性力学中的弹性系数矩阵；S^e—应力矩阵。

⑥单元势能的表达：

$$\Pi=\frac{1}{2}\int_{\Omega^e}\sigma^e\varepsilon^e\mathrm{d}\Omega-[\int_{\Omega^e}b^Tu^e\,\mathrm{d}\Omega+\int_{\Omega^e}P^Tu^e\mathrm{d}\Omega]=\frac{1}{2}q^{eT}K^eq^e-P^{eT}\cdot q^e \tag{7.5}$$

式中，K^e—单元刚度矩阵；p^e—单元节点力矩阵；b—体积力向量；p—面积力向量；T—矩阵转置。

其中：

$$K^e=\int_{\Omega^e}\mathrm{B}^{eT}\mathrm{D}^e\mathrm{B}^e\mathrm{d}\Omega;\ P^e=\int_{\Omega^e}N^{eT}b\,\mathrm{d}\Omega+\int_{\Omega^e}N^{eT}p\,\mathrm{d}\Omega \tag{7.6}$$

对单元势能，应用最小势能原理，可得到单元的平衡关系：

$$K^eq^e=P^e \tag{7.7}$$

（3）离散单元的装配和集成

①几何的集成：

$$\sum\Omega^e=\Omega \tag{7.8}$$

②节点位移的集成：

$$q=\sum q^e \tag{7.9}$$

③刚度矩阵的集成：

$$K=\sum K^e \tag{7.10}$$

④节点外载的集成：

$$p=\sum p^e \tag{7.11}$$

⑤形成整体刚度方程：

$$K_q=P \tag{7.12}$$

有限元分析是一项以有限元法为基础的技术，已被广泛用于机械和建筑专业中。这门技术的过程是一种方法，可以分析产品零件或组装系统，以确保整个产品是符合设计要求的。有限元模型和产品的几何模型是相关的，通过建模和分析后，将计算出结构反应（变形、应力、温度等），并以图形式表示出来。

如果计算的结果不符合预期，那么就需再次设计和再次分析，直到达到可接受的设计值为止。而这种再设计/再分析的循环周期，就是前面介绍过的“结构优化”。这也是结构分析的最终目的。有限元分析有许多不同的名称：FEA，矩阵/结构分析（Matrix Structural Analysis），梁分析（Beam Analysis），计算结构分析（Computerize Structural Analysis），P 元素分析（P-ElementAnalysis）和几何元素分析（Geometric Element Analysis）等。无论名称为何，所有形式的有限元分析皆同样包含了以上所描述的步骤。

7.3　高层建筑 SolidWorks 实体建模

7.3.1　SolidWorks 主要功能

（1）SolidWorks 软件 PhotoWorks 高级渲染

PhotoWorks 提供方便易用的、最高品质的渲染功能。通过在 Windows 环境下，与三维机械设计软件的标准 SolidWorks 的无缝集成，PhotoWorks 能够方便制做出真实质感和视觉效果的图片。用 PhotoWorks 的菜单和工具栏中的命令，可以容易地产生高品质的三维模型图片。PhotoWorks 软件中包括一个巨大的材质库和纹理库，用户可以自定义灯光、阴影、背景、景观等选项。为 SolidWorks 零件和装配体选择好合适的材料属性，在渲染之前可以预览，设定好灯光和背景选项，随后就可以生成一系列用于日后交流的图片文件。

（2）SolidWorks 软件的图形输出

①输出到窗口：将图形输出到 SolidWorks 窗口，或采用交互方式，高效地预览渲染的模型。

②输出到文件：将渲染图形输出到用户定义的图形文件格式，包括 24 位的 PostScript，JPEG，TARGA，TIFF 或 BMP 格式。

③输出到打印机：可直接从 SolidWorks 窗口中打印渲染图形，在保证长宽比的同时可以改变图形比例来覆盖整个打印区域。

（3）FeatureWorks 特征识别

FeatureWorks 是第一个为 CAD 用户设计的特征识别软件。与其他 CAD 系统共享三维模型，充分利用原有的设计数据，更快向 SolidWorks 系统过渡，这就是特征识别软件 FeatureWorks 所带来的好处。FeatureWorks 同 SolidWorks 完全集成。当引入其他 CAD 软件的三维模型时，FeatureWorks 能够重新生成新的模型，引进新的设计思路。FeatureWorks 对静态的转换文件进行智能化处理，获取有用的信息，减少了重建模型所花的时间。

7.3.2　高楼 SolidWorks 建模过程

获取高楼与土层的三维实体数据，然后根据实体数据，按比例进行建模。图 7.4 所示是高楼与地基的建模尺寸图。

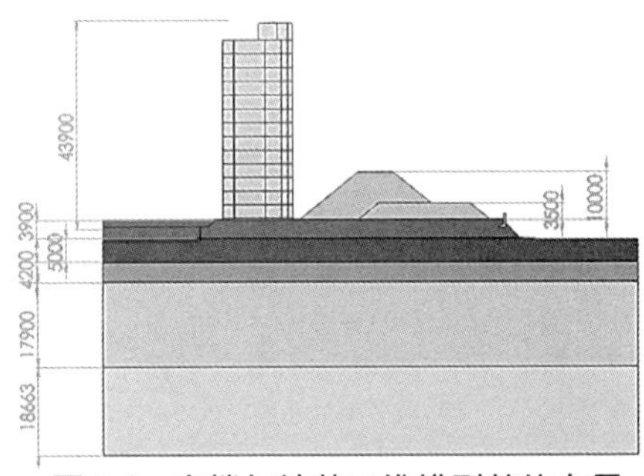

图 7.4　高楼与地基三维模型整体布局

对高楼和地基进行三维实体建模，首先采用拉伸和切除命令创建每个土层以及高楼和弃土的零件模型，然后对它们进行装配体设计。

高楼和地基进行三维实体建模装配过程：建立土层并装配→基坑开挖与桩孔形成→桩群建立→土层与桩群装配→建立并装配双向条形承台→建立并装配高楼基础结构→建立并装配楼房主体结构→建立并装配楼顶结构→显示整体结构剖分图，如图 7.5 至图 7.13 所示。

图 7.5　土层装配

图 7.6　基坑开挖与桩孔形成

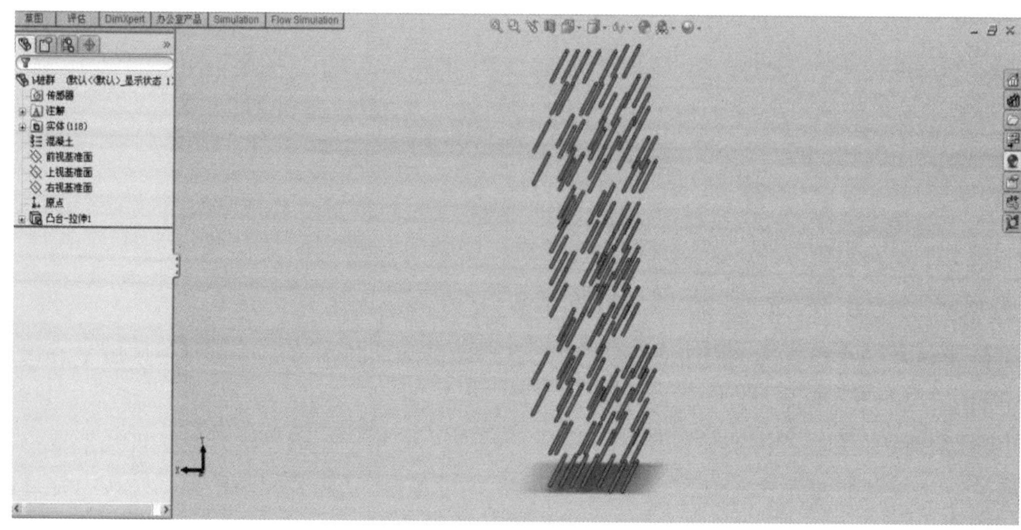

图 7.7　桩群建立

图 7.8　土层与桩群装配

图 7.9　建立并装配双向条形承台

图 7.10　建立并装配高楼基础结构

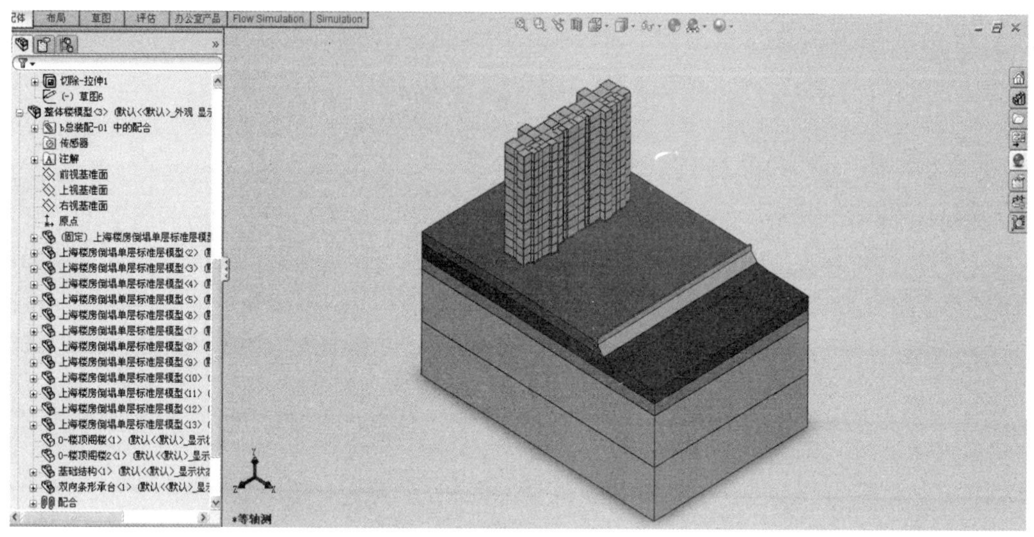

图 7.11　建立并装配楼房主体结构

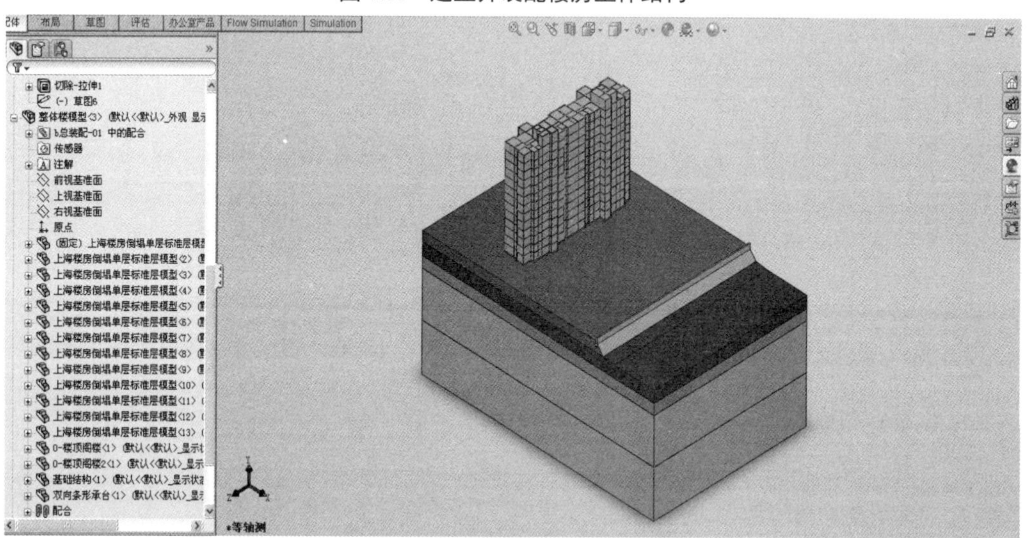

图 7.12　建立并装配楼顶结构

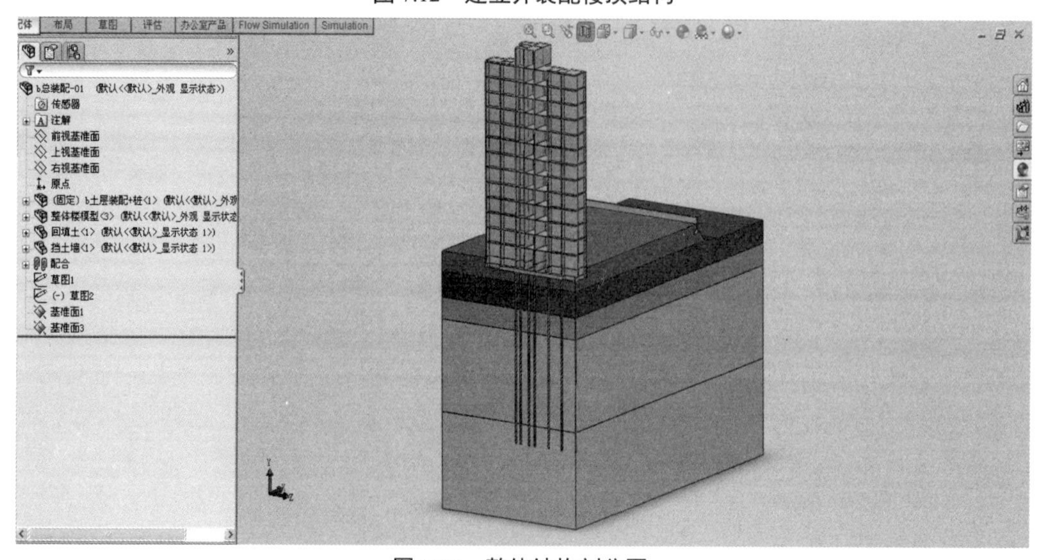

图 7.13　整体结构剖分图

7.4 SolidWorks Simulation 结构分析方法

在过去，结构分析的主角——有限元技术——高高在上。在学校，是机械或建筑等相关科系的研究所的主题课程；在民间，只有大型企业的研发部门投入研究；在军事科技方面，也只有和航天、武器有关的部门投入。而此时期的结构分析软件，都普遍存在软件界面不具操作亲和力、难学难用的缺点，且要求的设备等级很高。在这样的情况下，只有少数专业人员才能有机会接触，一般的工程师可望而不可即。然而，有了像 SolidWorks Simulation 这样的软件问世后，结构分析的大门终于平民化了。CAE 软件普遍的共同特色就是易学易用，可以在一般的计算机上运行。操作者只需有基本的专业常识，都可以进行工程分析，迅速得到分析结果，从而大幅地缩短设计周期，降低测试成本，提高产品质量。

SolidWorks Simulation 已完全集成在 SolidWorks 中，专门用来处理有关线性、非线性、频率、热力、疲劳和优化分析等结构分析主题，分述如下。

①线性静态分析（Static Analysis）。零件受力到什么程度会断裂是超出安全标准的设计，这些问题都可以使用此分析功能来获得解答。线性静态分析会计算在指定载荷下的位移、应变、应力及反作用力等。

②频率分析（Frequency Analysis）。确定零件或装配的造型与其固有频率的关系。例如，会发生共振吗？或者在需要共振效果的场合，取得最佳设计效果。

③线性扭曲分析（Buckling Analysis）。一般来说，细长模型在受到轴向载荷时，比较容易发生翘曲。此分析专门用于分析各种翘曲状态。

④热力分析（Thermal Analysis）。热力分析可用辐射、对流和传导三种方式来计算热量在零件和装配中的传播行为。

⑤掉落测试分析（Drop Test）。掉落测试会评估具刚性或弹性平坦表面的零件或装配体的撞击效应。典型的应用就是：物体掉落在地面上，因此以“掉落”为名。

⑥疲劳分析（Fatigue Analysis）。预测疲劳对产品全生命周期的影响，确定可能发生疲劳破坏的区域。

⑦优化（Optimize Analysis）。在操作者表达设计期望和条件后，于维持满足其他性能判据（如应力失效）的前提下，自动建议并调整设计。

⑧非线性分析（Non-Linear Analysis）。用来分析橡胶、塑料类的零件或装配体的行为，还用于分析金属结构在达到屈服极限后的力学行为。也可以用于分析大扭转和大变形情况。

⑨线性动力分析。当无法忽略惯性与阻尼效果时，就需要用到线性动态分析。可以运行受限于动态载荷环境的线性系统，以及非线性动态分析。

线性动态分析根据的是自然频率及模态。它会加入不同模式的影响来计算结构的响应，以供用户做模态时间历史算例、谐波算例与随机（无规则）震动算例。此外，还可以使用非线性动态分析来处理非线性的材料，接触状况和大位移。

⑩压力容器分析。在压力容器分析算例中，将静态算例的结果与所需因素组合。每个静态算例都具有不同的一组可以生成相应结果的载荷。这些载荷可以是恒载、动载（接近于静态载荷）、热载、震载等。压力容器算例会使用线性组合或平方和平方根法（SRSS），然后再以代数方法合并静态算例的结果。

7.4.1 SolidWorks Simulation 基本操作

要激活 SolidWorks Simulation，先选中 SolidWorks Simulation 复选框（前后均选中），

就可以在下拉菜单中出现 Simulation 菜单。所有 SolidWorks Simulation 的功能都在其中。此外，SolidWorks Simulation 也提供独立的系统环境设置选项。按图 7.14 所示来做基本的单位设置。

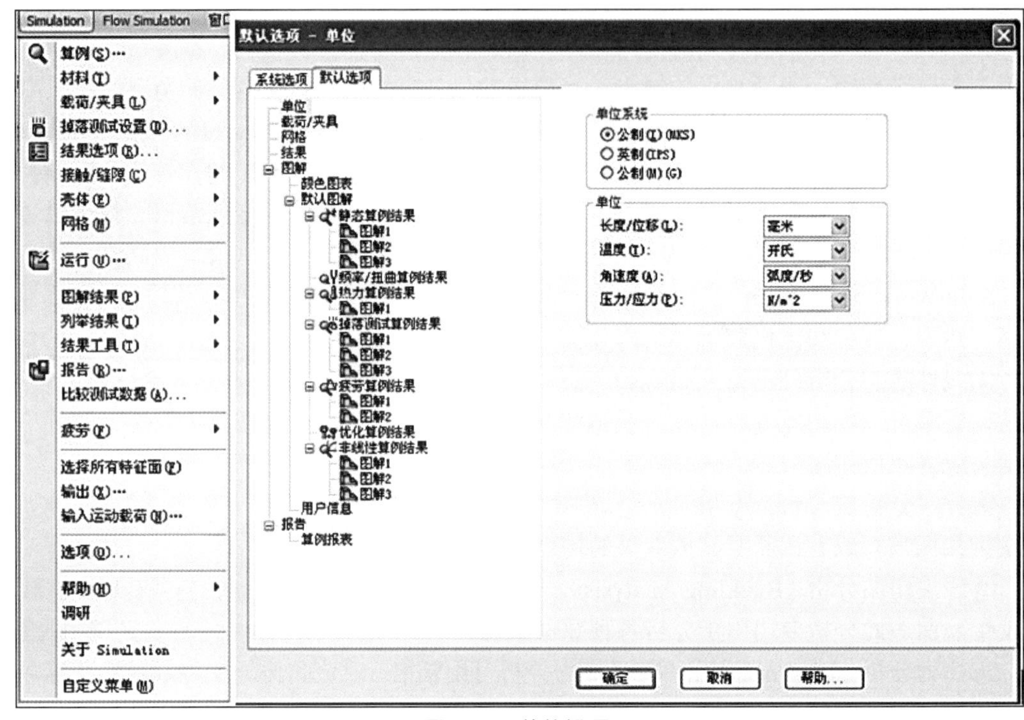

图 7.14　单位设置

7.4.2　材料、载荷、约束和网格划分

材料、载荷、约束和网格划分是所有结构分析软件中共同的部分，这部分的设置影响最后的分析结果是否正确。

（1）材料

SolidWorks Simulation 配备现成标准材料数据库，也可以自定义材料数据库。自定义材料数据库是在特征树区中运行的。SolidWorks Simulation 可以定义各种材料。

SolidWorks Simulation 为线性材料模型定义温度相关的材料属性。也就是说，如果定义的材料，其材料属性值会随温度而变化，那么就可以在此输入温度和其对应的类型（如比热容、弹性模量、质量密度等）值。但是因为一般金属或塑料材料都会有基本的耐热性，所以在常见的标准材料中一般没有数据输入。此外，SolidWorks Simulation 还可以为非线性材料（如塑性－vonmises 和塑性－Tresca）定义“应力－应变”曲线，以及对于超弹性－Mooney Rivlin 和超弹性－Ogden 材料定义“伸展比例－应力”曲线。在材料方面，SolidWorks Simulation 提供的系统环境设置，主要是库文件的路径设置。设置材料库、函数曲线库和分析库。

①材料库。材料库即设置系统搜索材料库文件（.sldmat 或.lib）的默认文件夹。也就是设置好材料属性后，在图 7.15 中单击“保存”或“另存为”按钮，存盘时的目录路径。

②函数曲线库。函数曲线库即设置系统搜索函数曲线库文件（.cwcur）的默认文件夹。函数曲线可定义不同分析类型所使用的值对组。用户可以在 COSMOS 管理器区中右击，选择“定义函数曲线”命令，将出现如图 7.16 所示的设置窗口。在图 7.16 中可以进行以下设置。

时间曲线：定义随时间的变化，适用于非线性及瞬态热力分析；温度曲线：定义随温度的变化，适用于结构及热力分析；S-N 曲线：定义疲劳分析的参照静态分析所使用的材料疲劳属性；载荷历史曲线：定义疲劳分析的变化振幅疲劳事件。

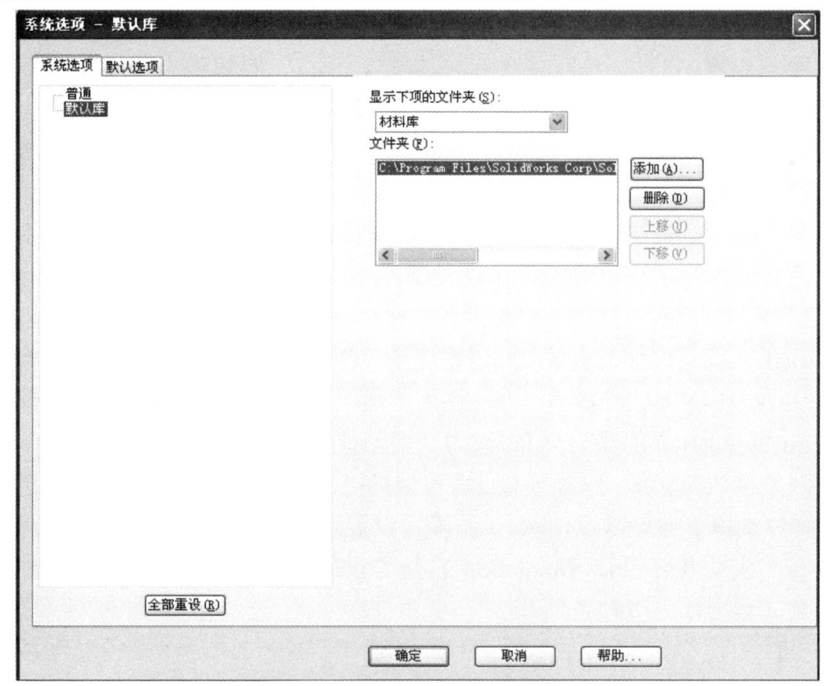

图 7.15　库文件路径设置图

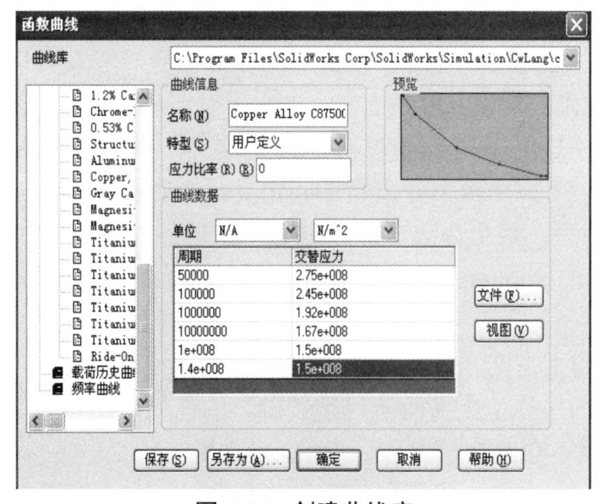

图 7.16　创建曲线库

③分析库。分析库即设置系统搜索分析库文件的默认文件夹。分析特征库是一项常用的分析功能（例如，载荷/约束、网格控制、接触条件等），只需创建一次就可将它保存在库中，供日后使用。使用分析库的优点有下述两点：一是在其他类似的模型中，自动套用已定义的合适分析库项目；二是专业人员可定义最常用的分析特征，来分析特定设置环境或操作条件。

（2）约束

约束（Restrictions）和载荷都用来定义模型分析里的重要设置。模型如果没有受到合适的约束，那就会失去平衡而做自由的平移或旋转运动。一般而言，每个零部件都有 3 种平移及 3 种旋转（沿 X，Y，Z 三轴向），共 6 个自由度模式。装配体就是让每个零件的 6 个自由度都受到约束，最后才能在装配后处于平衡静止状态。如果加上载荷后还要让物体可以自由移动或旋转，那么如何做分析？因此，对自由度的约束其实就是对实物现象的一种描述。例如，对某物体的某方向施力后，按自然现象，或该物体在某方向有螺钉锁住，它不可能会往 6 个自由度中的几个轴向做移动或旋转。那么，对那些方向设置约束。这样，该物体就只能在受力的方向上做变形移动。这正是设置约束的主要意义。

要注意的是：要在 SolidWorks Simulation 中设置约束，如指定位移约束、接触条件、接头或分析属性（软性弹力及惯性反作用）等也可以，要看是什么造型、材料和用在什么分析上。在约束方面，SolidWorks Simulation 提供一般系统环境设置。此外，还可以在此设置和约束、载荷有关的显示符号的大小，以及颜色。

（3）载荷

载荷（loads）就是施加在受测物体上的力或其他形态的动能（例如，温度就是一种热载荷）。在 SolidWorks Simulation 里，可以使用下述类型的载荷：压力（均匀及不均匀分布，或是出自 Flow Simulation 的压力分布），力（均匀或不均匀分布），引力，离心力载荷，远程载荷/质量（直接载荷转移、刚性连接、远程位移以及远程质量），轴承载荷，接头（刚性、弹簧、销、弹性支撑、螺栓以及轴承），温度（设置温度、均匀温度变化、由热力分析所生成的温度分布，或是来自 Flow Simulation 的温度分布），从 SolidWork Smotion 输入运动载荷、收缩配合（套用作为接触条件）。

（4）连接

在结构分析中，凡是涉及两实体间的结合时，一般的分析软件就会设计一个功能，来让用户不用画出这些连接零件，但却可以让软件知道它们所在的位置，本身就具有的固定自由度约束，以及相关的机械性质，以让整个机械特性更接近真实情况，当纳入结构分析计算后，让结果更加准确。在 SolidWorks Simulation 里，可以使用下述广义的连接器类型。

①刚性（Rigid）：用来在两个分离实体的面间定义一个刚性连接。

②弹簧（Spring）：用来在两个分离实体间定义一个弹簧连接。

③销钉（Pin）：用来在两个分离实体间定义一个销钉连接。

④弹性支撑（Elastic Support）：在零件指定的面间（或装配体与地面间），定义一个弹性基础。

⑤螺栓（Bolt）：用来在两个分离实体间定义一个螺栓连接。

⑥链接（Link）：固定模型上（两端已被铰链）的任何两个位置。这两点间的距离，稍后即便会发生变形，也不会改变。

⑦点焊（Spot Welds）：用来在两个分离实体间定义一个点焊连接。

⑧轴承（Bearing）：用来在两个分离实体间定义一个轴承连接。

（5）网格

网格（Meshing）一直是有限元分析的主角。它让工程分析后的数字更为可靠。首先，程序将几何模型划分为许多具有简单形状的小单元（Elements），这些小单元都通过公共的节点（Node）连接。这个过程就称为“网格划分”。有限元分析程序将集合模型视为一个网状物，这个网是由离散、相互连接在一起的单元构成的。在分析中，网格划分是一个重要的步骤。SolidWorks Simulation 需要创建一个固体网格（四面体）或一个壳网格（三角形）。实体网格用于应付大体积和造型复杂的模型。而壳网格则适用于壳零件（钣金零件）。网格划分得越精细，质量就越高，分析结果就越准。一般来说，网格质量可以由网格类型，合适的网格参数、网格控制、静力分析和热装配中的接触条件、单元的平均大小和公差等因素来保证。这个选项可以在定义分析时设置（如图 7.17 所示）。

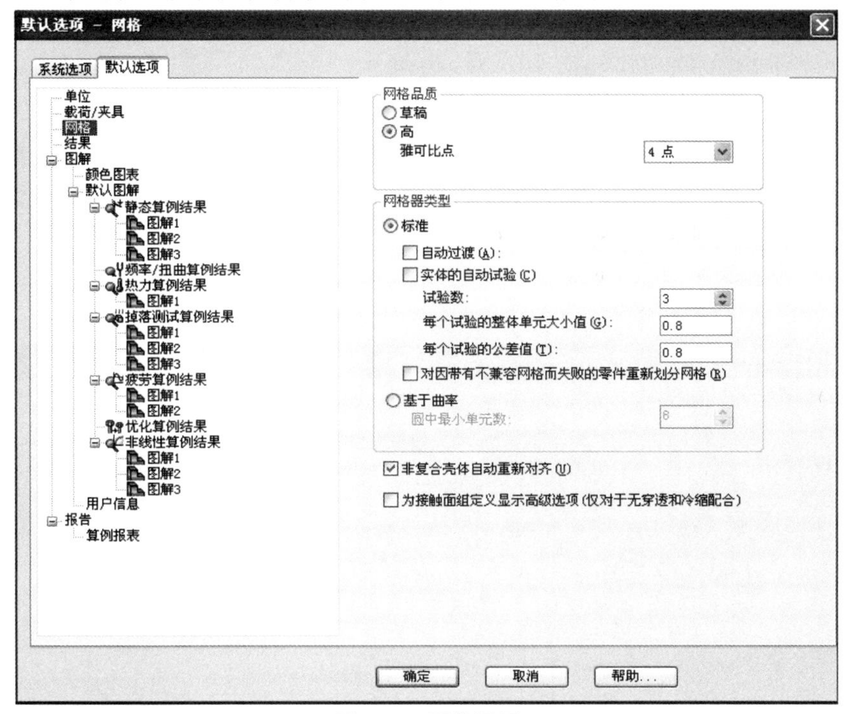

图 7.17　网格设置

SolidWorks Simulation 将视模型结构，而自动划分下述 5 种类型的网格。

①实体网格（Solidmesh）：适用大体积和复杂形状的模型。

②中面壳（Shell Using MidSurfaces）：适用于壳零件（如钣金零件）。程序会自动选取中间面并确定厚度。

③曲面壳（Shell Using Surfaces）：表面网格可以用于零件和装配体。它只对曲面模型有效。壳用手工定义。每个壳的材料和厚度可分别设置。

④梁网格（Beam mesh）：系统会在某一公差距离之间自动使用梁网格，且为接触或干涉的结构件和非接触结构件辨认连接点（Joint）。梁元素是一个通过两端点和剖面所定义的线性元素。梁元素包含轴向反力、弯曲、剪应力和扭转力等载荷；而桁架则仅有轴向反力载荷。当用于焊件时，系统将自动定义剖面并侦测出连接点。

⑤混合网格（Mixedmesh）：当模型中有上述不同性质的几何体时，将自动采用混合网格划分。

7.5　高楼实体应力算例分析

在使用 SolidWorks 完成几何模型的设计后，可以使用 SolidWorks Simulation 对其进行分析。分析模型的第一步就是要创建一个分析算例。分析算例是由一系列参数来定义的，这些参数完整地表述了物理问题的有限元分析。当对一个零件或装配体进行分析时，一般会希望得到它在不同工作条件下的不同反应。在这样的情况下，就可以运行不同类型的分析，指定试用不同的材料，或指定不同的工作条件。每个算例都代表其中的一种分析条件。

一个完整的分析算例将包含以下的内容（没有先后顺序的要求）：材料、连接、约束、载荷和网格。定义一个算例后，就可以开始进行分析并查看分析结果了。当然，也可以在同一个算例中，修改相关参数后再次进行分析，而新的分析结果将取代旧的分析结果。一般而言，要对一个模型做结构分析，基本上可分为以下步骤：指定材料→指定约束与载荷→生成网格→运行分析→显示结果。

①按图 7.18 来指定材料，采用线弹性应力失败准则。

②按图 7.19 来做约束设置，高楼双向承台固定约束。

③按图 7.20 来设置载荷，完成后的每个约束或载荷条件都会以图标的方式显示，高楼只受重力的作用。

④运行网格设置，如图 7.21 所示。

⑤运行并得到结果图表。设置完成后，开始运行静态分析。这将得到应力、位移和应变等分析结果图，如图 7.21 至 7.24 所示。

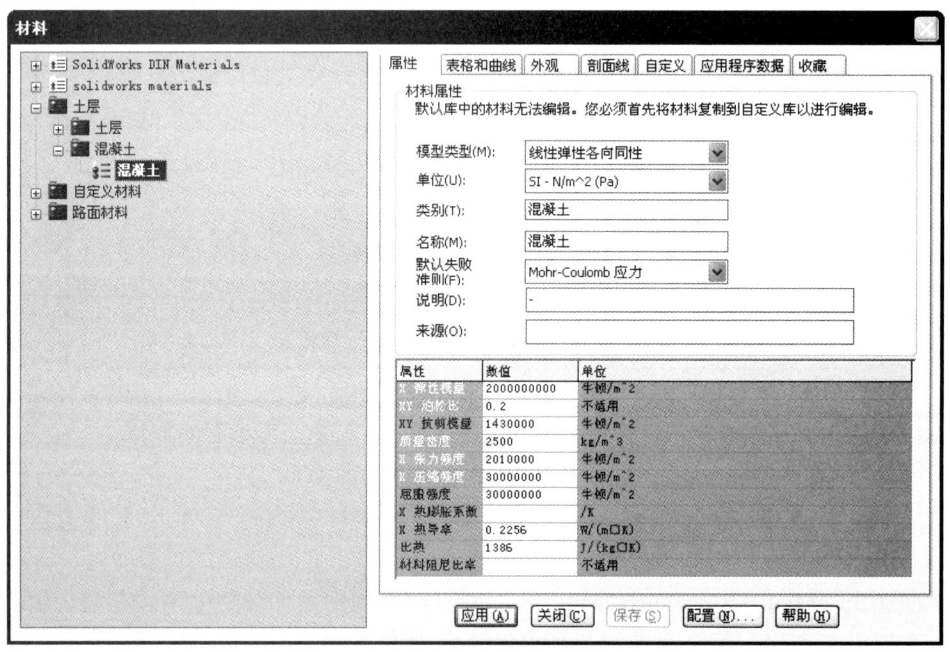

图 7.18　**指定材料**

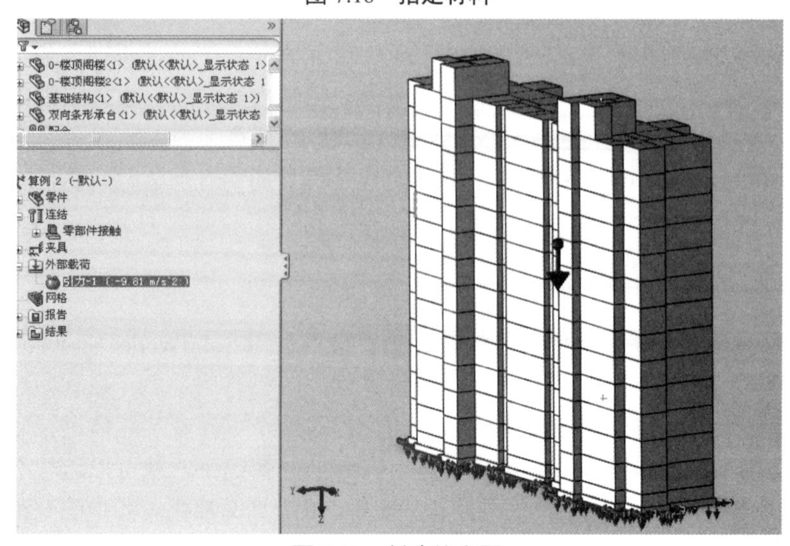

图 7.19　**创建约束图**

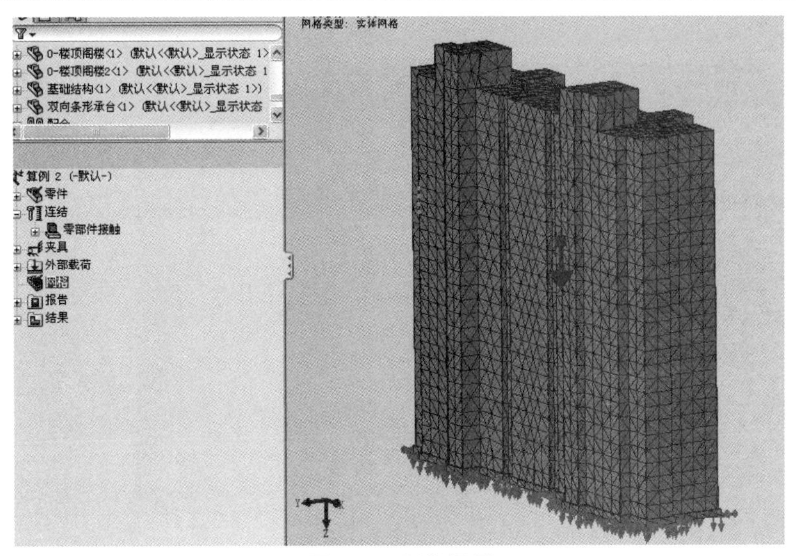

图 7.20　网格设置

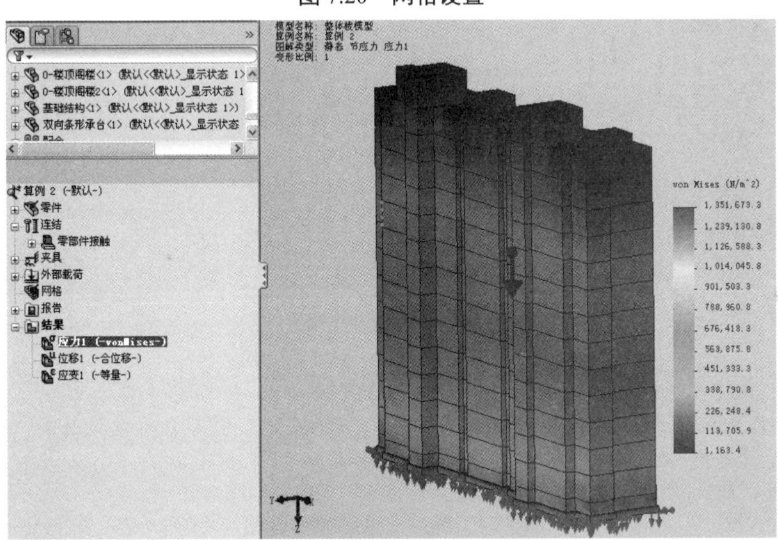

图 7.21　静态应力结果分析图

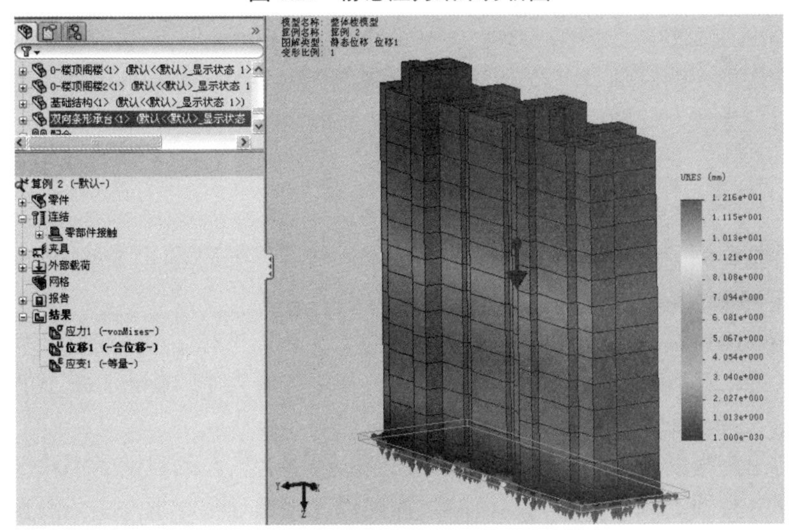

图 7.22　静态位移结果分析图

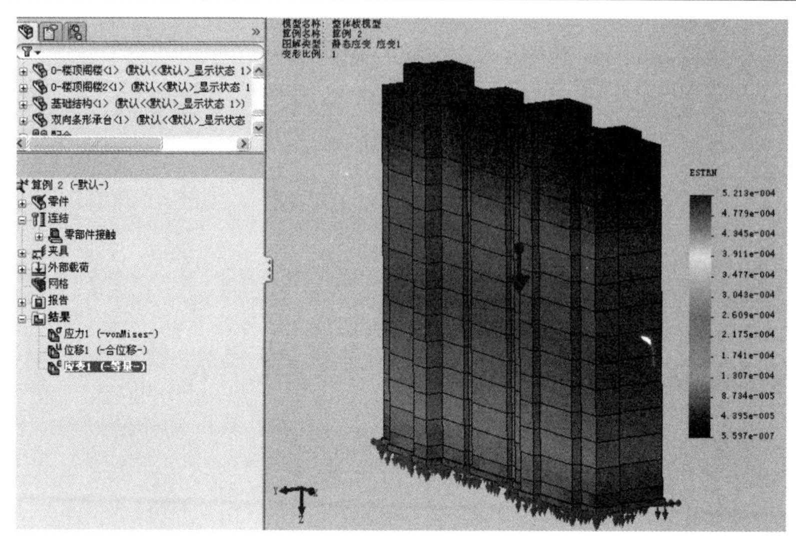

图 7.23　静态应变结果分析图

图 7.24　静态应变结果剖分图

由静态分析结果可得到应力最大为1.35MPa，最小值为1.16kPa；位移最大值为12.16mm，最小值为0mm；应变的最大值为5.21×10^{-4}，最小值为5.60×10^{-7}。高楼的应力应变和位移都在规范的范围之内，而且随着高楼的高度方向均匀变化，说明高楼的倒塌不是因为高楼的上部结构不合理导致，问题应该归咎于上部结构和地基相互作用。

7.6　本章小结

①本章首先介绍了高楼和土层建模仿真技术，然后详细简述了 SolidWorks Simulation 结构分析原理与操作技术分析基本原理与基本方法。

②使用 SolidWorks Simulation 技术，对高楼的上部结构进行了应力位移应变静态分析，得到应力最大为 1.35MPa，最小值为 1.16kPa；位移最大值为 12.16mm，最小值为 0mm；应变的最大值为 5.21×10^{-4}，最小值为 5.6×10^{-7}。

③分析得出高楼的应力应变和位移都在规范的范围之内，而且随着高楼的高度方向均匀变化，说明高楼的倒塌不是因为高楼的上部结构不合理导致，这与实际高楼倒塌是一致的，问题应该归咎于上部结构和地基相互作用。

第 8 章　软塑地层基坑开挖高层建筑倒塌机理及防治

8.1　计算软件与分析模型选取

8.1.1　计算软件选用

数值分析采用 Midas 开发的 GTS(Geotechnical and Tunnel Analysis System)，包含施工阶段的应力分析和渗透分析等岩土和隧道所需的几乎所有分析功能的通用分析软件。在世界范围内，该软件在设计、咨询、研究领域取得了巨大的成功，涵盖了现实世界中可能遇见的几乎所有岩土工程问题，提供了解决土力学和岩石力学、地下结构、基坑开挖、土结构相互作用、地下水和地震分析的统一方法。GTS 将通用分析程序 MIDAS/Civil 的结构分析功能和前后处理程序 MIDAS/FX+的几何建模和网格划分功能结合后，加入了适合于岩土和隧道领域的专用分析功能，GTS 特点如下：

①经过验证的各种分析功能。

②快速准确的有限元求解器。

③CAD 水准的三维几何建模功能。

④自动划分网格、映射网格等高级网格划分功能。

⑤方便快速的隧道建模助手。

⑥大模型的快速显示和最优的图形处理功能。

⑦适合于 Windows 操作环境的最新的用户界面系统。

⑧使用最新图形技术表现分析结果。

⑨计算书输出功能。

GTS 典型岩土和隧道领域的专用分析结果如图 8.1 所示。

图 8.1　GTS 典型岩土和隧道领域分析结果

8.1.2 软塑地层土体模拟

土体本构模型采用小应变硬化土(HSS)模型。该模型是 Schanz(1998)和 Schanz 等(1999)在 Vermeer (1978)的硬化土(HS)模型的基础上，考虑了土体小应变刚度的特性，加以改进而获得。HS 模型由 p-q 平面内一个双曲线形的剪切屈服面以及一个椭圆形的盖帽屈服面组成。HS 模型在模拟剪切方面可认为是弹塑性的 Duncan-Chang 模型，且其盖帽屈服面可模拟土体体积压缩方面的特性。HS 模型在主应力空间的屈服面如图 8.2 所示。

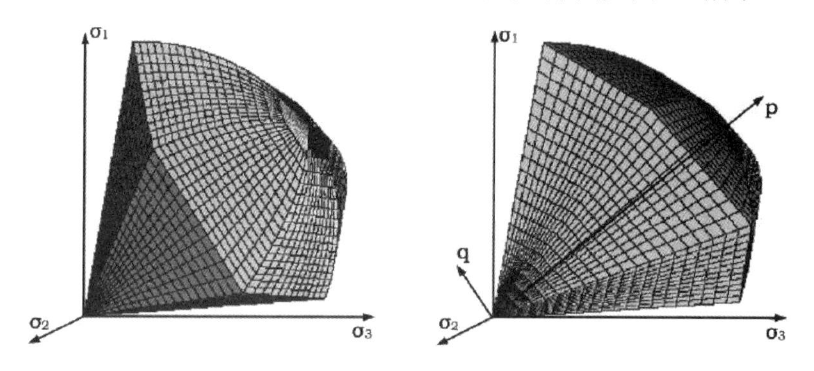

图 8.2 HS 模型在主应力空间的屈服面

地层 30m 以上范围土层渗透系数均为 10^{-7}cm/s 量级的淤泥质土和黏性土，加载过程中不能完成排水，可近似认为不排水。为与基坑快速开挖和快速堆载相匹配，分析时采用固结不排水(CU)强度指标，地下水的出现和数值模拟分析分布情况如图 8.3 所示。

(a) 基坑和桩基处的积水

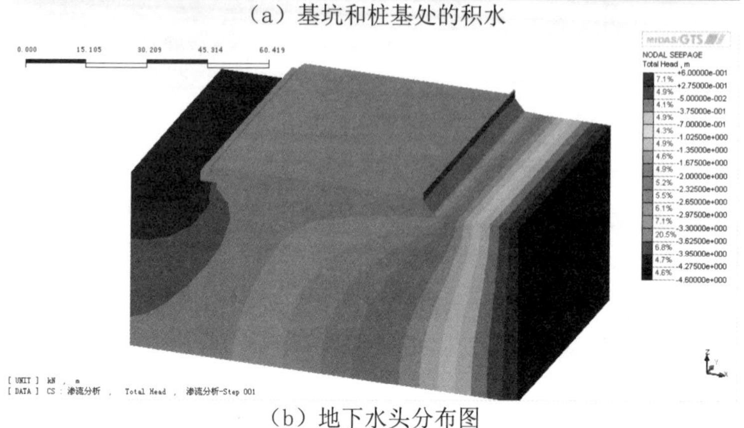

(b) 地下水头分布图

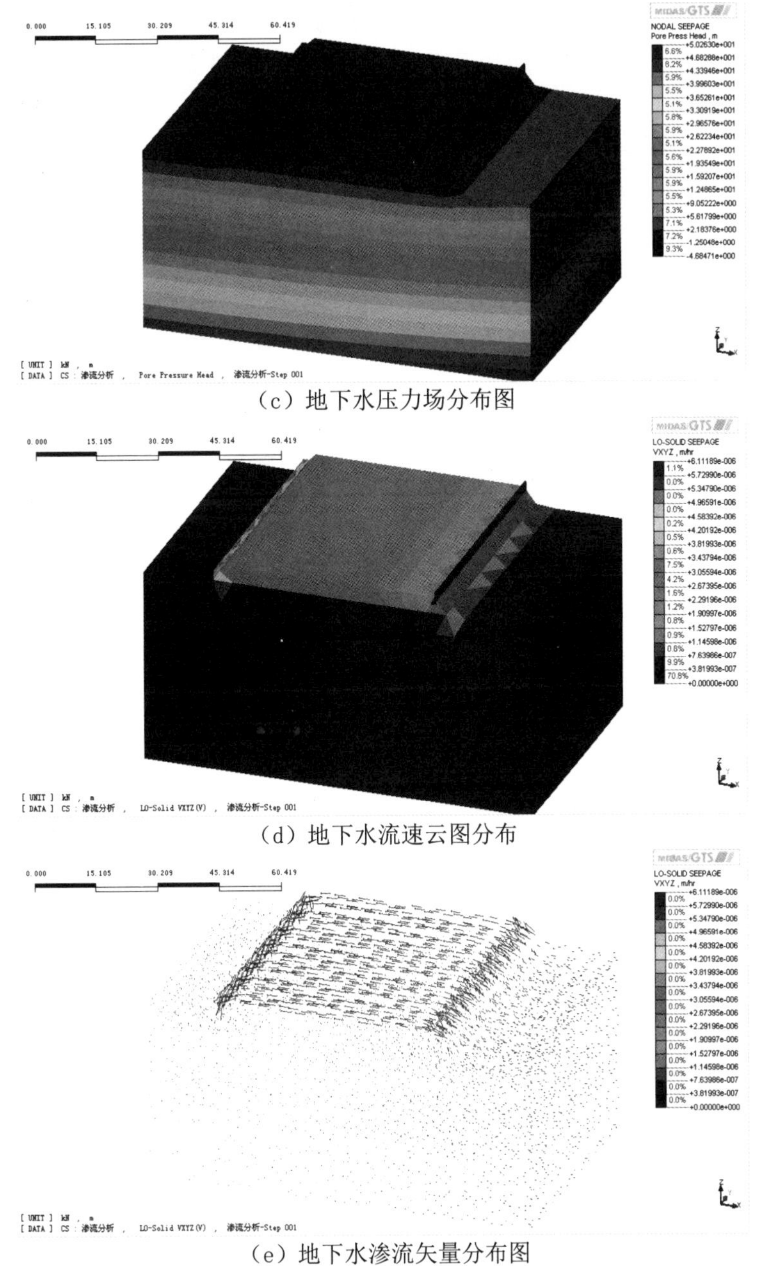

（c）地下水压力场分布图

（d）地下水流速云图分布

（e）地下水渗流矢量分布图

图 8.3　地下水的出现和数值模拟分析分布情况

8.1.3　结构模拟

基础采用梁式基础，采用考虑剪切变形的 beam 单元模拟。建筑物结构外墙、剪力墙及楼板采用 one layer shell 单元模拟。beam 和 shell 单元采用高级复合结构单元材料(层叠模型)，即混凝土及钢筋均采用理想弹塑性材料模拟，指定材料的抗压强度、抗拉强度以及模量。采用该模型后可以考虑梁、板结构的弯矩—轴力耦合效应、塑性铰效应，且基础结构强度和刚度较为符合实际。条形承台与结构板的几何尺寸按照实际情况选用。

高楼基础工程桩(PHC AB400)、基坑边壁水泥搅拌桩（桩高 7.5m、桩径 0.7m、桩间距 0.6m）和复合土钉（钉长 7.0～9.0m、直径 0.48m、间距 1.0m）采用 pile 单元模拟。该单元由 beam 单元及桩侧接触、桩端接触整合而成，高楼基础工程桩的截面几何形式以及钢棒的布置均按照管桩图集设置。基坑边壁水泥搅拌桩和复合土钉布置如图 8.4 所示。

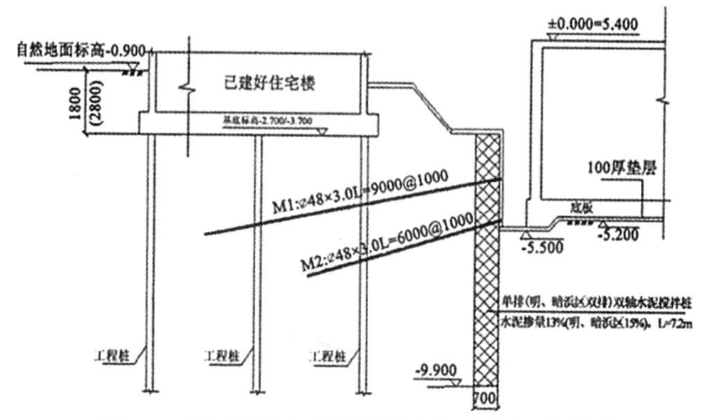

图 8.4　基坑边壁水泥搅拌桩和复合土钉布置图

桩侧接触面(剪切弹簧)的本构关系采用 Mohr-Coulomb 模型；桩端接触面为理想弹塑性的法向弹簧，即可设定桩端承载力，当载荷超过桩端承载力时，桩端弹簧开始屈服。为与现行规范对桩侧摩阻力为定值的假定相符合，可设置桩侧接触面摩擦角为 0°，内聚力设置为勘察报告上提供的桩侧摩擦强度，而桩端的承载力设置持力层的地基承载力即可。工程桩与上部结构(条形基础)的连接方式为固接，即工程桩的剪力、轴力以及弯矩可传递给上部结构，反之亦然。

8.1.4　计算工况设置

计算范围为 100m×95m×66.4m，模型中包含六面体实体单元，高楼基础工程桩，为 118 个 beam 单元，复合土钉 130 个 beam 单元，建筑物结构为 shell 单元。模型的边界条件为：四周限制侧向位移，底部同时限制水平和竖向位移，考虑地下水。

数值分析中采用的工况以实际施工工况为依据，并按照施工工况对模型构造、数值模拟中所采用的计算工况如下。

工况 1：施工桩基础、条形基础、上部结构，考虑地下水；

工况 2：计算初始位移，并将位移清零；

工况 3：基坑第一步开挖，分级加载施加第一部分堆土；

工况 4：施工基坑支护，基坑第二步开挖；

工况 5：分级加载施加第二部分堆土。

8.2　软塑地层基坑开挖变形破坏及边壁支护数值模拟分析

建立有限元模型充分考虑建筑物、地下车库基坑开挖以及河流的影响，计算范围为长 100m、宽 66.4m、高 95m，水位线取楼房附近河流表面水平线。有限元分析模型与开挖土体有限元模型如图 8.5 所示。

8.2.1　软塑地层基坑开挖变形破坏数值分析结果

（1）　总体位移

第二步开挖结束后，模型产生的最大位移约为 7cm，沉降值约为 0.4cm。通过图 8.5（c）所示软塑地层基坑开挖位移矢量分布可以看出整体模型的位移矢量分布情况，总体来说建筑物的位移以平移为主，基坑侧发生较大范围的沉降，开挖基坑产生较大的位移。位移矢量与分布云图及变形云图如图 8.5（d）和图 8.5（e）所示。

（2）桩基受力

桩基 X 方向的剪力如图 8.5（f）所示，桩基最大剪力约为 835kN。桩基的最大剪力均发生在桩头锚入基础处，且远离基坑侧与基坑侧桩顶剪力方向相反。

桩基轴力如图 8.5（g）所示，其桩顶最大轴力为 178.8kN 左右，桩基的最大剪力均发生在桩头锚入基础处。

（3）最大剪应变

模型最大剪应变云图如图 8.5（h）所示，基坑边壁产生的最大剪应变为 0.47，通过最大剪应变云图可以得出由于基坑开挖应力释放致使基坑产生较大的剪应变，基坑边壁土体产生剪切破坏。

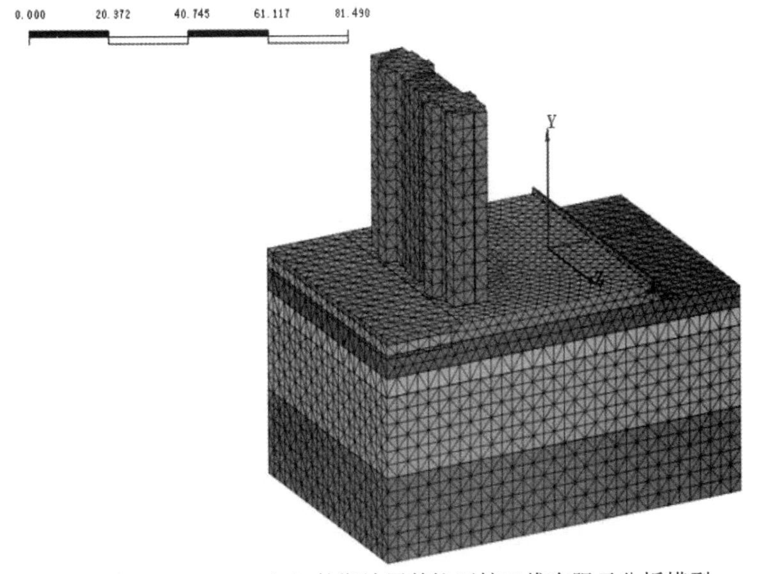

（a）软塑地层基坑开挖三维有限元分析模型

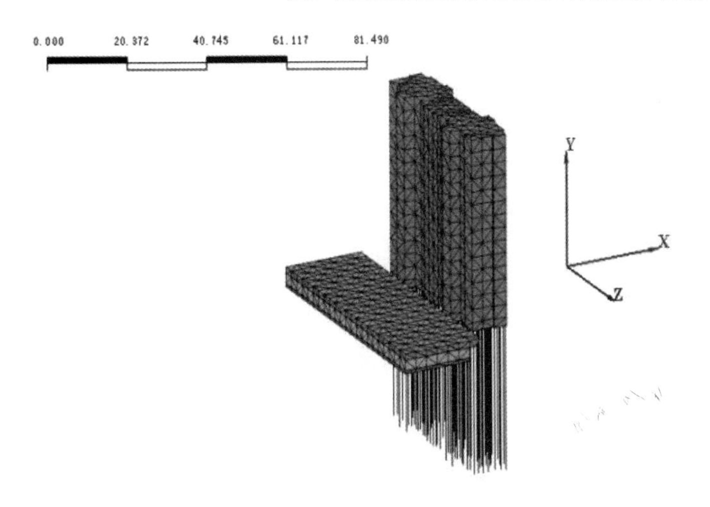

（b）建筑物与开挖土体有限元模型

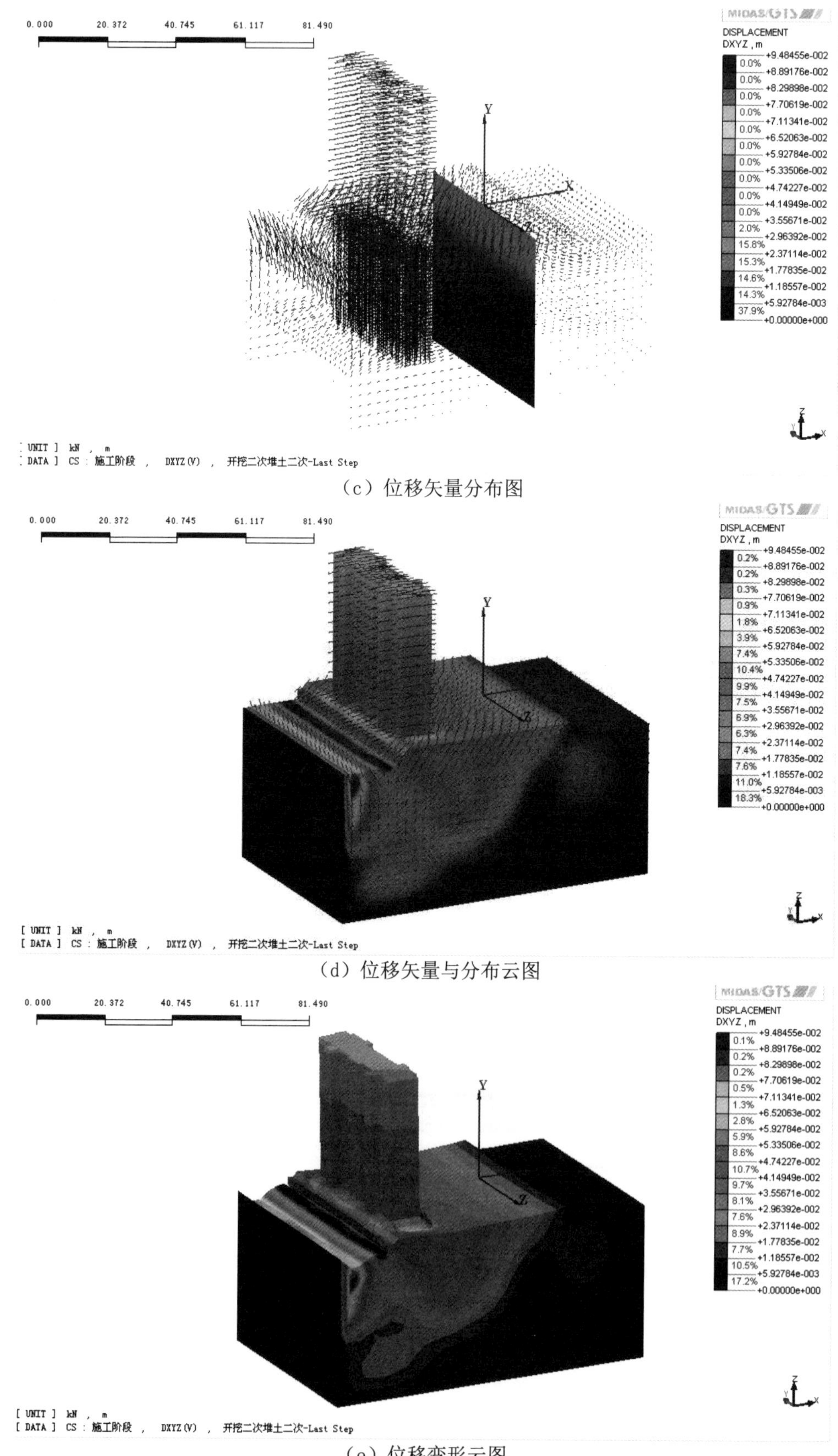

(c) 位移矢量分布图

(d) 位移矢量与分布云图

(e) 位移变形云图

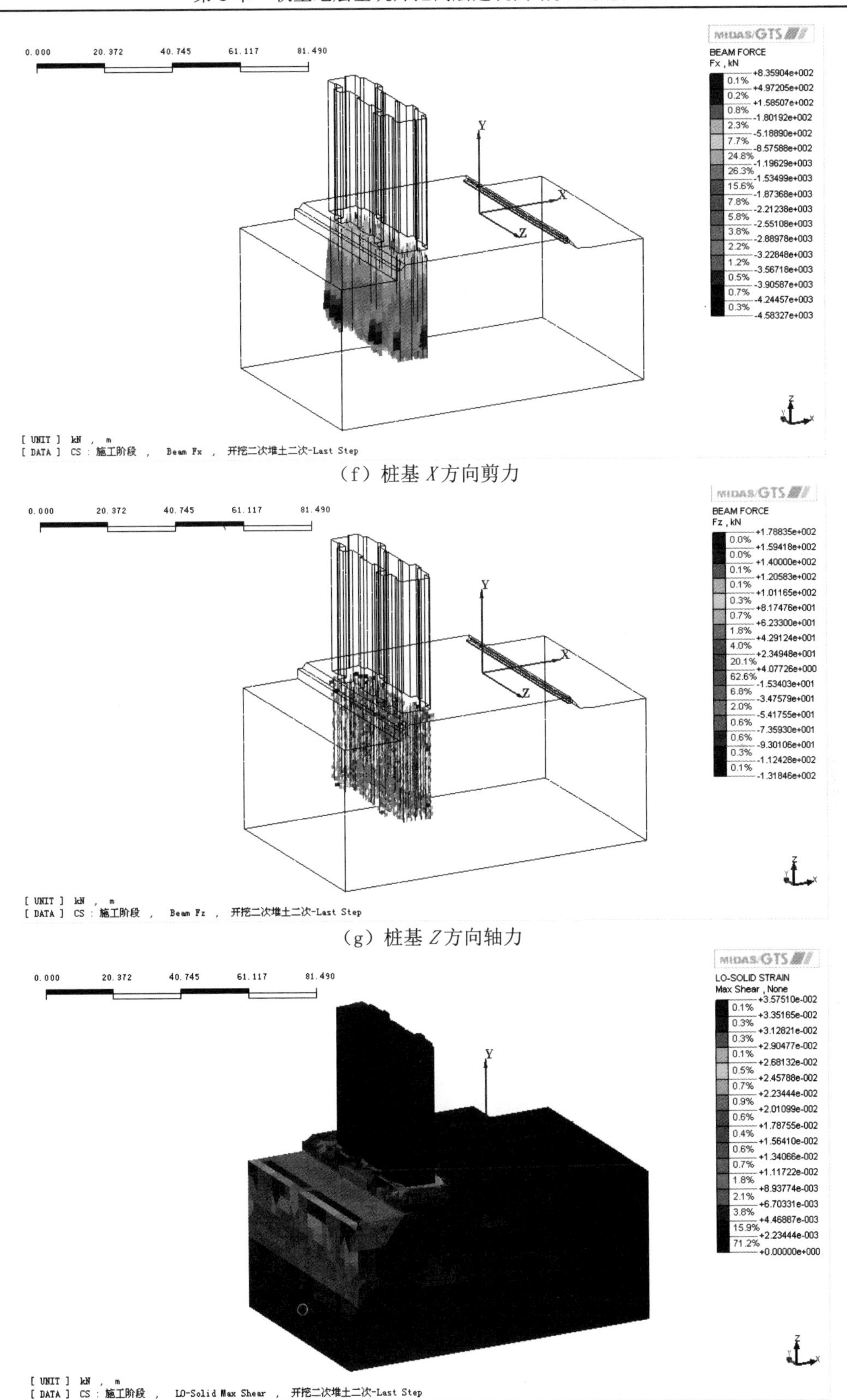

（f）桩基 *X* 方向剪力

（g）桩基 *Z* 方向轴力

（h）最大剪应变云图

图 8.5　有限元分析模型与开挖土体数值模拟

8.2.2 软塑地层基坑开挖边壁支护数值模拟分析

在软塑地层基坑开挖的基础上增设了复合土钉和水泥搅拌桩支护措施。开挖第二步时一般采用复合土钉围护以及单排直径为 700mm 的双轴水泥搅拌桩(搭接 300mm)，暗浜位置采用双排直径为 700mm 的双轴水泥搅拌桩(搭接 300mm)。有限元分析模型与开挖土体有限元模型如图 8.6 所示。

（1）总体及建筑物位移

第二步开挖结束之后，楼房产生的最大位移产生于楼房的上部约为 5cm，沉降值约为 0.27cm。通过图 8.6（c）所示软塑地层基坑开挖位移矢量分布可以看出整体模型的位移矢量分布情况，由图可得到，位移主要发生在基坑内部的沉降，增设的水泥搅拌桩和双排土钉有效地抑制了楼房向基坑侧的位移，整体模型的位移矢量与分布云图及变形云图如图 8.6（d）和图 8.6（e）所示。

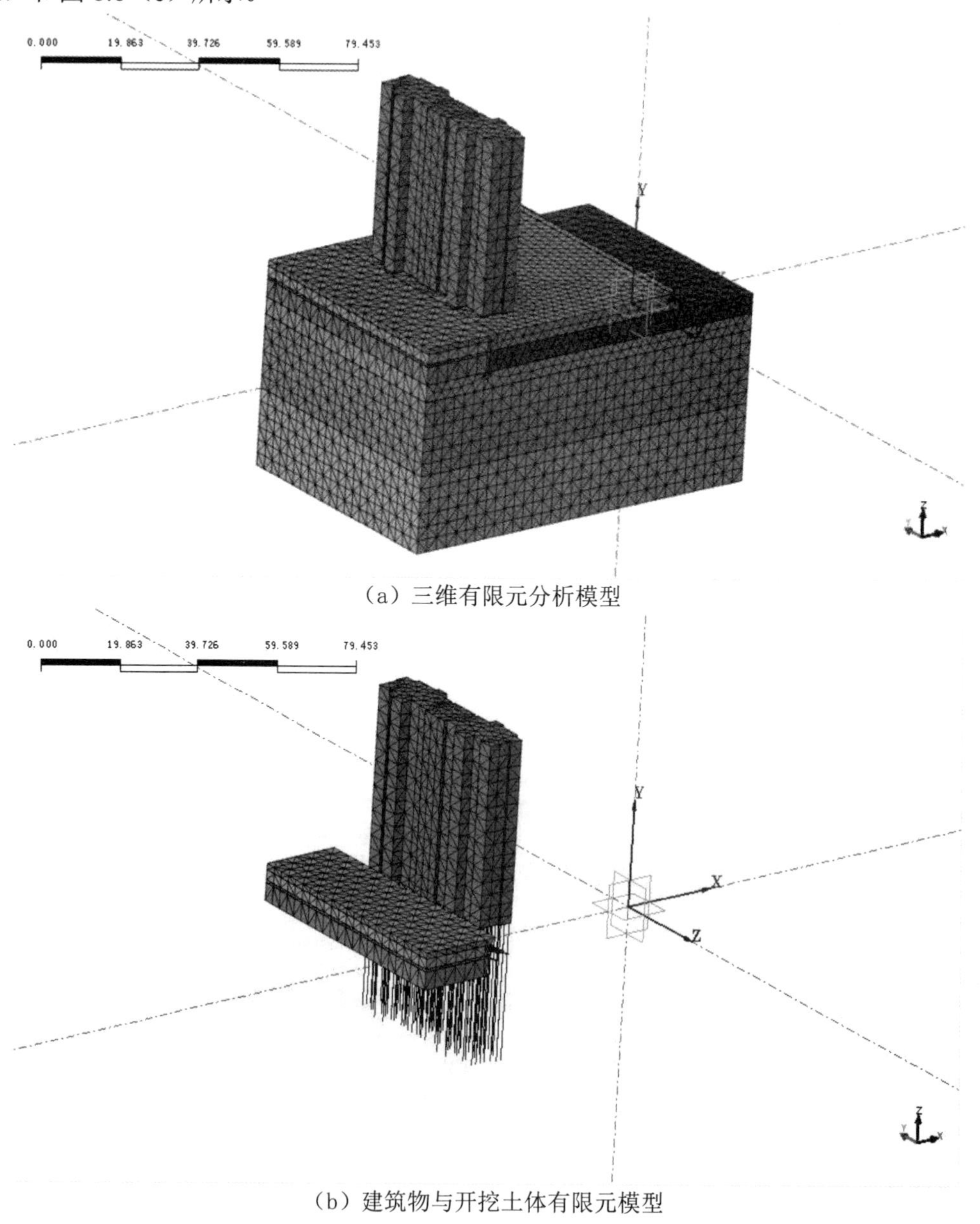

（a）三维有限元分析模型

（b）建筑物与开挖土体有限元模型

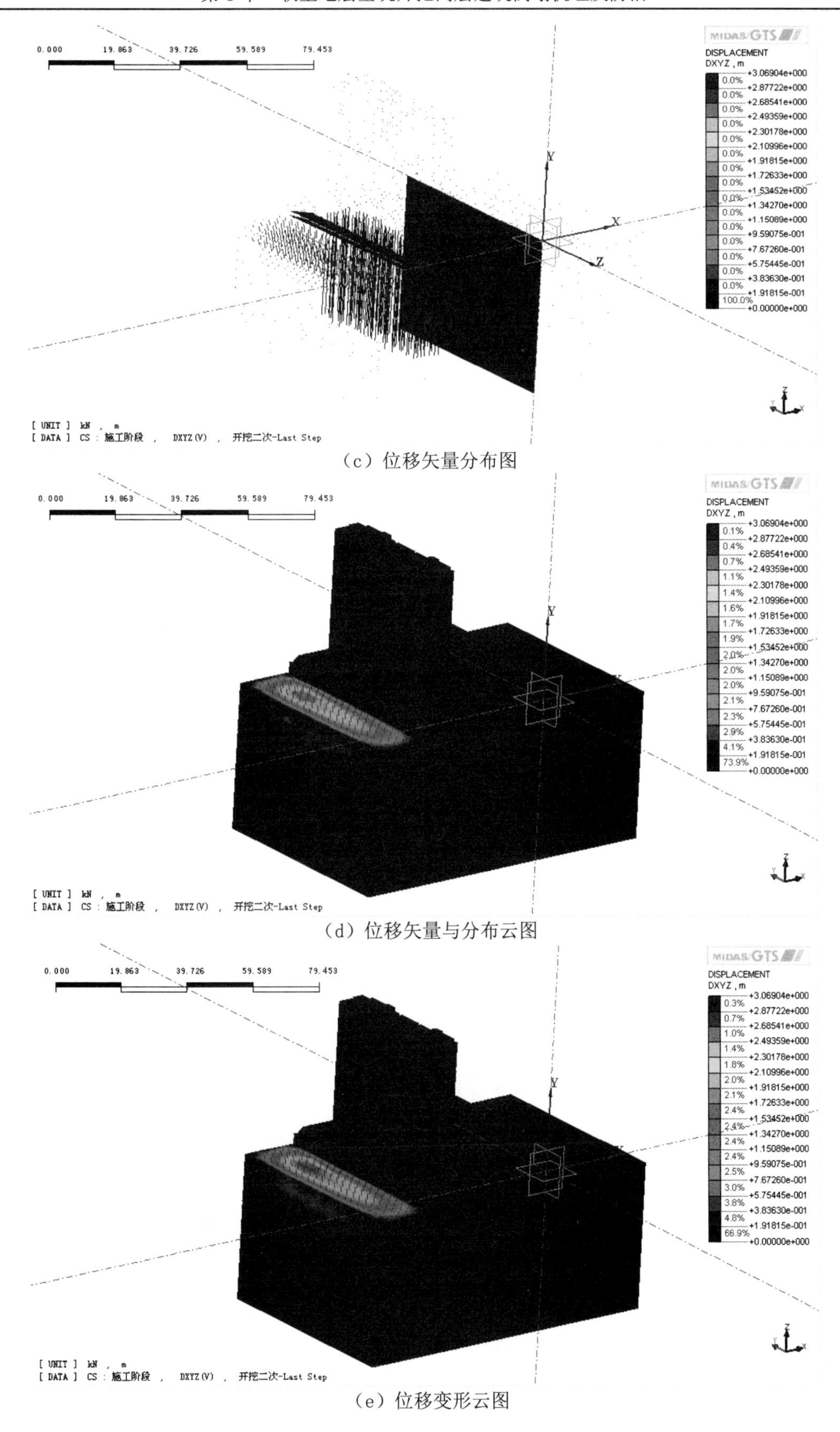

（c）位移矢量分布图

（d）位移矢量与分布云图

（e）位移变形云图

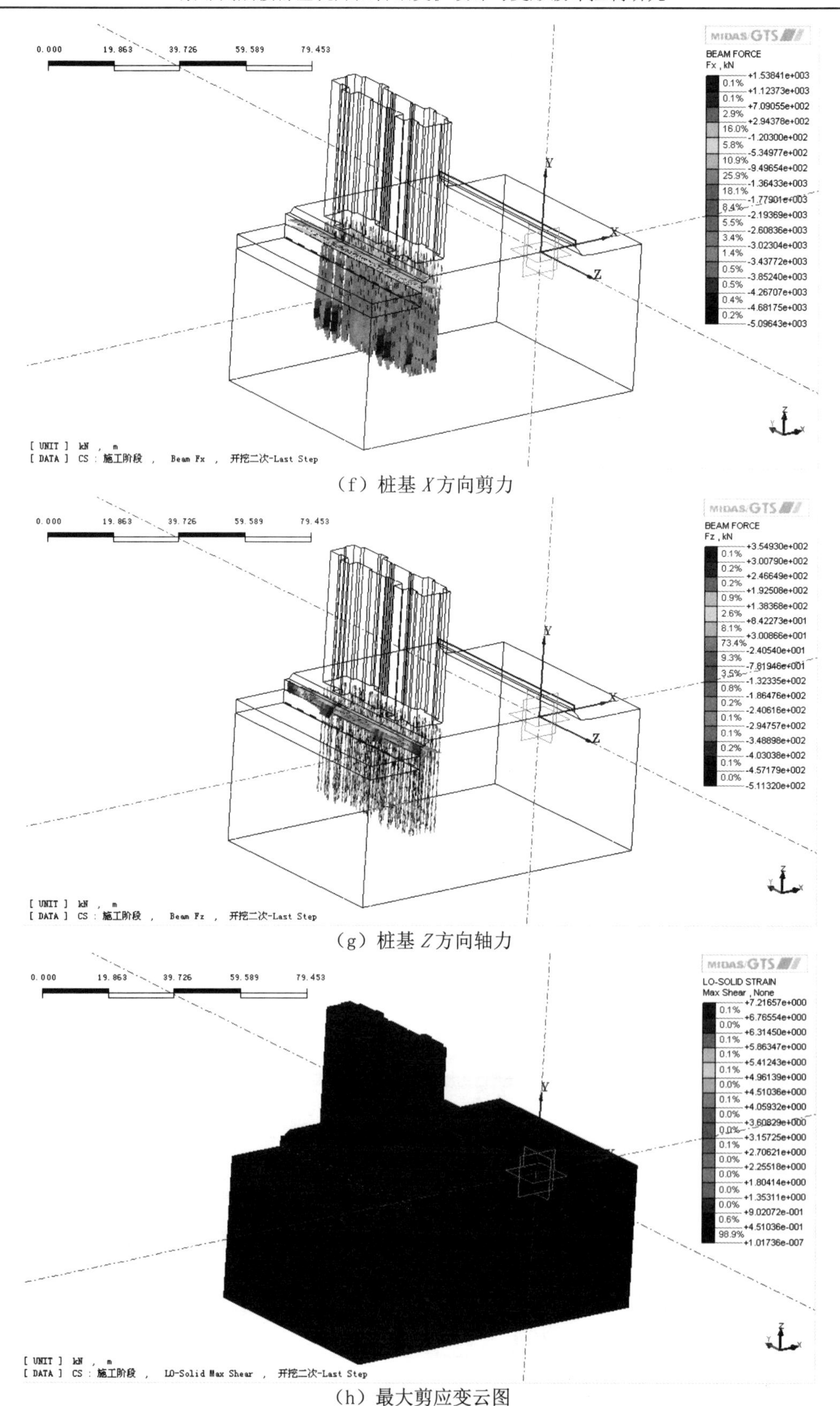

（f）桩基 X 方向剪力

（g）桩基 Z 方向轴力

（h）最大剪应变云图

图 8.6　有限元分析模型与开挖土体数值模拟

（2）桩基受力

桩基 X 方向的剪力如图 8.6（f）所示，桩基最大剪力约为 1538kN。桩基的最大剪力均发生在桩头锚入基础处，且远离基坑侧与基坑侧桩顶剪力方向相反。桩基轴力如图 8.6（g）所示，其桩顶最大轴力为 355kN 左右，桩基的最大剪力均发生在桩头锚入基础处。

（3）最大剪应变

整体模型最大剪应变云图如图 8.6（h）所示，其中基坑边壁的最大剪应变为 0.036，基坑边壁的剪应变降低，模型最大的剪应变发生在基坑内部，说明了采用复合土钉围护以及增设水泥搅拌桩的必要性。

8.3　紧邻岸坡地表软塑地层堆土失稳数值模拟分析

在不考虑建筑物载荷和基坑开挖的情况下，进行紧邻岸坡地表软塑地层堆土失稳数值模拟分析。施工过程分两步，第一步为施加第一堆土，第二步为施加第二堆土。整体模型及推土模型如图 8.7 所示。

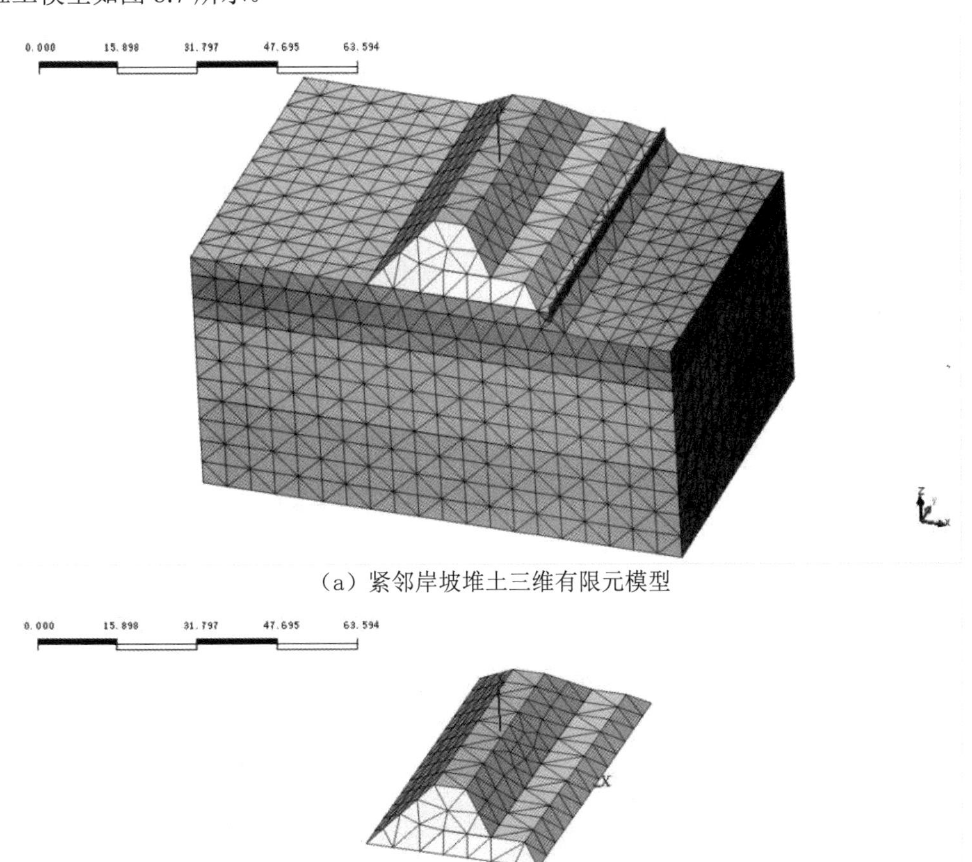

（a）紧邻岸坡堆土三维有限元模型

（b）堆土有限元模型

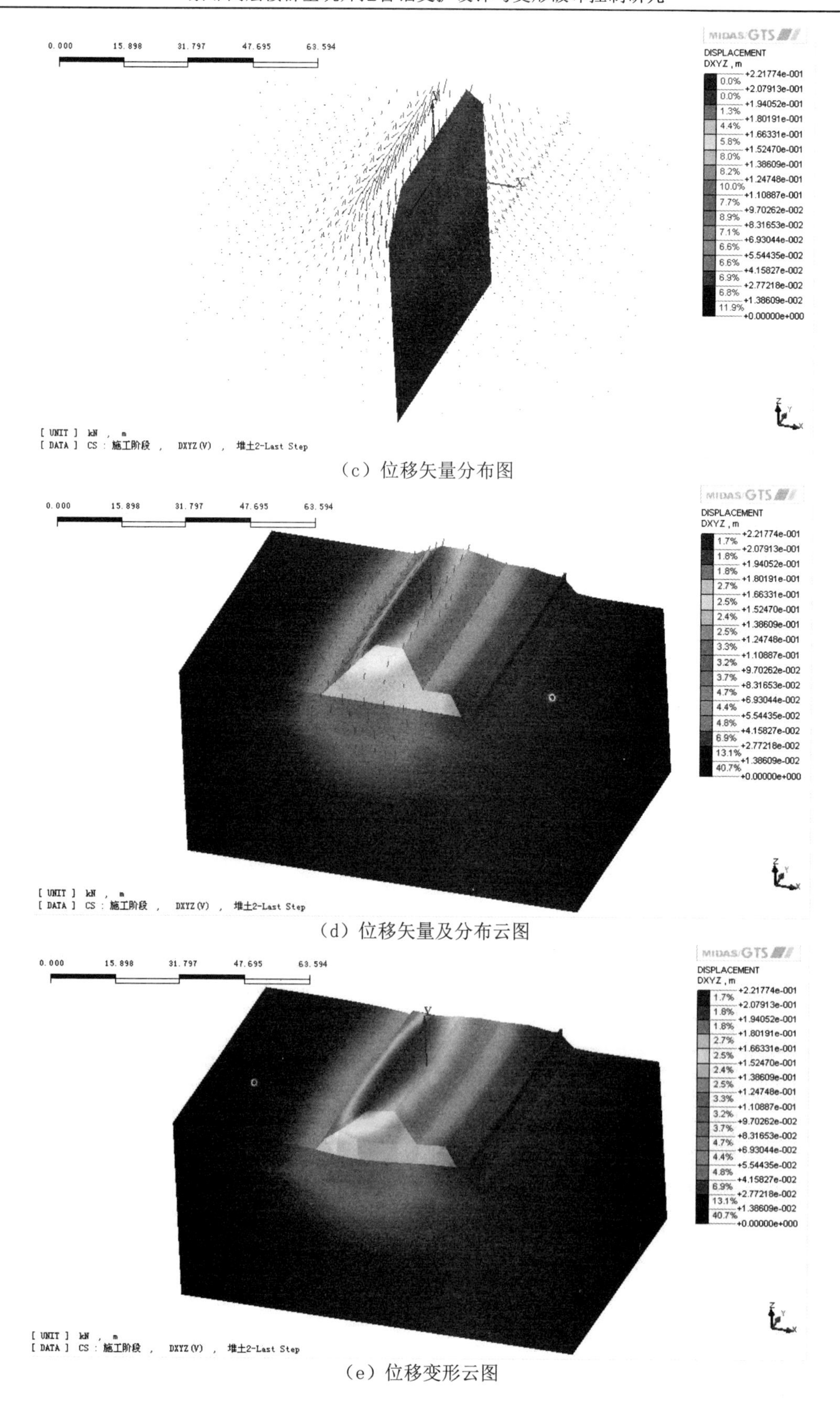

（c）位移矢量分布图

（d）位移矢量及分布云图

（e）位移变形云图

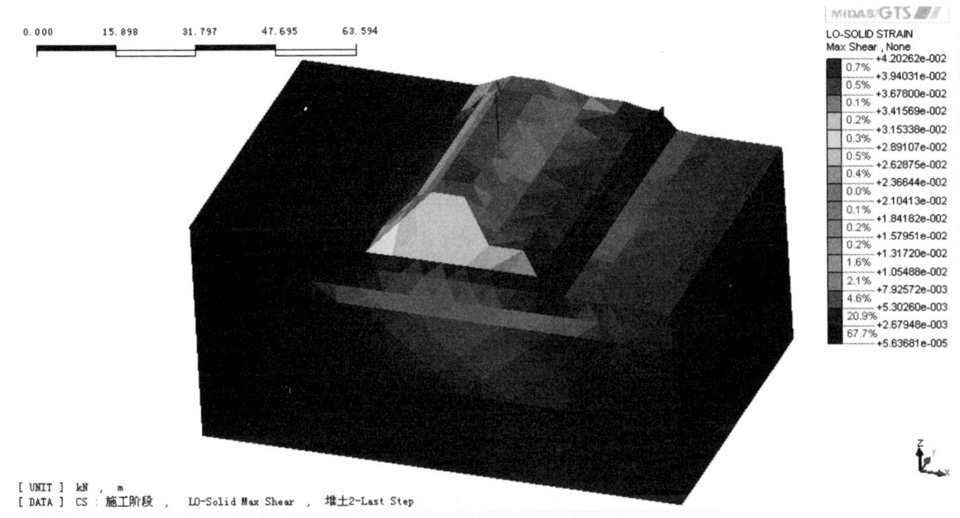

（f）最大剪应变云图

图 8.7　有限元分析模型与开挖土体数值模拟

（1）总体及建筑物位移

第二次堆土结束之后，紧邻岸坡位移矢量如图 8.7(c)所示，通过位移矢量图可以看出堆土的位移方向为第二堆土为分界限分别向左侧和右侧滑动。由图 8.7(d)位移矢量及分布云图以及图 8.7(e)位移矢量及变形云图可以得出，堆土最大位移产生于第二堆土的左侧，最大位移为 22.2cm。位移总体的趋势为向下的沉降。

（2）最大剪应变

整体模型最大剪应变云图如图 8.7(f)所示，其中第二堆土产生的最大剪应变为 0.042，通过剪应变云图可以得出堆土产生最大的剪应变在第二堆土的左侧。右侧河岸产生的剪应变较小。

8.4　紧邻软塑地层基坑开挖堆土高楼倒塌数值模拟分析

此种工况考虑的是紧邻软塑地层基坑开挖并堆土无支护结构的情况，其整体有限元分析模型如图 8.8（a）所示，开挖土体及堆土有限元模型如图 8.8（b）所示。

（1）总体位移

第二次堆土完成之后，通过图 8.8（c）所示软塑地层基坑开挖位移矢量分布可以看出整体模型的位移矢量分布情况。

通过图 8.8（d）位移矢量及分布云图和图 8.8（e）位移矢量及分布云图可以得出，最大位移产生于建筑物的上部位置，最大的位移为 1.59m，说明基坑开挖并施加堆土造成了建筑物向基坑方向的倒塌。总体来说建筑物的位移以平移为主，基坑侧发生较大范围的沉降，开挖基坑产生较大的位移。

（2）桩基受力

桩基 X 方向的剪力如图 8.8（f）所示，桩基最大剪力约为 702kN。桩基的最大剪力均发生在桩头锚入基础处，且远离基坑侧与基坑侧桩顶剪力方向相反。桩基轴力如图 8.8（g）所示，其桩顶最大轴力为 258kN 左右，桩基的最大剪力均发生在桩头锚入基础处。

（3）最大剪应变

模型最大剪应变云图如图 8.8（h）所示，基坑边壁产生的最大剪应变为 0.14，通过最大剪应变云图可以得出第二堆土和基坑边壁的剪应变比较大，它们的共同作用是导致楼房倒塌的根本原因。

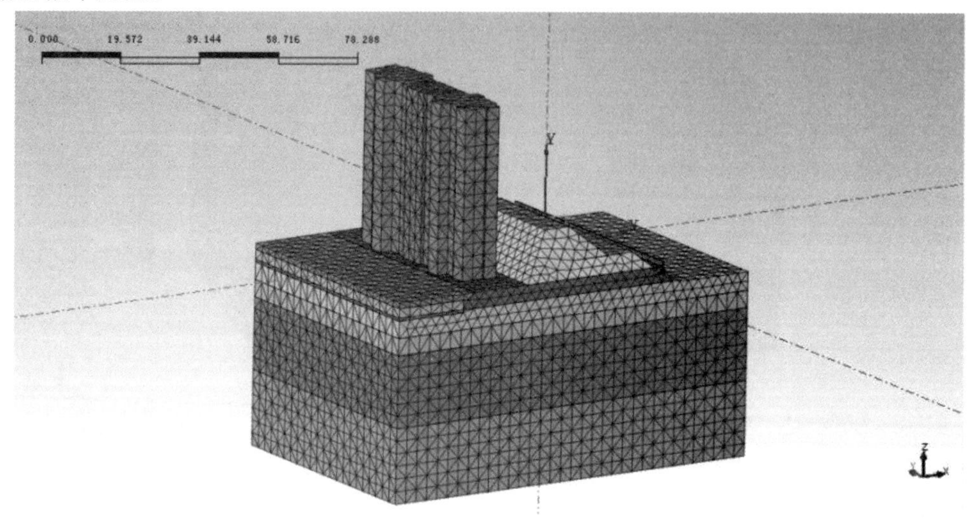

（a）三维有限元分析模型

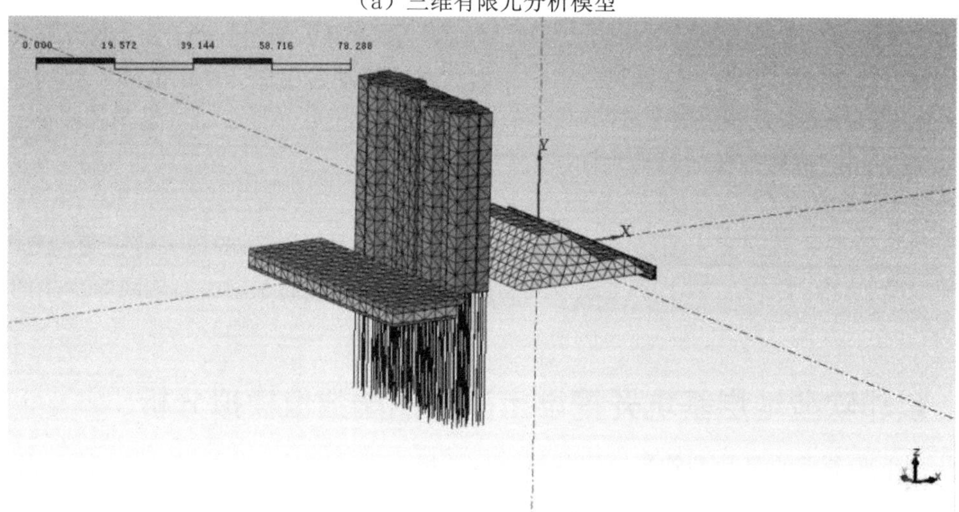

（b）建筑物与开挖土体与堆土有限元模型

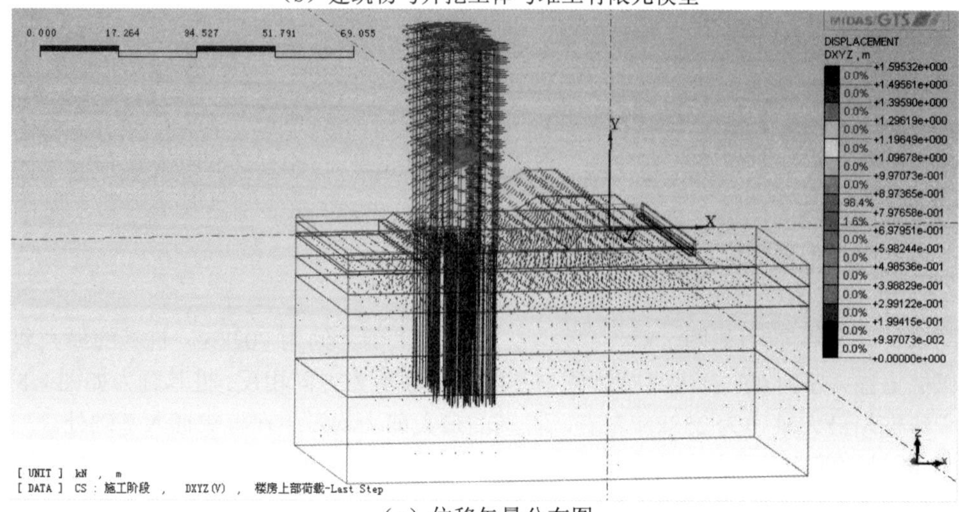

（c）位移矢量分布图

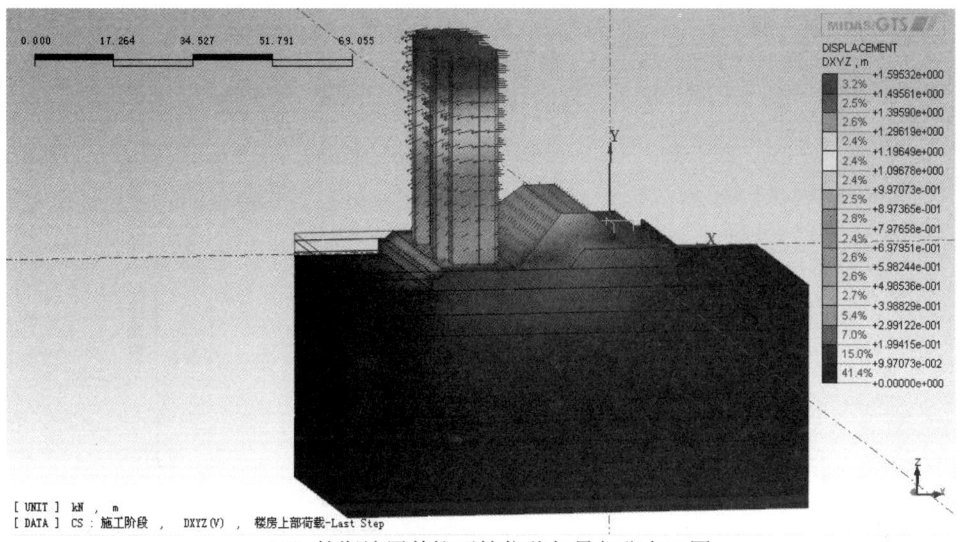

（d）软塑地层基坑开挖位移矢量与分布云图

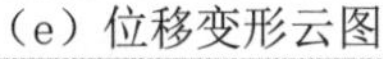
（e）位移变形云图

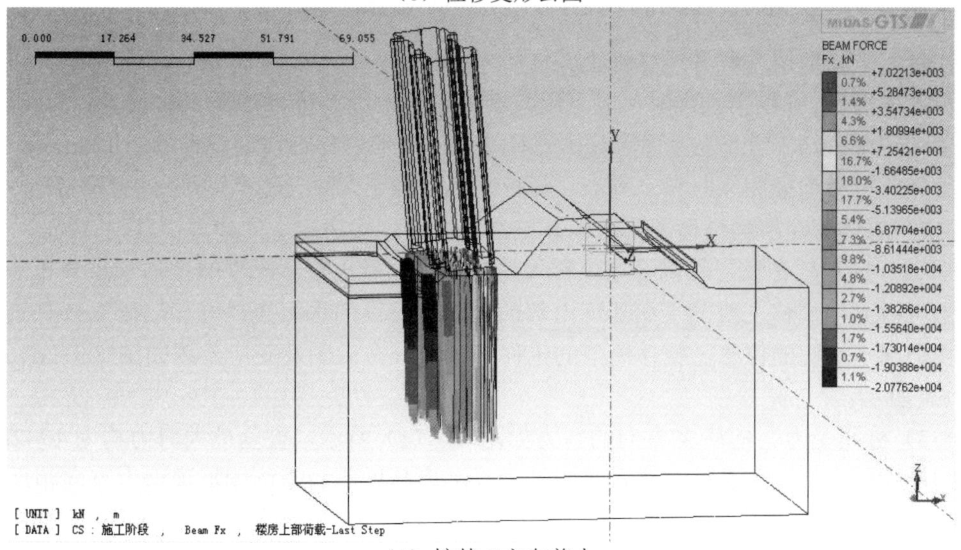

（f）桩基 X 方向剪力

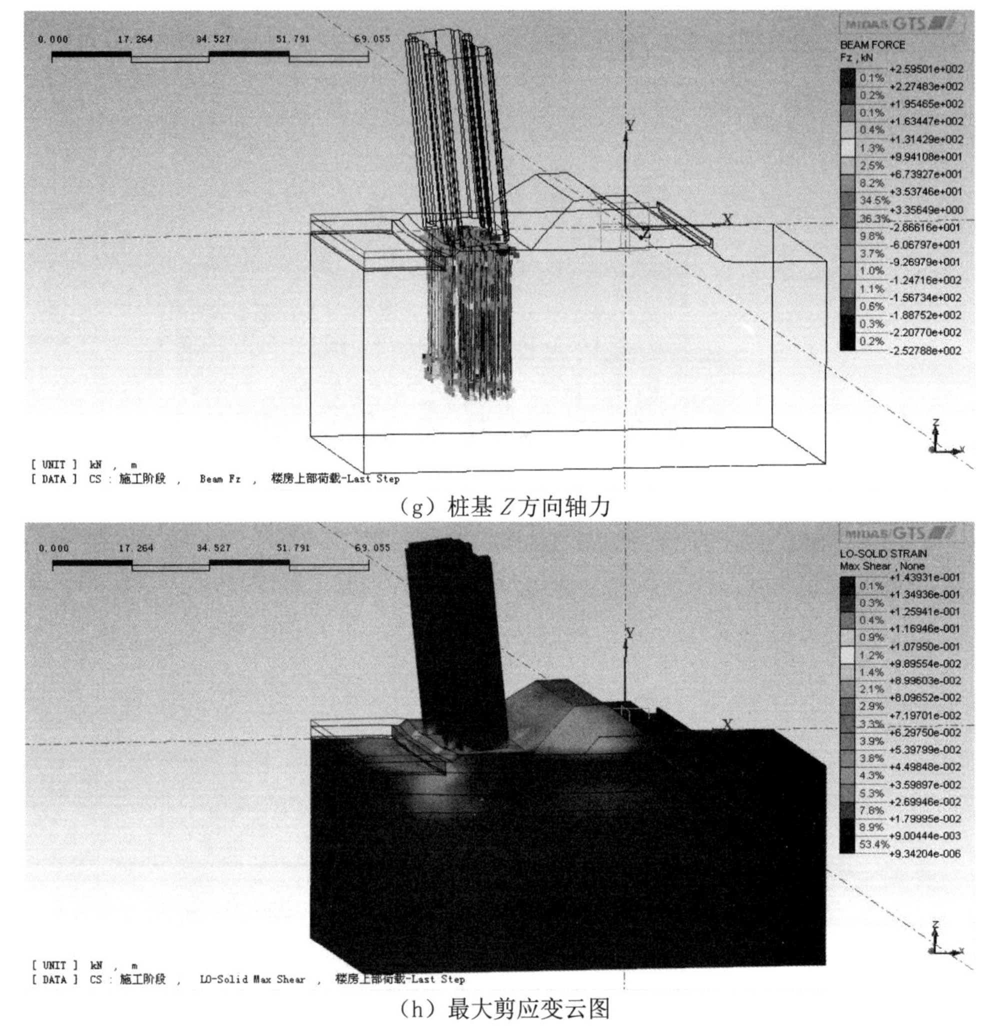

（g）桩基 Z 方向轴力

（h）最大剪应变云图

图 8.8　有限元分析模型与开挖土体数值模拟

8.5　紧邻软塑地层基坑开挖高楼倒塌防治技术

在紧邻软塑地层基坑开挖并堆土无支护结构的情况的基础上，增设了复合土钉和水泥搅拌桩支护措施。开挖第二步时一般采用复合土钉围护以及单排直径 700mm 的双轴水泥搅拌桩(搭接 300mm)，暗浜位置采用双排直径 700mm 的双轴水泥搅拌桩(搭接 300mm)。其整体有限元分析模型如图 8.9（a）所示、开挖土体及堆土有限元模型如图 8.9（b）所示。

（1）总体及建筑物位移。第二步开挖结束之后，楼房产生的最大位移为 12cm。通过图 8.9（c）所示软塑地层基坑开挖位移矢量分布可以看出整体模型的位移矢量分布情况。由图示可得到，位移主要发生在基坑内部的沉降，增设的水泥搅拌桩和双排土钉有效地抑制了楼房向基坑侧的位移，整体模型的位移矢量与分布云图及变形云图如图 8.9（d）和图 8.9（e）所示。

（2）桩基受力。桩基 X 方向的剪力如图 8.6（f）所示，桩基最大剪力约为 1742kN。桩基的最大剪力均发生在桩头锚入基础处，且远离基坑侧与基坑侧桩顶剪力方向相反。桩基轴力如图 8.6（g）所示，其桩顶最大轴力为 406kN 左右，桩基的最大剪力均发生在桩头锚入基础处。

（3）最大剪应变。整体模型最大剪应变云图如图 8.9（h）所示，其中基坑边壁的最大剪应变为 0.028，在水泥搅拌桩和复合土钉的作用下基坑边壁的剪应变降低，模型最大的剪应变发生在基坑内部，说明了采用复合土钉围护以及增设水泥搅拌桩的必要性。

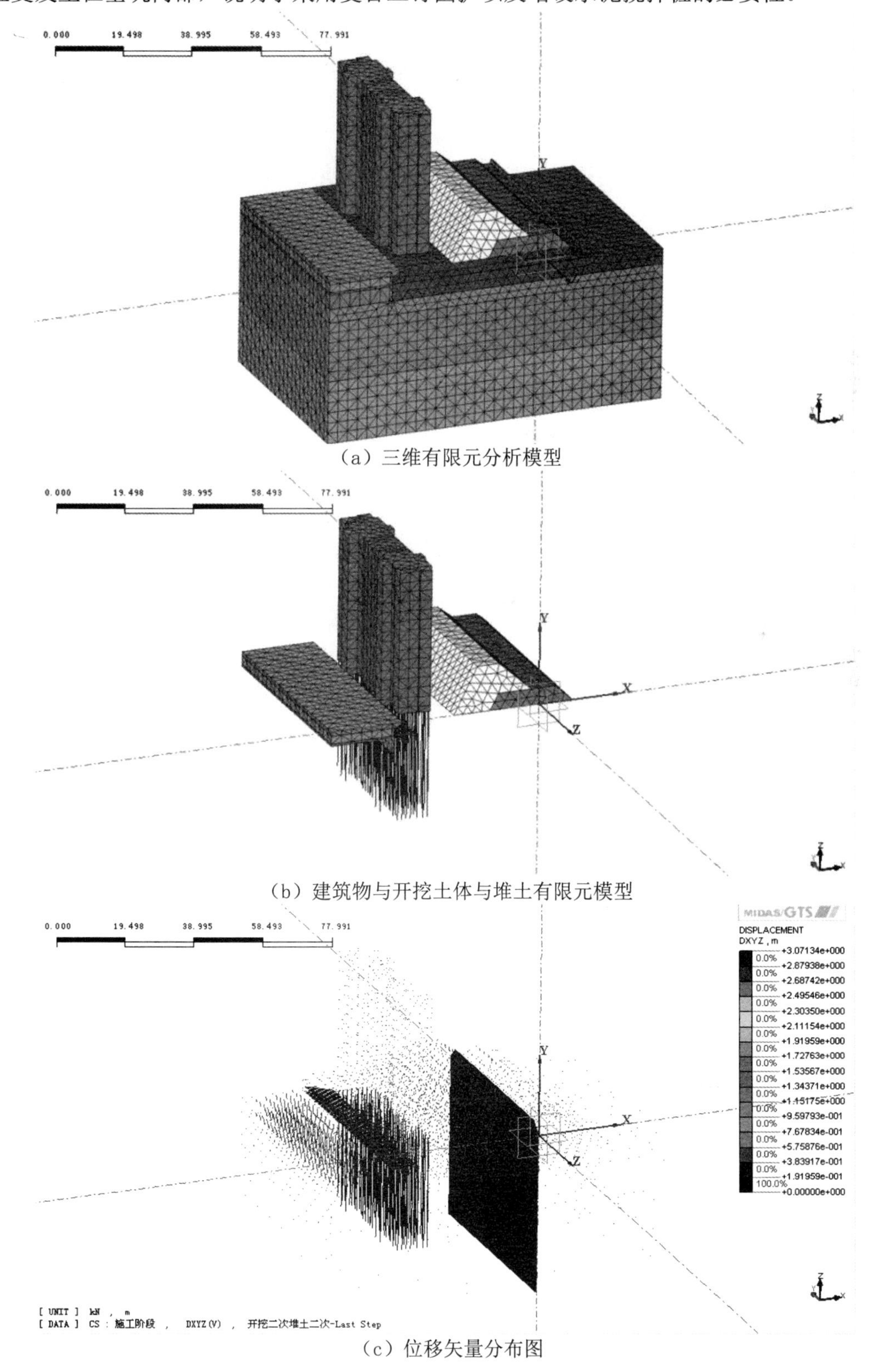

（a）三维有限元分析模型

（b）建筑物与开挖土体与堆土有限元模型

（c）位移矢量分布图

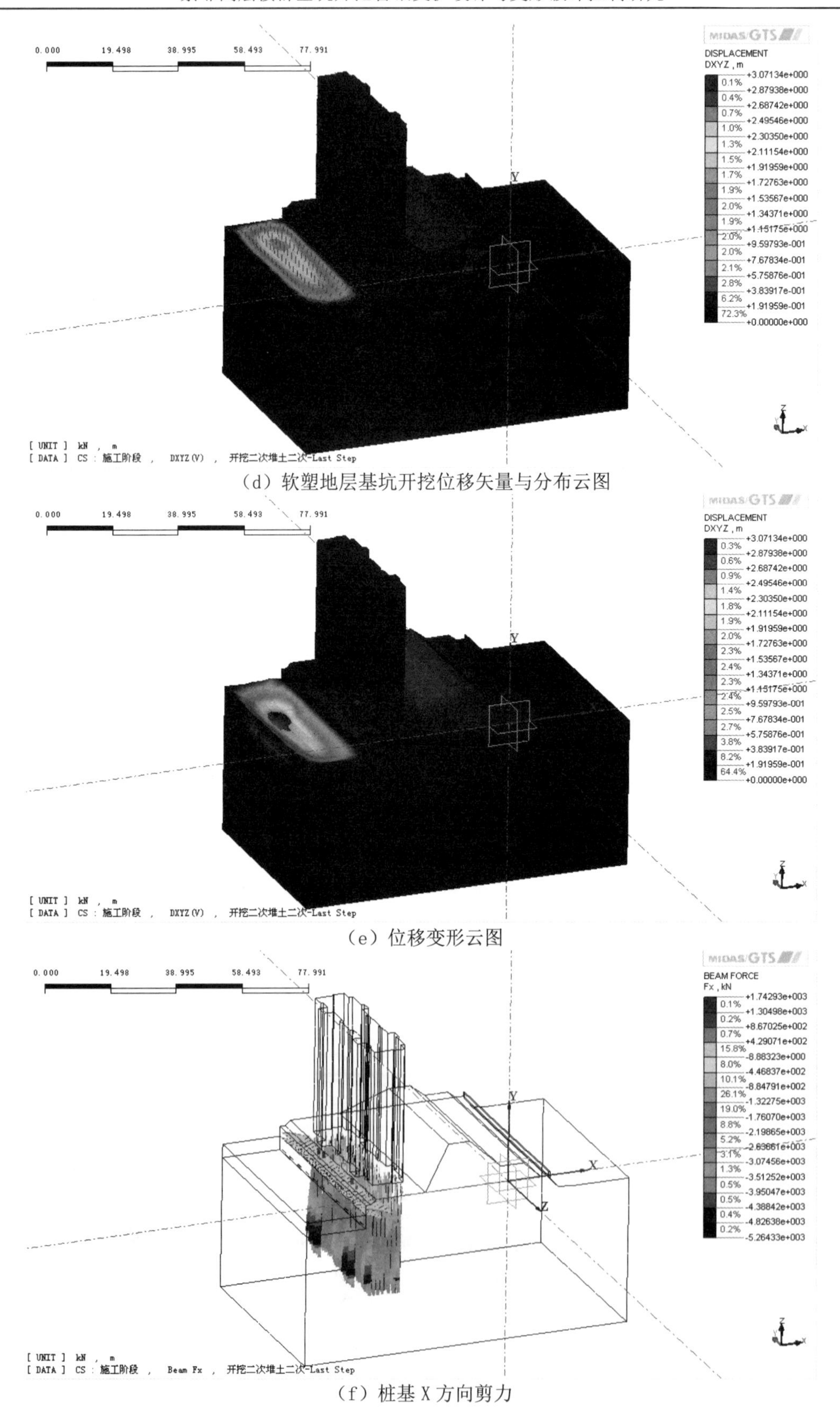

（d）软塑地层基坑开挖位移矢量与分布云图

（e）位移变形云图

（f）桩基 X 方向剪力

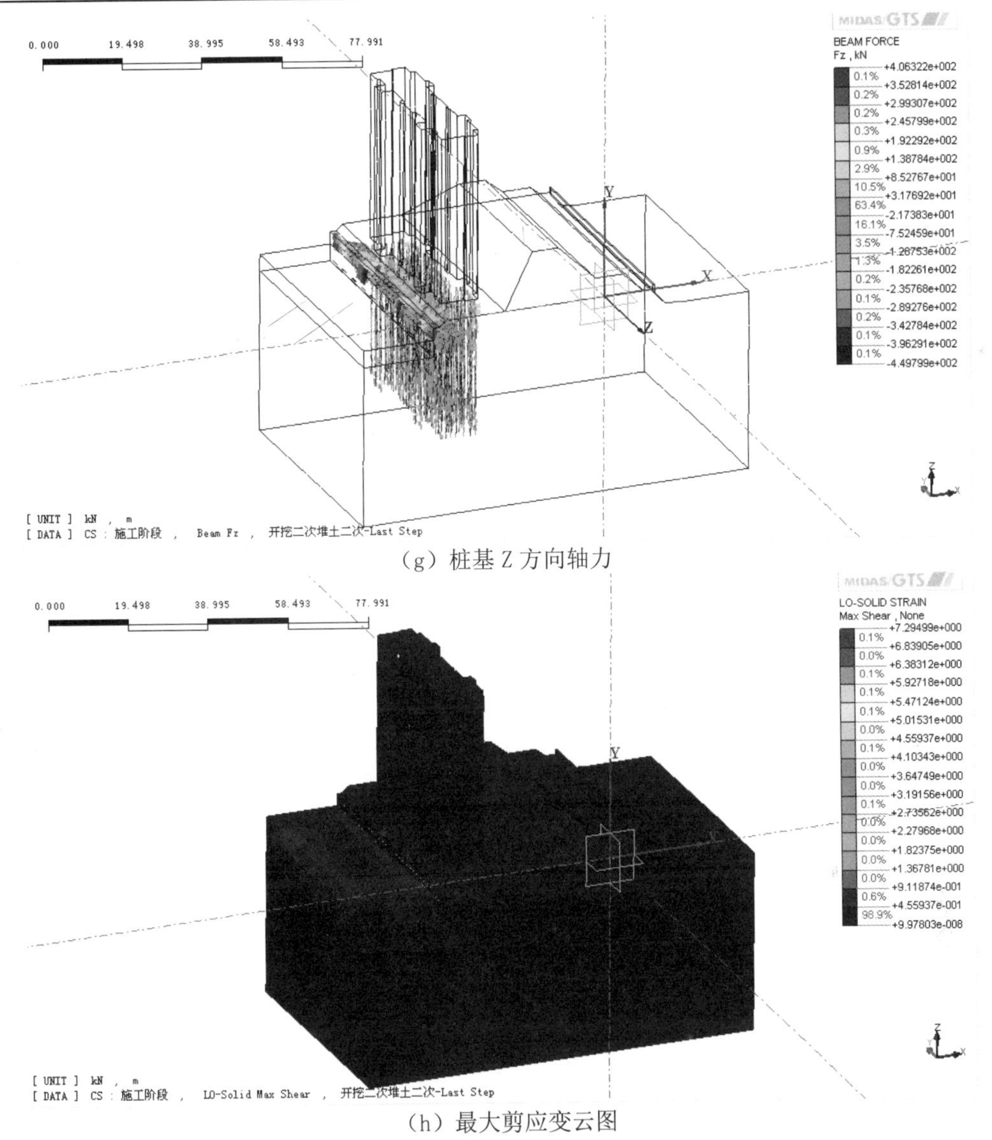

（g）桩基 Z 方向轴力

（h）最大剪应变云图

图 8.9　有限元分析模型与开挖土体数值模拟

综上分析得出，在紧邻岸坡地表软塑地层堆土失稳的情况下，第二次堆土完成后，产生较大范围的滑动，如果存在建筑物，势必会对建筑物产生影响。

分析对比紧邻高楼软塑地层基坑开挖和紧邻软塑地层基坑开挖堆土高楼倒塌两个模型来看，单纯的基坑开挖没有堆土时候，建筑物的位移为 7cm，增加堆土后建筑物的位移为 159cm。说明了建筑物的倒塌是由于堆土的原因造成的。

分析对比紧邻高楼软塑地层基坑开挖与基坑开挖并边壁支护、紧邻软塑地层基坑开挖堆土高楼倒塌与紧邻软塑地层基坑开挖堆土高楼倒塌边壁支护，第一种情况中，建筑物的位移由 7cm 降低到 5cm；第二种情况，建筑物的位移由 159cm 降低了 12cm，这说明了增设边壁支护的重要性，有效减小紧邻软塑地层基坑开挖高楼的产生的位移。

通过紧邻高楼软塑地层基坑开挖与堆土数值分析可以得到桩基的内力组合为：轴力为 258kN，剪力为 702kN。根据《先张法预应力管桩》提供的不同轴力条件下的极限值，上述桩基均接近于承载能力极限状态。因此，较小的载荷增量即可能导致桩基的破坏。

8.6 本章小结

①依托软塑地层基坑开挖高楼倒塌工程，进行了计算软件与分析模型的选取，开展了软塑地层基坑开挖变形破坏及边壁支护数值模拟分析。

②对紧邻岸坡地表软塑地层堆土失稳进行了数值模拟分析，开展了紧邻软塑地层基坑开挖堆土高楼倒塌数值模拟分析。

③对紧邻软塑地层基坑开挖高楼倒塌防治技术进行了深入研究。通过分析对比紧邻高楼软塑地层基坑开挖有无边壁支护，说明基坑开挖时进行边壁支护的重要性，可以有效地减小紧邻软塑地层基坑开挖高楼的位移。

第 9 章　强度折减与地震响应基坑开挖高层建筑稳定性分析

本章在基坑开挖导致高楼倒塌机理分析，以及基坑实体空间力学特性分析研究基础上，开展开挖基坑有限元强度折减、地震影响稳定性验算。

9.1　Phase^{2D} 软件功能及特点

Phase^{2D} 软件是非线性弹塑性有限元分析软件，可进行加载、渗流及流固耦合有限元分析，并可以进行强度折减、地震作用产生的应力应变分析。Phase^{2D} 软件特点如下：

①三角形或四边形等有限元网格的自动生成，可实现弹性或非线性连结。

②进行平面应变或轴对称开挖问题的分析，开挖过程可多达 50 步。

③多样化的材料种类：Hoek-Brown，Mohr-Coulomb，Drucker-Prager 等多种材料模型，各向同性、横向同性等弹性材料模型。

④地下水有效孔隙水压力分析。

⑤支护形式——锚杆（部分锚固、全部锚固、分离装置、用户自定义等）。

利用 Phase^{2D} 软件进行基坑开挖强度折减稳定性验算，同时对基坑进行地震动力响应稳定性验算。

9.2　有限元强度折减与地震响应分析方法

9.2.1　有限元强度折减分析原理与方法

有限元法分析导流堤围堰工程问题比较成熟，能够满足静力许可、应变相容和应力-应变之间的本构关系，可作为一种理论体系更为严格的方法用于边坡稳定分析。采用数值分析方法，可以不受边坡几何形状的不规则和材料不均匀性的限制。通过有限元法计算边坡的安全系数来评价边坡的稳定性方法可分为两类：第一类是建立在滑动面应力分析基础上的边坡稳定分析方法，即滑面应力分析法；第二类是建立在强度折减技术基础上的边坡稳定分析方法，即强度折减法。

（1）滑面应力有限元分析方法

滑面应力分析法通过有限元方法计算得到边坡域内土体真实的应力场分布，采用插值方法得到给定滑动面上的应力值，用优化方法寻找最小安全系数及相应滑动面。滑面应力分析法的关键问题是安全系数的定义形式、滑面上应力的计算、最危险滑动的确定以及最小值寻找的方法。平面应变问题中，假设边坡土体平面区域为 S，且已知 S 内土体的应力分布，令 l 为 S 内的任意一条曲线，土体沿 l 的滑动稳定安全系数定义法有：

根据应力水平确定：

$$F_S = \left(\int_0^l S\mathrm{d}l \Big/ \int_0^l \mathrm{d}l\right)^{-1} \tag{9.1}$$

根据剪应力确定：

$$F_s = \left(\int_0^l \tau_f \mathrm{d}l \Big/ \int_0^l \tau \mathrm{d}l\right)^{-1} \tag{9.2}$$

对应力水平进行强度加权平均而确定：

$$F_S = (\int_0^1 \tau_f \mathrm{d}l / \int_0^1 S\tau_f \mathrm{d}l)^{-1} \tag{9.3}$$

式中，τ_f—抗剪强度；τ—实际剪应力；S—应力水平。

土体的抗剪强度采用摩尔-库仑公式计算：

$$\tau_f = \sigma_n \tan\varphi' + c' \tag{9.4}$$

式中，σ_n—曲线上任意一点法向应力；ϕ'—有效内摩擦角；c'—有效黏聚力。

（2）强度折减有限元分析方法

强度折减法在理想弹塑性有限元计算中，将边坡岩土体抗剪切强度参数逐渐降低直到其达到破坏状态为止，自动根据弹塑性计算结果得到破坏滑动面（塑性应变和位移突变的地带），同时得到边坡的强度储备安全系数。强度折减法首先对于某一给定的强度折减系数，通过公式（9.5）调整土体的强度指标 c'，ϕ'，F_s为强度折减系数，通过弹塑性有限元数值计算确定边坡内的应力场、应变场或位移场，并且对应力、应变或位移的某些分布特征以及有限元计算过程中的某些数学特征进行分析，不断增大折减系数，直至根据对这些特征的分析结果表明边坡已经发生失稳破坏，将此时的折减系数定义为边坡的稳定安全系数。

$$c' = c/F_s,\ \phi' = \arctan(\tan(\phi/F_s)) \tag{9.5}$$

通过摩尔应力圆可以阐述强度变化过程，见图 9.1 所示，在$\sigma-\tau$坐标系中，有三条直线 AA、BB 及 CC 分别表示土的实际强度包线、强度指标折减后所得到的强度包线和极限平衡即剪切破坏时的极限强度包线，图中摩尔圆表示一点的实际应力状态。强度折减法的优点是安全系数可以直接得出，不需要事先假设滑动面的形式和位置，同时也可以考虑土体的渐进破坏。

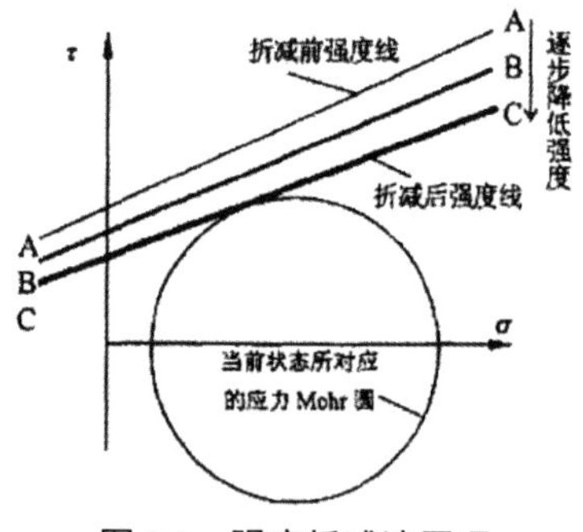

图 9.1　强度折减法原理

9.2.2　地震响应分析原理与方法

地震动力对开挖基坑影响主要有：地震期间出现的位移、变形和惯性力；产生的超孔隙水压力；土的剪切强度的衰减；惯性力、超孔隙水压力和剪切应力降低对稳定的影响；超孔隙水压力的重分布和地震后的应变软化；永久变形及大面积液化引起的破坏。

地震震源以地震波的形式释放地震的应变能，地震波使地震具有巨大的破坏力，包括两种在介质内部传播的体波和两种限于界面附近传播的面波。

（1）体波

体波有纵波和横波两种类型。纵波（P 波）是由震源传出的压缩波，质点的振动方向与波的前进方向一致，一疏一密向前推进，周期短，振幅小。横波（S 波）是由震源传出的剪切波，质点的振动方向与波的前进方向垂直，传播时介质体积不变，但形状改变，周期较长，振幅较大。纵波能通过任何物质传播，而横波是切变波，只能通过固体物质传播。纵波在任何固体物质中的传播速度都比横波快，在近地表一般岩石中，V_P=5～6km/s，V_S=3～4km/s。在多数情况下，物质的密度越大，地震波速度越快。根据弹性理论，纵波传播速度 V_P 和横波传播速度 V_S 计算公式见式（9.6）。

$$V_P = \sqrt{\frac{E(1-\mu)}{\rho(1+\mu)(1-2\mu)}},\quad V_S = \sqrt{\frac{E}{2\rho(1+\mu)}} = \sqrt{\frac{G}{\rho}} \tag{9.6}$$

式中：E，μ，ρ，G—介质的弹性模量、泊松比、密度和剪切模量。

（2）面波

面波（L 波）是体波达到界面后激发的次生波，沿着地球表面或地球内的边界传播。面波随着震源深度的增加而迅速减弱，有瑞利波与勒夫波两种。瑞利波（R 波）在地面上滚动，质点在平行于波的传播方向的垂直平面内做椭圆运动，长轴垂直地面。勒夫波（Q 波）在地面上做蛇形运动，质点在水平面内垂直于波的传播方向做水平振动。面波传播速度比体波慢。瑞利波波速近似为横波波速的 0.9，勒夫波在层状介质界面传播，其波速介于上下两层介质横波速度之间。一般情况下，横波和面波到达时振动最强烈。建筑物破坏通常是由横波和面波造成的。

（3）震级与烈度

地震震级是表示地震大小的尺度，由地震释放的能量大小决定，释放出来的能量愈大则震级愈大。地震烈度是指某一地区的地面和各种建筑物遭受地震影响的强烈程度，地震烈度表是划分地震烈度的标准，主要是根据地震时地面建筑物受破坏的程度、地震现象等等来划分制定。我国和世界上大多数国家都是把烈度分为 12 度。表 9.2 是我国制定并采用中国地震烈度表（GB/T 17742—1999）。

基本烈度：基本烈度是指在今后一定时期内，某一地区在一般场地条件下可能遭遇的最大地震烈度。场地烈度：通过专门的工程地质、水文地质工作，调整后的烈度，在工程上称为场地烈度。设计烈度：在场地烈度的基础上，考虑工程的重要性、抗震性和修复的难易程度，根据规范进一步调整，得到设计烈度，也称设防烈度。

（4）地震动力模型

地震动力模型中，最简单模型就是线弹性模型。应力应变比例常数是杨式模量 E 和泊松比 v。当 v 接近 0.5 时，关系式（$1-2v$）/2 接近零，关系式（$1-v$）接近 v，即应力和应变为常量关系，代表的是纯体积应变，意味着体积应变为零，此时，关系式 $E/[(1+v)(1-2v)]$ 接近无穷大。因此，计算时泊松比 v 最大值不应大于 0.49。

$$\begin{Bmatrix}\sigma_x\\ \sigma_y\\ \sigma_z\\ \tau_{xy}\end{Bmatrix} = \frac{E}{(1+v)(1-2v)}\begin{bmatrix}1-v & v & v & 0\\ v & 1-v & v & 0\\ v & v & 1-v & 0\\ 0 & 0 & 0 & \frac{1-2v}{2}\end{bmatrix}\begin{Bmatrix}\varepsilon_x\\ \varepsilon_y\\ \varepsilon_z\\ \gamma_{xy}\end{Bmatrix} \tag{9.7}$$

建立等效线性模型时，需确定等效线性剪切模量 G 和相应的阻尼比。剪切模量的实际非线性特征和动力载荷条件的阻尼比都可以用等效线性分析近似模拟。在动力载荷分析中，首先设定常量 G 和常量阻尼比，新的模量 G 和阻尼比从循环或者等效循环剪应变中计算出。然后用这个新的模量和阻尼比开始新的动力载荷分析。这个迭代一直到连续的两次位移增量在容许值范围。在一次动力载荷分析中，主要计算两个值：最大位移标准值和连续两次最大位移标准值之差。最大位移标准值表达式为。

$$A_{\max}^{i} = \max\left[\sqrt{\sum_{n=1}^{n_p}\left(\alpha_n^i\right)^2 / n_p}\right] \tag{9.8}$$

式中，α_n^i—结点 n 在对 i 步迭代的动态结点位移。

表 9.2　　中国地震烈度表

烈度	房屋震害程度		其他震害现象	水平向地面运动	
	震害现象	平均震害指数		峰值加速度/（m/s^2）	峰值速度/（m/s）
Ⅰ					
Ⅱ					
Ⅲ	门、窗轻微作响		悬挂物微动		
Ⅳ	门、窗作响		悬挂物明显摆动，器皿作响		
Ⅴ	门窗、屋顶、屋架振动作响，灰土掉落，抹灰出现微细裂缝，有檐瓦掉落，个别屋顶烟囱掉砖		不稳定器物摇动或反倒	0.31（0.22～0.44）	0.03（0.02～0.04）
Ⅵ	损坏——墙体出现裂缝，檐瓦掉落，少数屋顶烟囱裂缝、掉落	0~0.10	河岸和松软土出现裂缝，饱和砂层出现喷砂冒水；有的独立砖烟囱轻度裂缝	0.63（0.45～0.89）	0.05（0.05～0.09）
Ⅶ	轻度破坏——局部破坏，开裂，小修或不需要修理可继续使用	0.11~0.30	河岸出现坍方；饱和砂层常见喷砂冒水，松软土地上地裂缝较多；大多数独立砖烟囱中等破坏	1.25（0.90～1.77）	0.13（0.10～0.18）
Ⅷ	中度破坏——结构破坏，需要修复才能使用	0.31~0.50	干硬土上亦出现裂缝；大多数独立砖烟囱严重破坏；树梢折断；房屋破坏导致人畜伤亡	2.50（1.78～3.53）	0.25（0.19～0.35）
Ⅸ	严重破坏——结构严重破坏，局部倒塌，修复困难	0.51~0.70	干硬土上出现裂缝；基岩可能出现裂缝、错动；滑坡坍方常见；独立砖烟囱倒塌	5.00（3.54～7.07）	0.50（0.36～0.71）
Ⅹ	大多数倒塌	0.71~0.90	山崩和地震断裂出现，基岩上拱桥破坏；大多数独立砖烟囱从根部破坏或倒塌	10.00（7.08～14.14）	1.00（0.72～1.41）
Ⅺ	普遍倒塌	0.91~1.00	地震断裂延续很长；大量山崩滑坡		
Ⅻ			地面剧烈变化，山河改观		

注：表中的数量词，“个别”为 10%以下，“少数”为 10%～50%，“多数”为 50%～70%，大多数为 70%～90%，“普遍”为 90%以上。

停止计算的依据是位移最大标准值变化小于指定的容许值或者迭代达到了指定最大迭代步。位移收敛准则如下：

$$\delta A_{\max} = \frac{ABS(A_{\max}^{i+1} - A_{\max}^{i})}{A_{\max}^{i}} < [A_{\max}] \tag{9.9}$$

式中，ABS—绝对值。

（5）有限元地震载荷产生的应力

地震载荷的表达式：

$$\{F_g\} = [M]\{\ddot{a}_g\} \tag{9.10}$$

式中，$[M]$—质量矩阵；$\{\ddot{a}_g\}$—应用结点的加速度。

（6）时程分析

时程分析是指当导流堤围堰结构受到载荷作用时，计算导流堤围堰结构的动力特性和任意时刻导流堤围堰结构位移、内力等的响应过程，采用的动力平衡方程如下：

$$[M]\{\ddot{a}_g\} + [D]\{\dot{a}\} + [K]\{a\} = p(t) \tag{9.11}$$

式中：$[M]$—质量矩阵；$[D]$—阻尼矩阵；$[K]$—刚度矩阵；$p(t)$—动力载荷；$\{\ddot{a}_g\}$，$\{\dot{a}\}$，$\{a\}$—相对加速度、速度和位移。

利用有限元研究导流堤围堰在地震动力作用下的永久位移和强度折减，采用有限元分析方法，分析其稳定系数。

9.3　紧邻高楼基坑有限元强度折减稳定性分析

在查阅大量资料并结合现场事故图片的基础上，采用有限元软件 Phase^{2D} 对楼房倒塌进行模拟，分析其倒塌过程及原因。

（1）有限元模型建立及参数选。

①假定该过程分析为二维平面应变问题，模型充分考虑建筑物、地下车库基坑开挖以及河流的影响，模型尺寸取为长 120m、宽 90m 矩形，水位线取楼房附近河流表面水平线，如图 9.2。

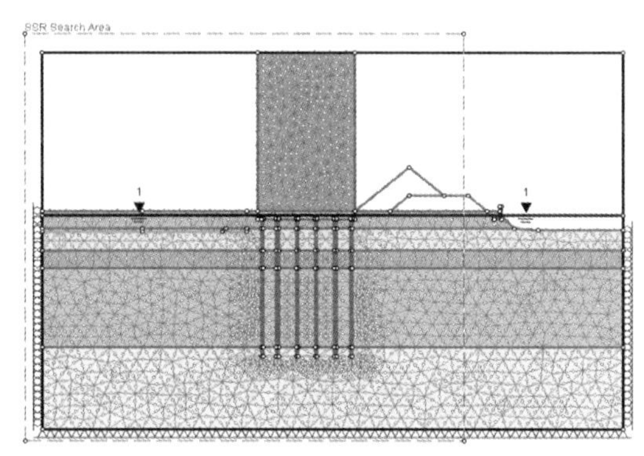

图 9.2　有限元网格划分及边界条件

②计算区域内土体左右两侧水平方向位移约束，底面固定，楼房不约束。

③网格剖分：网格统一采用六节点的三角形单元剖分，对高层建筑桩基础周围网格进行加密。最初模型及有限元网格剖分如图 9.3（a）Step1。

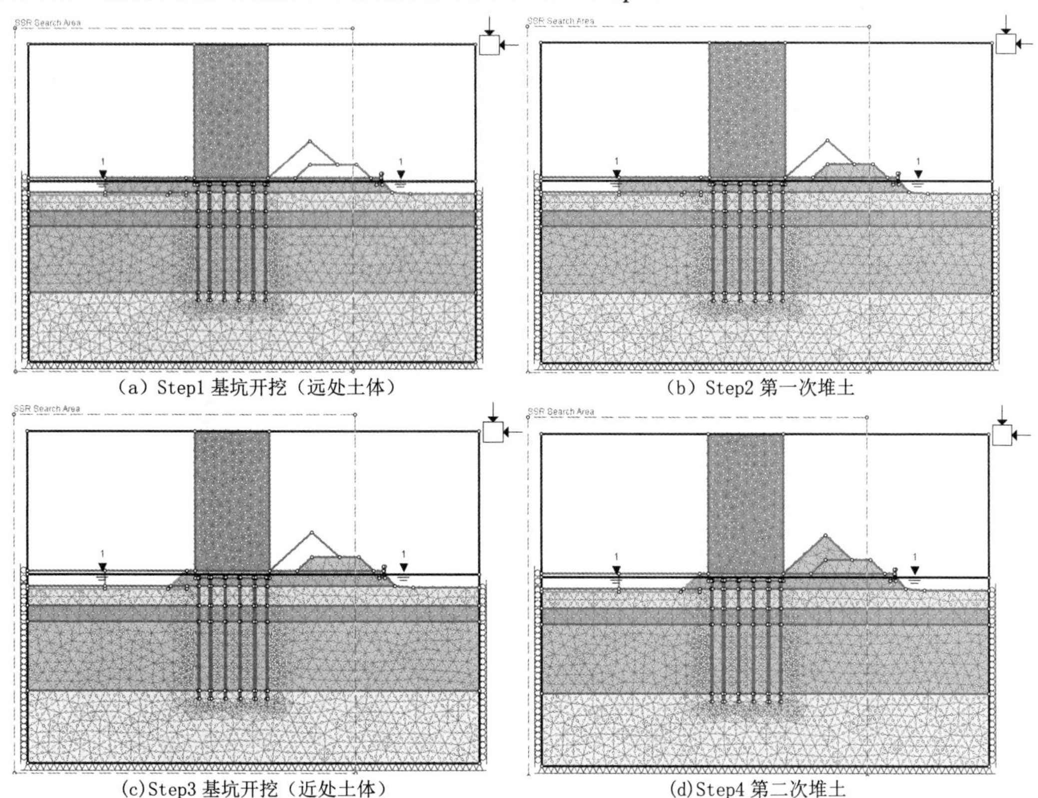

（a）Step1 基坑开挖（远处土体）　（b）Step2 第一次堆土

(c)Step3 基坑开挖（近处土体）　(d)Step4 第二次堆土

图 9.3　基坑开挖与堆土过程

④施工过程在最初模型的基础上分四步：第一步为开挖地下车库基坑位于楼房远侧的土体，开挖深度取 4.6m；第二步为第一次堆土，堆土高度取 3m；第三步开挖地下车库基坑位于楼房近处土体，开挖深度取 4.6m；最后一步为第二次堆土，堆土高度取 10m，整个过程如图 9.3（d）Step 4。

在结合现场勘察报告与查阅有关上海地质条件文献的基础上，确定本模型土层力学参数（见表 9.2 所列），其中土体本构关系采用 Mohr-Coulomb 模型，建筑物采用线弹性模型。

表 9.2　　土层物理力学参数

土层名称	容重 γ/（kN/m^3）	弹性模量 E/MPa	黏聚力 c/kPa	摩擦角 ϕ/（°）	泊松比 μ
黏性土	19.0	18.0	14.0	26	0.36
淤泥质粉质黏土	17.7	12.3	11.0	17	0.36
淤泥质黏土	17.4	5.0	10.0	11	0.35
粉质黏土夹砂	18.5	15.0	11.4	14.7	0.30
粉砂	19.5	50.0	4.0	35	0.27
弃土	16.0	12.0	5.0	15	0.38

（2）有限元强度折减稳定性分析

通过对模型左侧基坑开挖过程进行有限元强度折减分析结果表明，楼房的倒塌不是偶然的，计算结果通过四种工况来反映该区域每一步的总位移、屈服区、偏应力的变化，对楼房的倒塌过程做出分析：通过对左侧基坑的有限元强度折减验算，基坑边坡 SRF（抗滑稳定安全系数）小于 1.0。很明显，不符合规范的要求。在没有支护的条件下，高楼向基坑方向的倒塌在所难免。

①通过图 9.4 总位移场云图与矢量变化分布图可以看出：首先基坑的第一次开挖与第一次堆土，位移矢量主要集中于基坑内侧，对高层建筑的影响不大；其次，随着基坑的第二次开挖，位移主要发生于楼房整体以及楼房与基坑之间，而最大位移矢量出现在楼房上部；最后，在第二次堆土完成后，最大位移量同样出现在楼房上部，但此时产生了更大的位移，建筑物南侧桩基础也发生了很大位移。

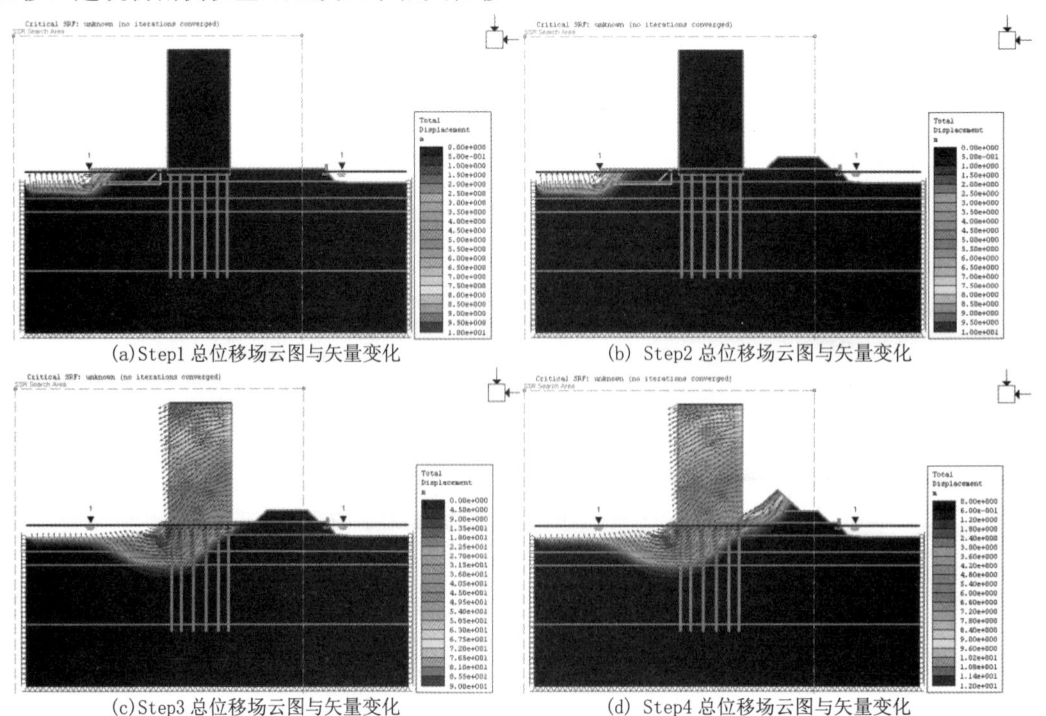

(a) Step1 总位移场云图与矢量变化　(b) Step2 总位移场云图与矢量变化

(c) Step3 总位移场云图与矢量变化　(d) Step4 总位移场云图与矢量变化

图 9.4　总位移场云图与矢量变化分布示意图

②通过图 9.5 各步屈服区等值线分布示意图可以看出：受楼房及水的影响，在最初阶段，位于楼房下部及河流下方区域出现局部屈服区；随着施工过程进展，屈服区域不断扩大，由 Step4 图可知，在基坑、楼房、堆土下方形成整片的屈服区域，位于此区域的土体（包括桩）都产生很大的形变，加速了坐落于屈服区域上楼房的倒塌。

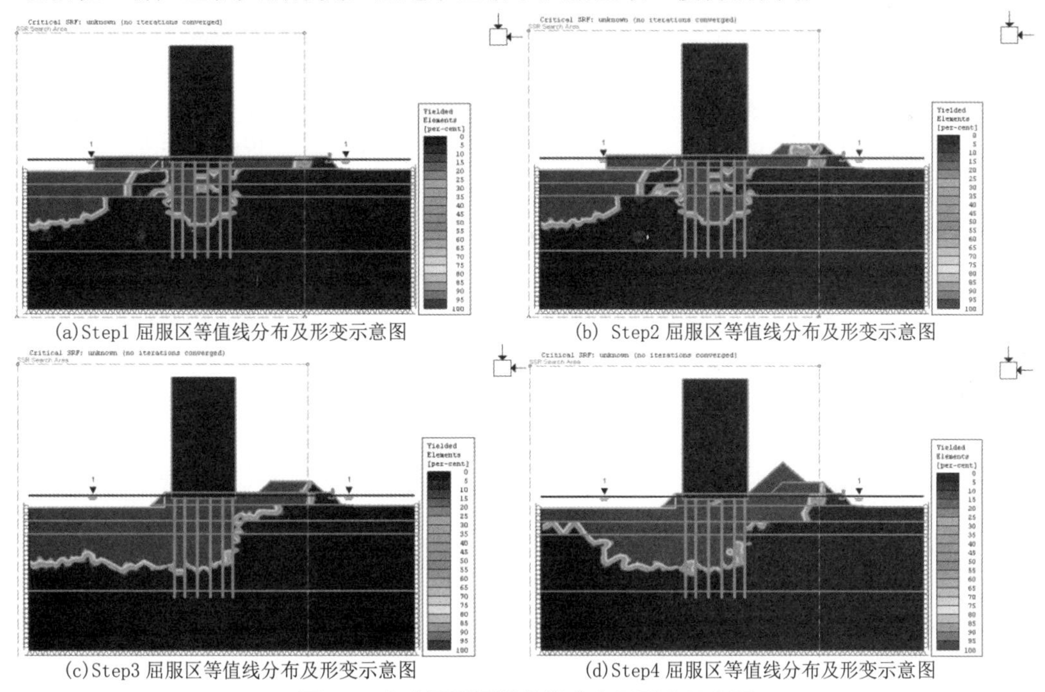

(a)Step1 屈服区等值线分布及形变示意图　(b) Step2 屈服区等值线分布及形变示意图

(c)Step3 屈服区等值线分布及形变示意图　(d)Step4 屈服区等值线分布及形变示意图

图 9.5　各步屈服区等值线分布及形变示意图

③通过图 9.6 偏离静水应力引起的形变偏应力等值线分布图可以看出：河流对楼房倒塌也有一定的影响。

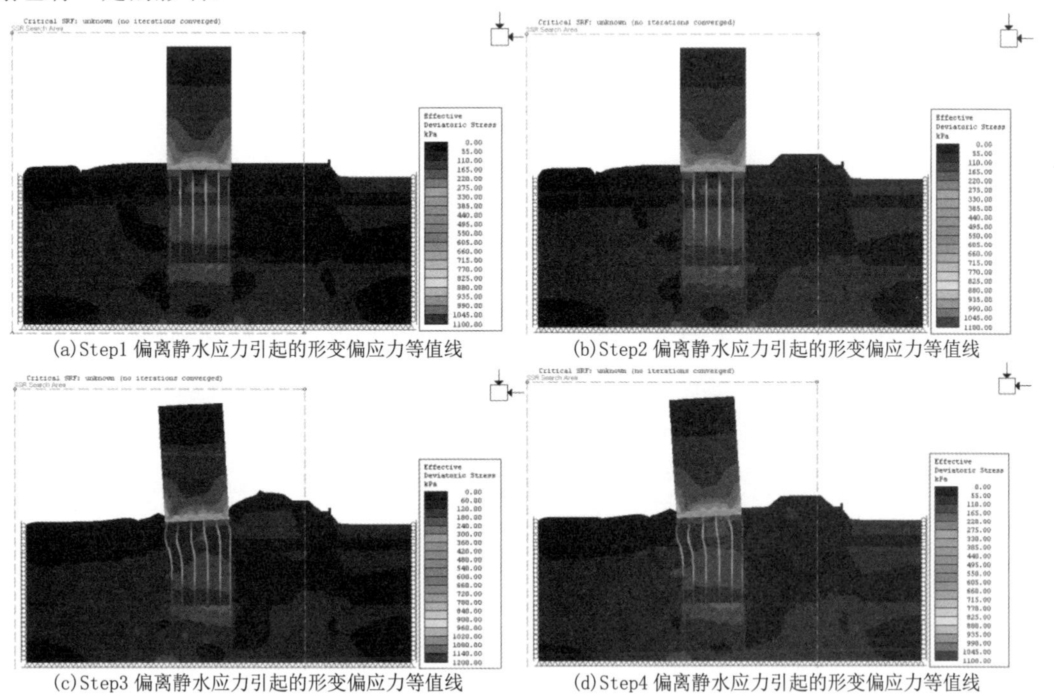

(a)Step1 偏离静水应力引起的形变偏应力等值线　(b)Step2 偏离静水应力引起的形变偏应力等值线

(c)Step3 偏离静水应力引起的形变偏应力等值线　(d)Step4 偏离静水应力引起的形变偏应力等值线

图 9.6　偏离静水应力引起的形变偏应力等值线分布示意图

基坑的开挖与堆土都使水位线发生了改变，在楼房两侧产生水压力差，出现偏离静水应力，从而引起了形变偏应力，加速了楼房的倾斜。

综上所述，楼房倒塌主要是由于建筑北侧超高填土驱动和建筑南侧地下车库基坑开挖卸荷造成的，10m 高的土堆在几天内堆成，其堆土载荷远远超过了第③、第④层土的抗剪强度，使其处于塑性流动状态，土体向其软弱处滑动。土体的滑动使桩基础在第④、第⑤层交接处发生向河道的移动，再加之南侧基坑开挖，致使楼房向南地下车库方向倒塌。这是典型的土体丧失稳定的破坏，模拟结果与专家分析原因一致。采用有限元模型很好地演示了楼房倒塌的过程，并解释了其倒塌原因，为类似工程事故解析提供了依据。

（3）综合分析

通过对倒塌楼房分析，并结合现场实际情况，做出以下总结及建议：

①楼房倒塌的主要原因：紧贴楼房北侧，在短期内堆土过高，最高处达 10m 左右；与此同时，紧邻大楼南侧的地下车库基坑正在开挖，开挖深度 4.6m，两者同时作用造成楼房周围土体丧失稳定而破坏，最终导致楼房倒塌。

②楼房倒塌后采取的措施：紧邻楼房也存在北面堆土、南面开挖的问题，通过迅速的基坑回填及南侧土体转移等系列措施，排除了紧邻楼房倒塌的隐患。

③建议各种监测工作要及时到位，对于这样的工程，非常有必要进行在建楼房的监测、基坑围护开挖的监测及堆土对河堤的滑动监测，这样才能及时发现问题，避免类似事故的发生。

9.4　基坑施工阶段地震影响稳定性分析

（1）地震响应影响

上海地区位于苏南—长江口张裂—剪切型地震带内，如图 9.7 所示。

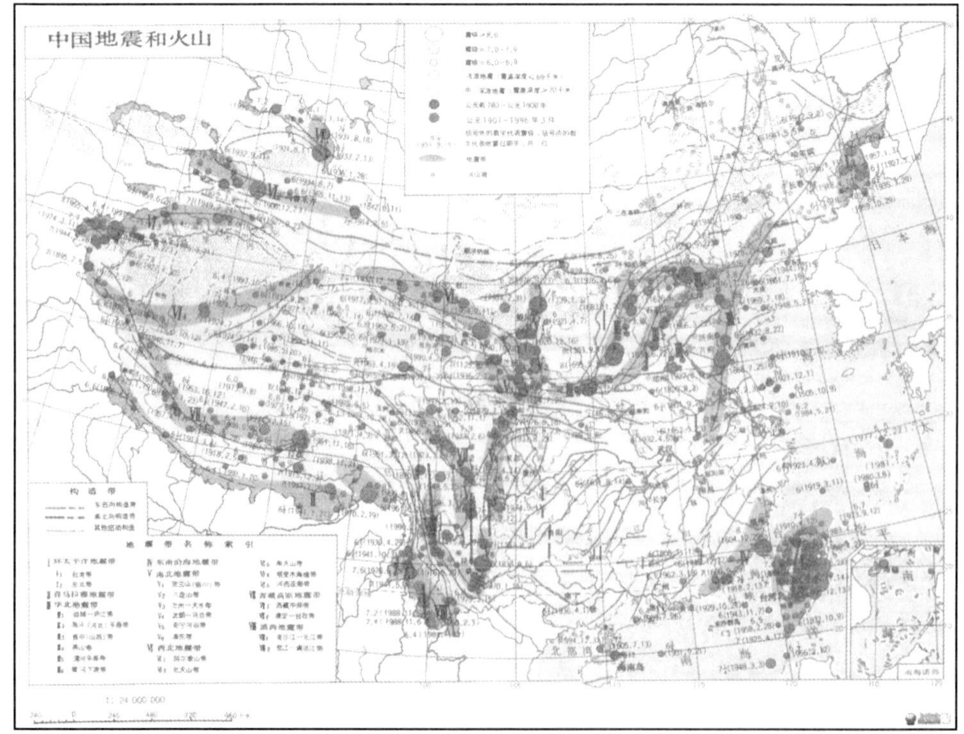

(a)全国活动断裂带分布图

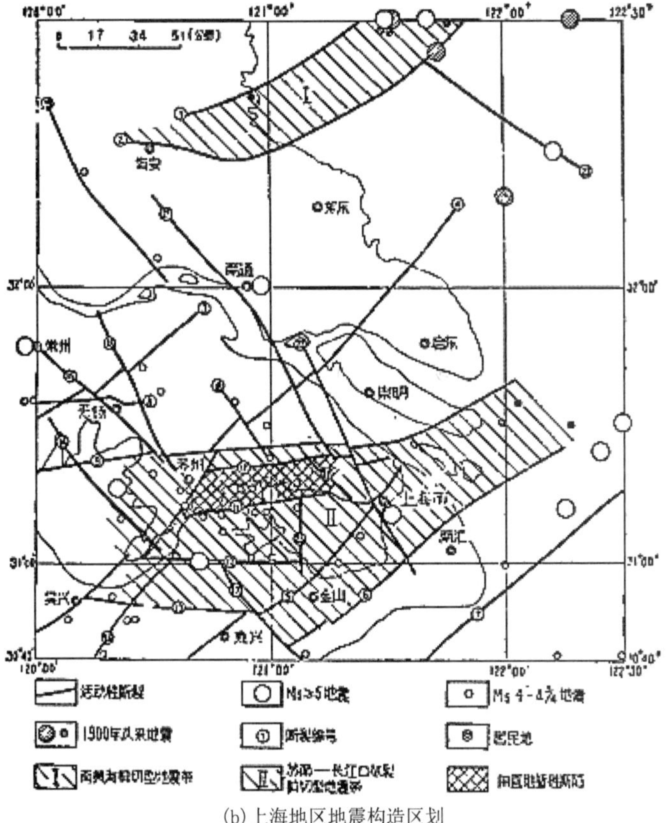

(b) 上海地区地震构造区划

图 9.7　中国及长三角地区地震构造区划图

这一地震带近代构造活动活跃，地震较为密集，在苏南东太湖、角直断陷和长江口区历史上和近代有多次生小于五级地震，对上海有直接影响，特别是上海市区尚有北东向的加兴—上海断裂和北西向的江心沙—奉城断裂通过。1624 年 9 月上海 5 级地震即发生在这两条断裂的交会点附近。表明上海地区的断裂在近代显示了一定的活动性，因此对断裂的继承性活动及由此可能导致的地震应予重视。从地震地质考虑，上海市有必要进一步加强抗震防震工作。在目前技术条件下，还不能通过设计手段予以预防。因此，需要对基坑工程进行地震相应分析。

按地质详勘报告，基坑工程建筑场地类别为 I 类，场地运行安全地震动 SL-1 取值为 0.1g，场地极限安全地震动 SL-2 取值 0.2g，地震动时程曲线如图 9.8 所示。

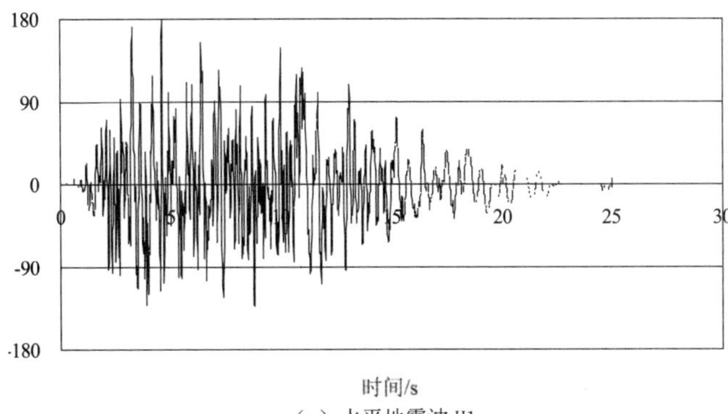

(a) 水平地震波 H1

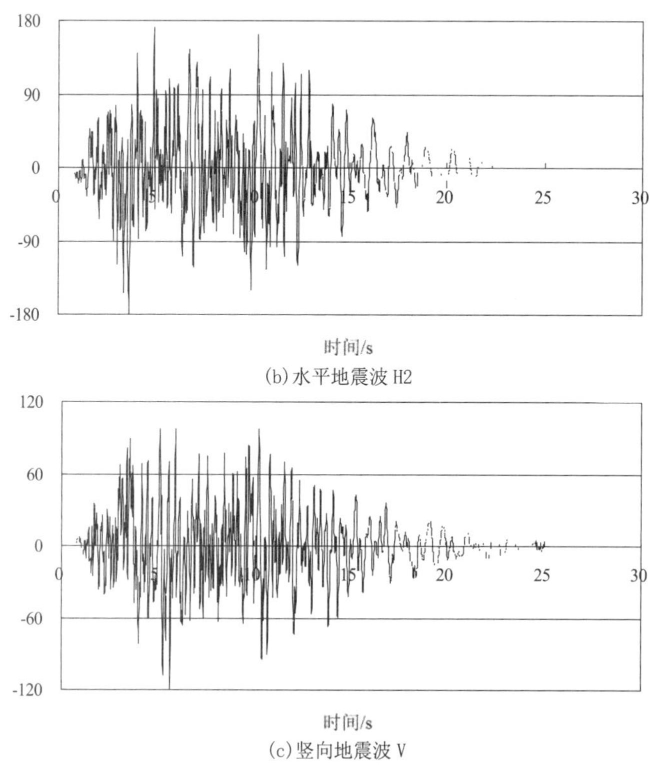

(b)水平地震波 H2

(c)竖向地震波 V

图 9.8　场地地震波时程曲线

（2）地震影响基坑稳定性验算

根据拟定的计算参数、水位、地震波等计算条件，计算模型如图 9.2 和图 9.3 所示。计算得到的最危险滑弧位置及最大位移如图 9.9 至图 9.11 所示。

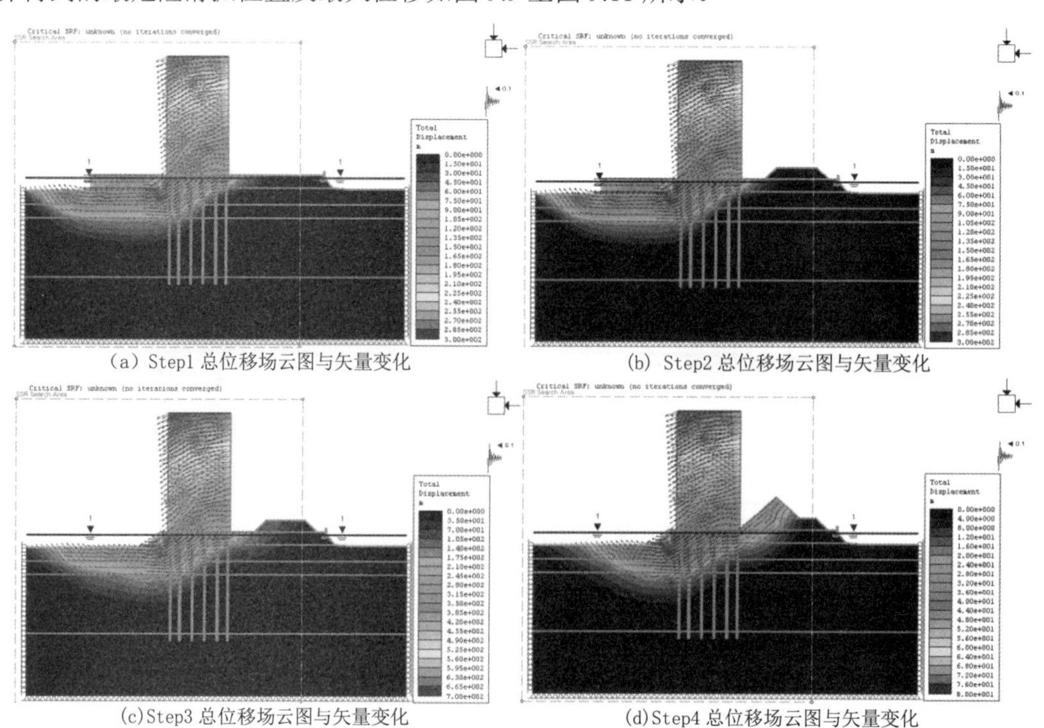

(a) Step1 总位移场云图与矢量变化

(b) Step2 总位移场云图与矢量变化

(c)Step3 总位移场云图与矢量变化

(d)Step4 总位移场云图与矢量变化

图 9.9　地震动 SL-1 总位移云图及位移矢量

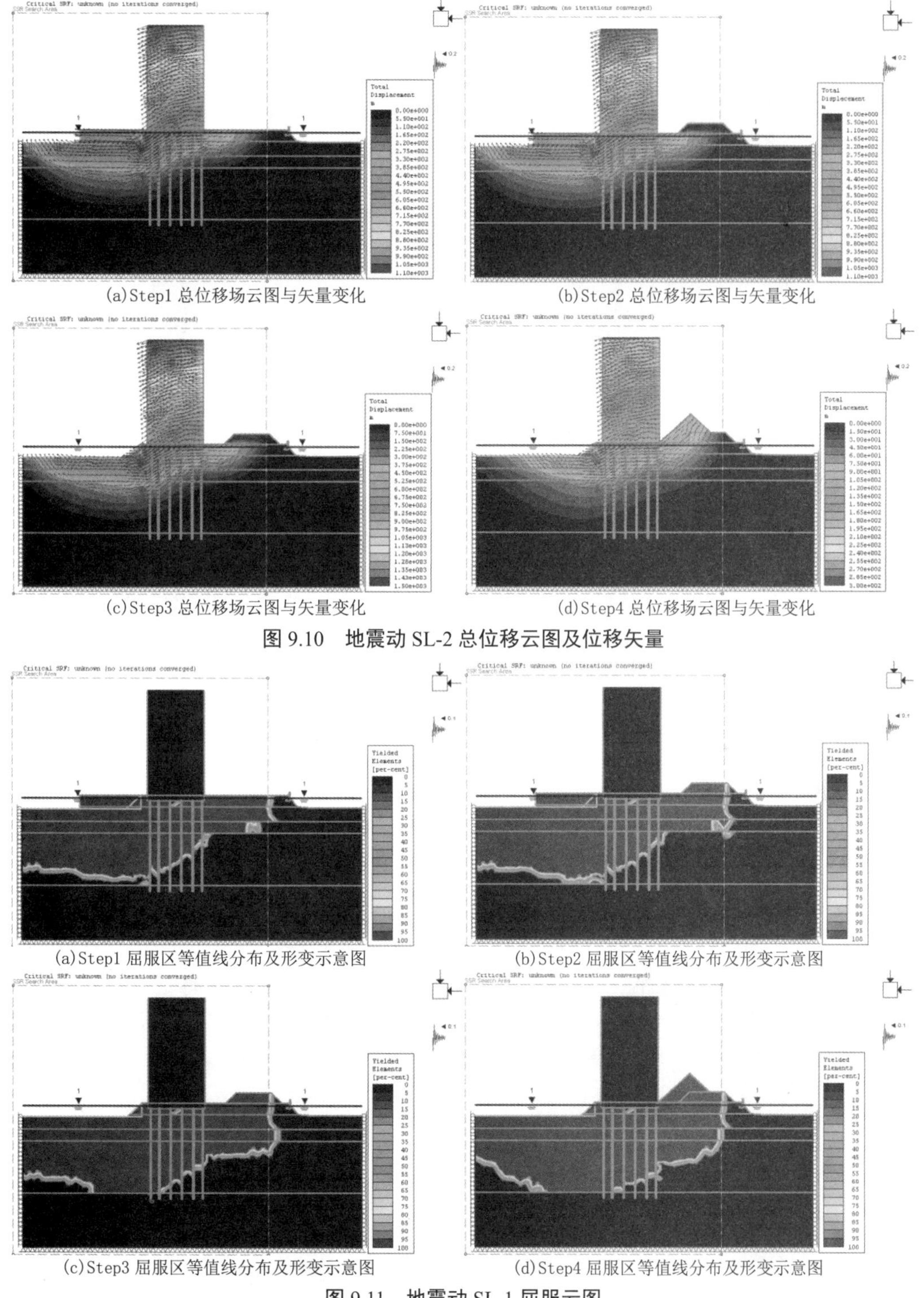

(a)Step1 总位移场云图与矢量变化　(b)Step2 总位移场云图与矢量变化

(c)Step3 总位移场云图与矢量变化　(d)Step4 总位移场云图与矢量变化

图 9.10　地震动 SL-2 总位移云图及位移矢量

(a)Step1 屈服区等值线分布及形变示意图　(b)Step2 屈服区等值线分布及形变示意图

(c)Step3 屈服区等值线分布及形变示意图　(d)Step4 屈服区等值线分布及形变示意图

图 9.11　地震动 SL-1 屈服云图

图 9.9 和图 9.10 所示地震动作用下的总位移场云图与矢量变化分布图分析表明，围堰邻海原设计边坡在平均最高水位及地震作用下的最小 SRF 小于 1，不满足规范要求，相比于不考虑地震动作用的时候，第一次基坑开挖即出现较大的位移，位移主要发生于楼房整体以及楼房与基坑之间，而最大位移矢量出现在楼房上部。

图 9.11 和图 9.12 所示地震动作用下屈服区等值线云图分析表明，由 Step1 图可知，在基坑、楼房、堆土下方形成整片的屈服区域，加速了坐落于屈服区域上楼房的倒塌。

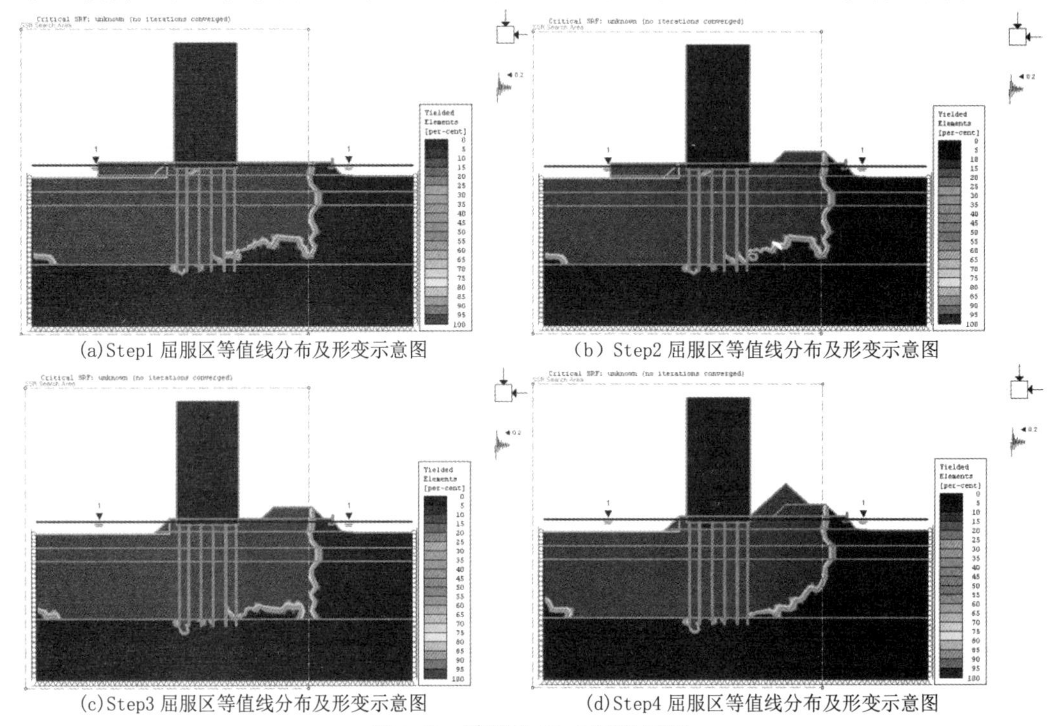

(a)Step1 屈服区等值线分布及形变示意图 (b) Step2 屈服区等值线分布及形变示意图

(c)Step3 屈服区等值线分布及形变示意图 (d)Step4 屈服区等值线分布及形变示意图

图 9.12 地震动 SL-2 屈服云图

图 9.13 和图 9.14 分析表明，基坑开挖与堆土使水位线发生了改变，在楼房两侧产生水压力差，出现偏离静水应力，从而引起了形变偏应力，加速楼房的倾斜。第一次基坑开挖南侧 PHC 桩即出现受压弯曲，北侧 PHC 桩受拉破坏，这与实际楼房倒塌情况是相符合的。

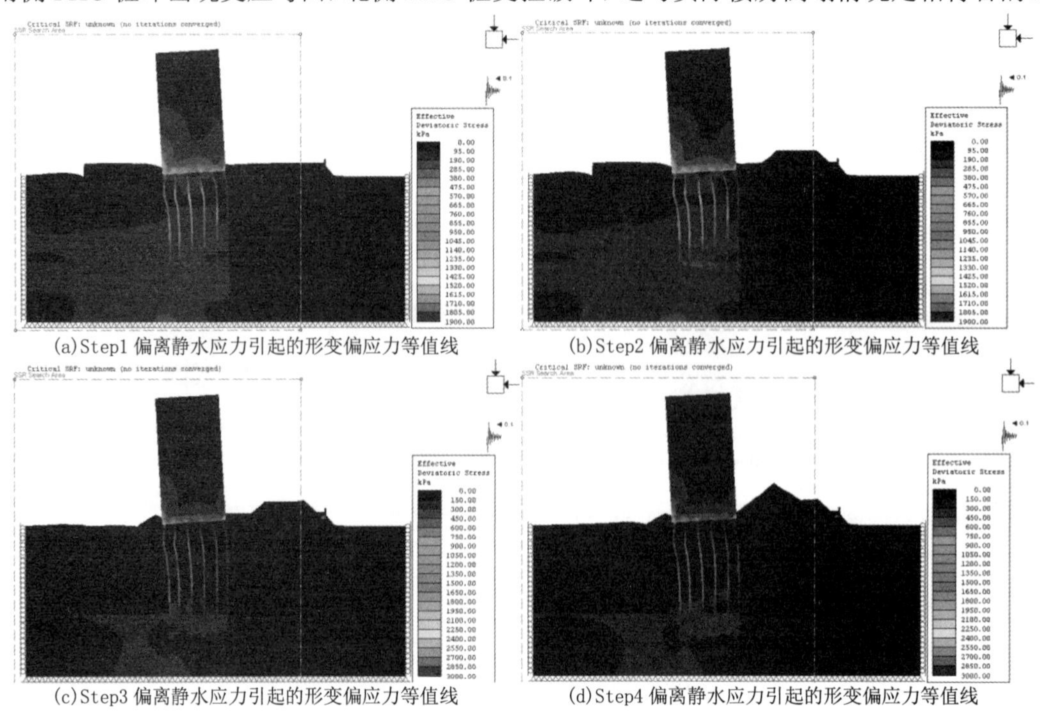

(a)Step1 偏离静水应力引起的形变偏应力等值线 (b)Step2 偏离静水应力引起的形变偏应力等值线

(c)Step3 偏离静水应力引起的形变偏应力等值线 (d)Step4 偏离静水应力引起的形变偏应力等值线

图 9.13 地震动 SL-1 有效偏应力云图

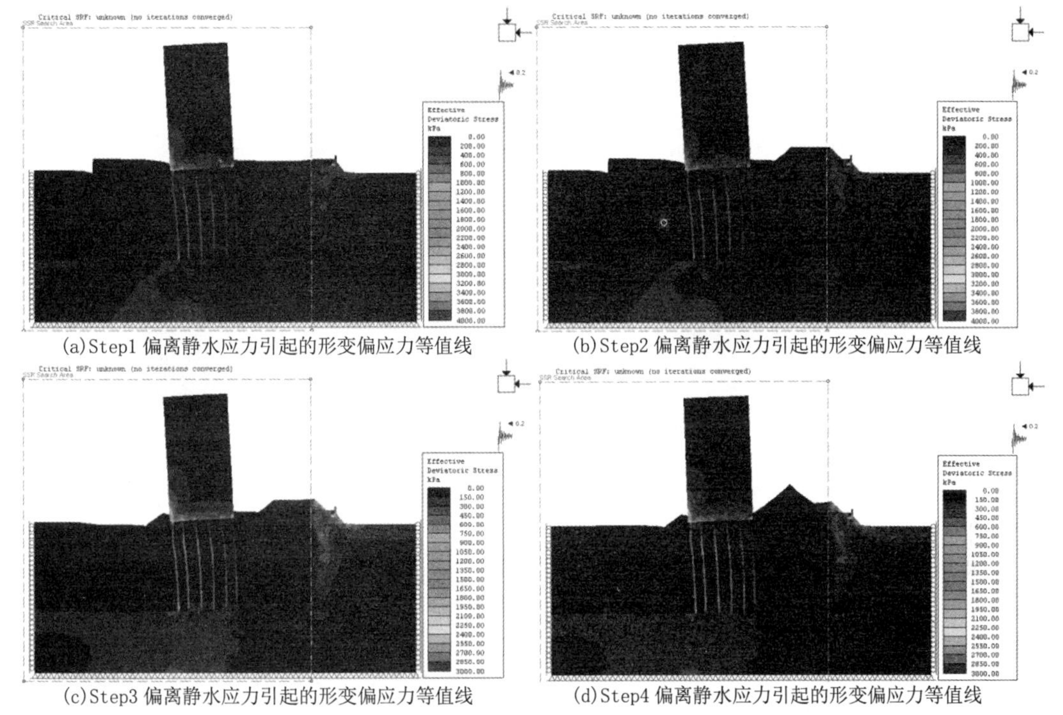

(a)Step1 偏离静水应力引起的形变偏应力等值线　(b)Step2 偏离静水应力引起的形变偏应力等值线

(c)Step3 偏离静水应力引起的形变偏应力等值线　(d)Step4 偏离静水应力引起的形变偏应力等值线

图 9.14　地震动 SL-2 云图有效偏应力云图

综上所述，从计算结果来看，地震动作用下基坑开挖边坡强度折减抗滑稳定验算的 SRF 最小值为 1，不满足规范要求，因此，有必要对其进行优化处理。

9.5　紧邻高楼基坑基础工程静力触探测试与评价

紧邻高楼基坑进行静力触探试验是一种原位测试手段，也是一种勘探判断土潮湿程度及重力密度的手段，它和常规的钻探—取样—室内试验等勘探程序相比，具有快速、精确、经济和节省人力等特点。此外，在采用桩基、地基工程勘察中，静力触探能准确地确定桩端持力层等特征，它也是一般常规勘察手段所不能比拟的。

9.5.1　静力触探试验的工作原理

静力触探的基本原理就是用准静力（相对动力触探而言，没有或很少冲击载荷）将一个内部装有传感器的触探头以匀速压入土中，由于地层中各种土的软硬不同，探头所受的阻力自然也不一样，传感器将这种大小不同的贯入阻力通过电信号输入到记录仪表中记录下来，再通过贯入阻力与土的工程地质特征之间的定性关系和统计相关关系，来实现取得土层剖面、提供浅基承载力、选择桩端持力层和预估单桩承载力等工程地质勘察的目的，如图 9.15 所示。

9.5.2　静力触探试验的适用范围

静力触探方法主要适用于黏性土、粉性土、砂性土。就黄河下游各类水利工程、工业与民用建筑工程、公路桥梁工程而言，静力触探适用于地面以下 50m 内的各种土层，特别是对于地层情况变化较大的复杂场地及不易取得原状土的饱和砂土和高灵敏度的软黏土地层的勘察，更适合采用静力触探进行勘察。

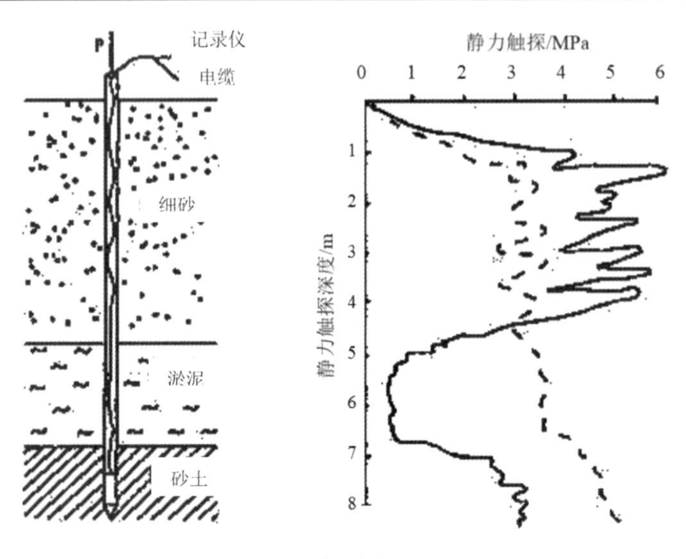

图 9.15 **静力触探试验原理（CPT）**

静力触探是工程地质勘察中一项原位测试方位，可用于：①划分土层判定土层类别查明软硬夹层及土层在水平和垂直方向的均匀性；②评价地基土的工程特性容许承载力，压缩性质不排水抗剪强度水平向固结系数饱和砂土液化势砂土密实度等；③探寻和确定桩基持力层预估打入沉桩可能性和单桩承载力；④检验人工填土密实度及地基加固效果。

9.5.3 静力触探试验成果应用

静力触探成果应用很广，主要可归纳为以下几方面：划分土层；求取各土层工程性质指标；确定桩基参数。

（1）划分土层及土类判别

根据静力触探资料划分土层应按以下步骤进行：

①将静力触探探头阻力与深度曲线分段。分段的依据是根据各种阻力大小和曲线形状进行综合分段。如阻力较小、摩阻比较大、超孔隙水压力大、曲线变化小的曲线段所代表的土层多为黏土层；而阻力大、摩阻比较小、超孔隙水压力很小、曲线呈急剧变化的锯齿状则为砂土，见表 9.4 和表 9.5。

表 9.4　静力触探试验确定砂土主要力学性指标

单桥静力触探 P_s 值/MPa	≤2.6	2.6＜P_s≤5	5＜P_s≤10	＞10
密实程度	松散	稍密	中密	密实
内摩擦角 ϕ/（°）	＜30	30～33	33～40	＞40
基床系数 k/（kN/m³）	＜10000	10000～20000	20000～50000	＞50000
比例系数 m/（kN/m⁴）	＜4000	4000～6000	6000～10000	＞10000

表 9.5　静力触探试验确定黏性土主要力学性指标

单桥静力触探 P_s 值/MPa	≤0.6	0.6＜P_s≤1.0	1.0＜P_s≤2.0	2.0＜P_s≤5.0	＞5.0
液性指数 I_L	I_L＞1	0.75＜I_L≤1	0.25＜I_L≤0. 75	0＜I_L≤0. 25	I_L≤0
塑性状态	流塑	软塑	可塑	硬塑	坚硬
不排水抗剪切强度 C_u/kPa	＜30	30～50	50～100	100～250	＞250
基床系数 k/（kN/m³）	＜5000	5000～15000	15000～30000	30000～50000	＞50000
比例系数 m/（kN/m⁴）	＜2000	2000～4000	4000～6000	6000～8000	＞8000

②按临界深度概念准确判定各土层界面深度。静力触探自地表匀速贯入过程中，锥头阻力逐渐增大(硬壳层影响除外)，到一定深度(临界深度)后才达到一较为恒定值，临界深度及曲线第一较为恒定值段为第一层；探头继续贯入到第二层附近时，探头阻力会受到上下

土层的共同影响而发生变化，变大或变小，一般规律是位于曲线变化段的中间深度即为层面深度，第二层也有较为恒定值段，以此类推。

③判断土的潮湿程度及重力密度。经过上述两步骤后，再将每一层土的探头阻力等参数分别进行算术平均，其平均值可用来定土层名称，定土层(类)名称办法可依据各种经验图形进行。还可用多孔静力触探曲线求场地土层剖面。

（2）求土层的工程性质指标

用静力触探法推求土的工程性质指标比室内试验方法可靠、经济，周期短，因此很受欢迎，应用很广。可以判断土的潮湿程度及重力密度、计算饱和土重力密度 γ_{sat}、计算土的抗剪强度参数、求取地基土基本承载力 f_0、用孔压触探求饱和土层固结系数及渗透系数等。

（3）在桩基勘察中的应用

用静力触探可以确定桩端持力层及单桩承载力，这是由于静力触探机理与沉桩相似。双桥静力触探远比单桥静力触探精度高，在桩基勘察中应优先采用，如图 9.16 所示。

图 9.16　倒塌楼房地基静力触探试验

9.5.4　原位测试在基坑检测监测与分析

原位测试在基坑检测监测可以进行搅拌桩质量检测和寻找滑移面。原位测试寻查滑移面，2009 年 6 月 27 日早上 5 时 40 分左右，在建“莲花河畔景苑”7＃楼发生向南整体倾覆事故如图 9.17 所示。

图 9.17　楼房倒塌地基破坏情况

为查明事故技术原因，进行了现场静力触探试验。检测成果表明：位于倒塌楼房地基上的 3 个测孔地面下 18.4m，21.5m 和 17.5m 处出现滑移面，而倒塌楼房地基外 3m 处的 3 个测孔无明显滑移面。

可见，上述静力触探测试成果，滑动面的位置基本上与前面章节的数值模拟分析基本吻合，表明在基坑开挖、楼房载荷、二次堆土和降雨、河流渗流等因素作用下，倒塌楼房地基基础土层出现了大范围的屈服破坏区，随着地基土层的严重挤压，南侧 PHC 桩即出现受压弯曲，北侧 PHC 桩受拉破坏，加速了坐落于屈服区域上楼房的倒塌。

9.6 本章小结

本章对基坑开挖过程中，对基坑进行了强度折减稳定性验算以及地震动力响应稳定性验算，获得结论如下：

①在考虑地层强度折减的情况下，第一次开挖和第一次堆土对开挖近处土体造成高层建筑的影响不大；随着基坑的第二次开挖，位移主要发生于楼房整体以及楼房与基坑之间，而最大位移矢量出现在楼房上部，在基坑、楼房、堆土下方形成整片的屈服区域加速了坐落于屈服区域上楼房的倒塌。南侧 PHC 桩即出现受压弯曲，北侧 PHC 桩出现受拉破坏。

②在地震作用的影响下，第一次基坑开挖即出现较大的位移，位移主要发生于楼房整体以及楼房与基坑之间，而最大位移矢量出现在楼房上部；楼房、堆土下方形成整片的屈服区域；南侧 PHC 桩即出现受压弯曲，北侧 PHC 桩出现受拉破坏，表明地震作用对基坑开挖的影响巨大，如遇地震，有必要对基坑进行抗震设计。

③现场静力触探试验检测成果表明：位于倒塌楼房地基上的 3 个测孔，静力触探试验揭示了地面下 18.4m，21.5m 和 17.5m 处出现滑移面，而倒塌楼房地基外 3m 处的 3 个测孔无明显滑移面。

④在考虑地层强度折减有限元模拟分析的情况下，有效地揭示了倒塌楼房地基出现大范围屈服破坏区，随着地基土层的严重挤压，南侧 PHC 桩即出现受压弯曲，北侧 PHC 桩出现受拉破坏，加速了坐落于屈服区地基上的楼房倒塌于开挖的基坑中。

第 10 章　高层框剪结构商场写字楼设计

高层框剪结构商场写字楼工程综合设计主要分为建筑设计和结构设计。建筑设计包括建筑物的总体造型、各空间的功能、分体系的空间形式及性能确定、分体系相互配合形成一个完整的建筑设计，结构设计主要进行结构技术性能方面的工作，构件的受力分析及构件设计。以及建筑结构相关各种性能指标强度、刚度、稳定性等。高层框剪结构商场写字楼工程综合设计，建筑工程地上 22 层（商场分为 3 层），地下室 2 层，平面整体布局基本呈十字形。其中，1 层为矩形，1 层建筑室外地面标高-0.45m，建筑顶部屋面为非上人屋面，屋面挑檐出挑为 0.2m、高为 0.2m，地面建筑总高度为 87.6m，建筑总长度为 141.6m，总宽度为 54.6m，建筑总面积约为 46000m^2。

10.1　高层建筑设计

10.1.1　设计思路与技术路线

高层建筑是反映这个城市经济繁荣与社会进步的重要标志，特别是进入 20 世纪 90 年代以来，随着社会与经济的蓬勃发展，尤其是城市建设的发展，要求建筑物所能达到的高度与规模不断增加。同时，高层建筑可以部分解决城市用地紧张和地价高涨的问题，能够提供更多的空闲地面，有利于美化环境，而且水平交通与竖向交通相结合，使人们在地面上的活动走向空间化，节约了时间，增加了效率。

建筑设计主要包括：底层平面、标准层平面、正立面、侧立面和剖面设计和总平面图。结构设计主要包括：钢筋混凝土剪力墙结构设计，重点掌握水平地震作用、风载荷及竖向载荷作用下结构的内力计算和组合，并完成相应的配筋及计算。

10.1.2　设计资料

（1）工程名称。工程名称为高层框剪结构商场写字楼。

（2）自然条件。①地区基本风压 0.45kN/m^2；②地区基本雪压 0.40kN/m^2；③地震设防烈度：6 度；④场地类别：III类，地面粗糙类别 C 类；⑤主导风向：西南风。

（3）建筑总平面图（如图 10.1）

（4）工程地质条件

在本工程中用到的一些主要岩土参数的取值参见表 10.1。主要岩土地层水平分布，其中杂填土厚度 2m，砂土厚度 8m，砂夹砾石土厚度 40m，以下为坚硬的基岩层，有地下水。

表 10.1　建筑地层一览表（标准值）

地层及岩性	天然密度	干密度	抗剪强度		变形强度		允许坡降	允许承载力	边坡比	
			抗剪强度		压缩模量	变形模量			临时	永久
			内摩擦角	凝聚力						
	g/cm^3		(°)	MPa	MPa	MPa		MPa		
杂填土	1.30～1.40	1.15	3～4.5	0.03～0.04	2～3			0.05～0.08	1:1.5～1:1.75	1:1.75～1:2.00
砂夹砾石	2.02	1.67	28～31	0	22～25	25～27	0.20～0.25	0.26～0.32	水上 1:1 水下 1:1.5	水上 1:1 水下 1:1.5
砂	1.91	1.55	24～26	0	16～19	13～15	0.25～0.30	0.20～0.26	水上 1:1 水下 1:1.5	水上 1:1 水下 1:1.5

10.1.3　工程概况

高层建筑是集商场和办公为一体的综合性建筑，地下室 2 层，主要功能为地下停车场、设备间等；地上 22 层，1~3 层为商场，4~21 层为综合办公，办公区形式采用塔式，多半为灵活办公区。本建筑总高度为 87.8m，总长度为 141.6m，总占地面积为 7665.84m^2，总建筑面积为 88704.6m^2。大底盘的建筑面积为 22997.52m^2；办公区的面积为 65707.2m^2。见图 10.1 所示。

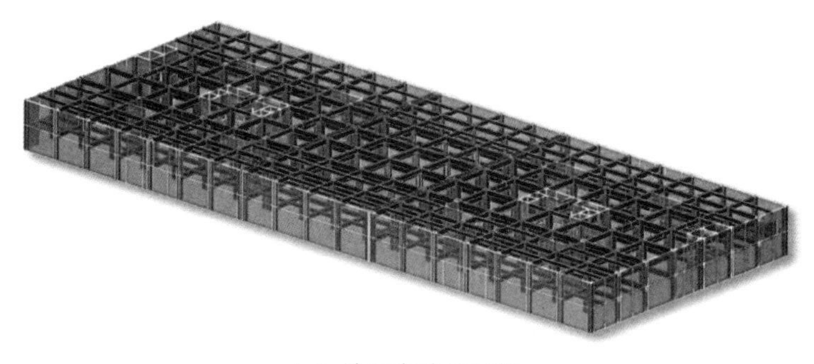

（a）地下室建筑结构

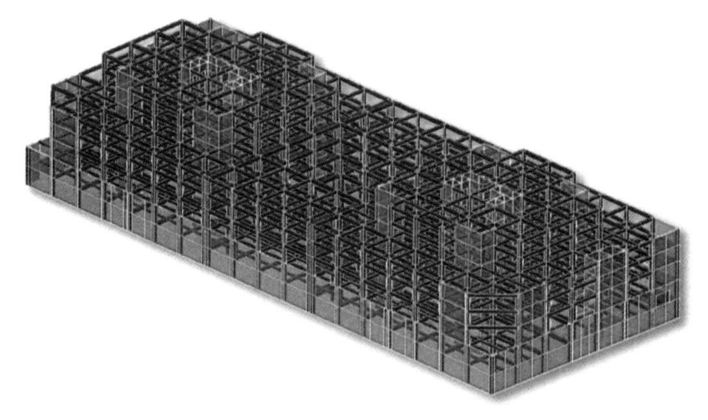

（b）地面商城建筑结构

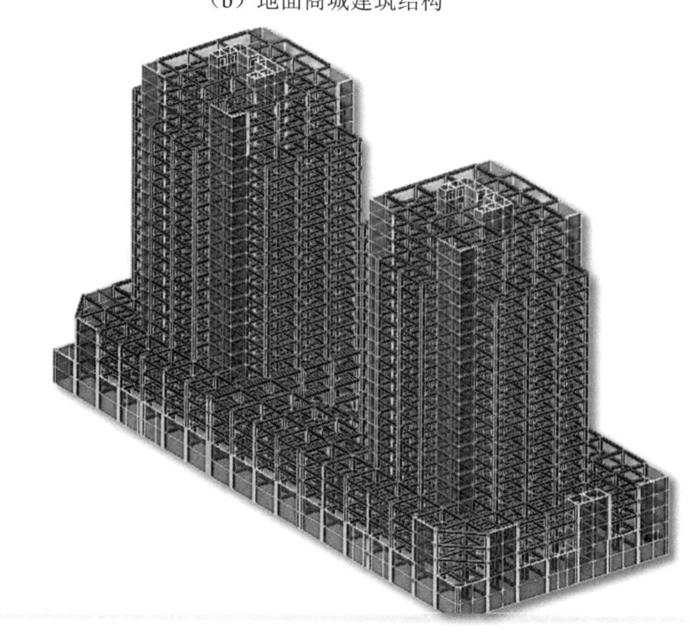

（c）商住建筑结构

图 10.1　高层建筑结构示意图

10.1.4　建筑设计原理

根据设计任务书及宾馆的功能要求，在进行平、立、剖设计中，要综合考虑到房间布局，通风，采光，防火，隐私等各个方面，在满足上述要求的同时要兼顾建筑美观。

（1）平面设计。①使用部分平面设计。建筑物内部的使用部分，主要体现该建筑物的使用功能，因此满足使用功能的要求是确定其平面面积和空间形状的主要依据。其中包括：需使用的设备及家具所需占用的空间；人在该空间中进行相关活动所需占用的空间；同时要满足采光、通风及热工、声学、消防等方面的综合要求。②交通联系部分平面设计。一般来说，建筑物的交通联系部分的平面尺寸和形状的确定，可以根据以下方面进行考虑：满足使用高峰时段的人流、货流通过所需占用的安全尺度；紧急情况下规范所规定的疏散要求；方便各使用空间之间的联系；满足采光、通风等方面的要求（见图 10.2 至图 10.6）。

（2）剖面设计。建筑物的剖面反映建筑物的各部分在垂直方向上的组合关系。剖面设计主要分析建筑物各个部分应有的高度、建筑层数、建筑空间的组合和利用，以及建筑剖面中的结构和构造关系。剖面设计是在平面设计的基础上进行的。在进行剖面设计时，进一步确定建筑的空间组成，并对建筑的平面做进一步的处理，使建筑物的各部分应尽量做到结构布置合理，有效利用空间，建筑体型美观。一般情况下可以将使用性质近似、高度又相同的部分放在同一层内；空旷的大空间尽量放在建筑的顶层，避免放在底层形成“下柔上刚”的结构或放在中间层造成结构刚度的突变。在剖面设计时，还需确定层高，并考虑建筑的垂直交通联系部分，如楼梯的形式，踏步、踢步等的高度，电梯的布置和数量等。

（3）立面设计。立面设计是对建筑物的各个立面及外表面所有的构件，例如暴露的门窗梁、柱，门窗、雨蓬、遮阳等的形式、比例关系和表面的装饰效果等进行仔细的推敲。设计时根据初步设计的建筑内部空间组合的平剖关系，例如房间的大小和层高，构件的构成关系和尺寸、适合开门窗的位置等，先绘制出建筑物各立面的基本轮廓，作为下一步调整的基础。然后，再在进一步推敲各个立面之间的连续关系，并且对立面的各个细部特别是门窗的大小、比例尺寸、位置以及各个突出物的形状等进行必要的调整。最后，还应该对特殊部位，例如出入口等做特殊处理，并且确定立面的色彩和装饰用料。

（4）建筑防火设计。本设计参考《建筑设计防火规范》（GBJ16—87），防火设计的内容包括：总平面布置和平面布置，防火和防烟，安全疏散布置等。《建筑设计防火规范》（GBJ16—87）把民用建筑分为四类，本建筑是高度不超过 24m 的普通旅馆，其耐火等级不应低于二级。①总平面图和平面布置。根据规范要求，会议厅、观众厅、多功能厅等人员集聚的地方应设置在首层或二层、三层，便于高层建筑中大量人员的疏散及火灾发生时组织人流疏散，所以本次设计将会议室、小卖部、餐厅等设置在首层，满足规范的要求。商场写字楼与周围建筑的间距满足防火间距最小为 6m 的要求。另外该宾馆短边长 16.2m，无需设置消防车道。②防火分区。防火规范规定，二类建筑每个防火分区的建筑面积不得超过 1500m^2，当设置自动灭火系统时，防火分区面积可增加一倍，即为 3000 m^2，商场写字楼设计的每层建筑面积为 1200.4m^2，未超过 1500m^2，因此每层为一个防火分区不做分割。③防烟分区。每个防烟分区的面积不得超过 500m^2，且不得跨越防火分区。④疏散设计。发生火灾时，人员往往在远离地面的高层。为了尽快疏散，路线简单明了，同时三部楼梯分开，人流可以朝三个方向疏散。安全疏散距离。规范规定房间门或住宅户门至最近的外部出口或楼梯间的最大距离为：位于两个安全出口之间的房间，30m；位于袋型走廊两侧或尽端的房间，15m。为了满足该要求，客房靠近楼梯布置，且设置了三部楼梯。

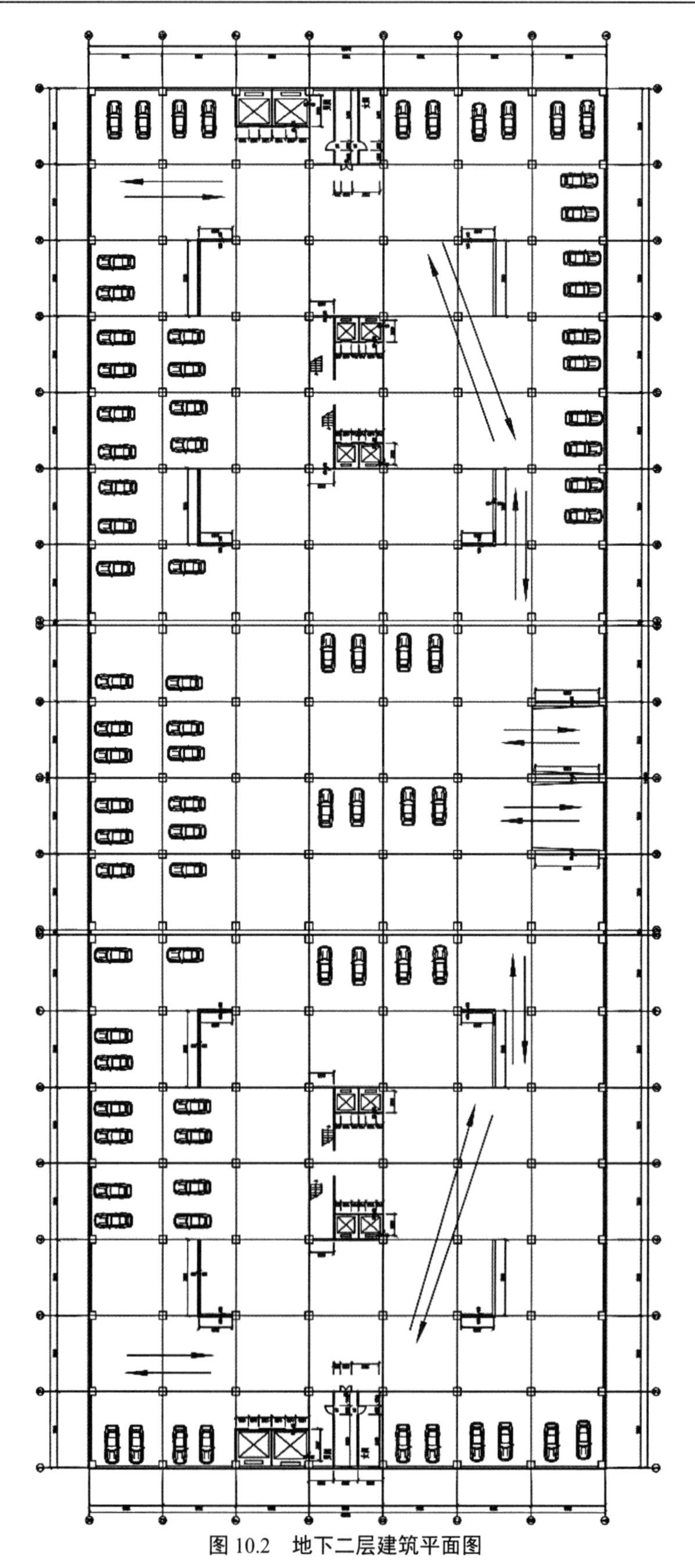

图 10.2　地下二层建筑平面图

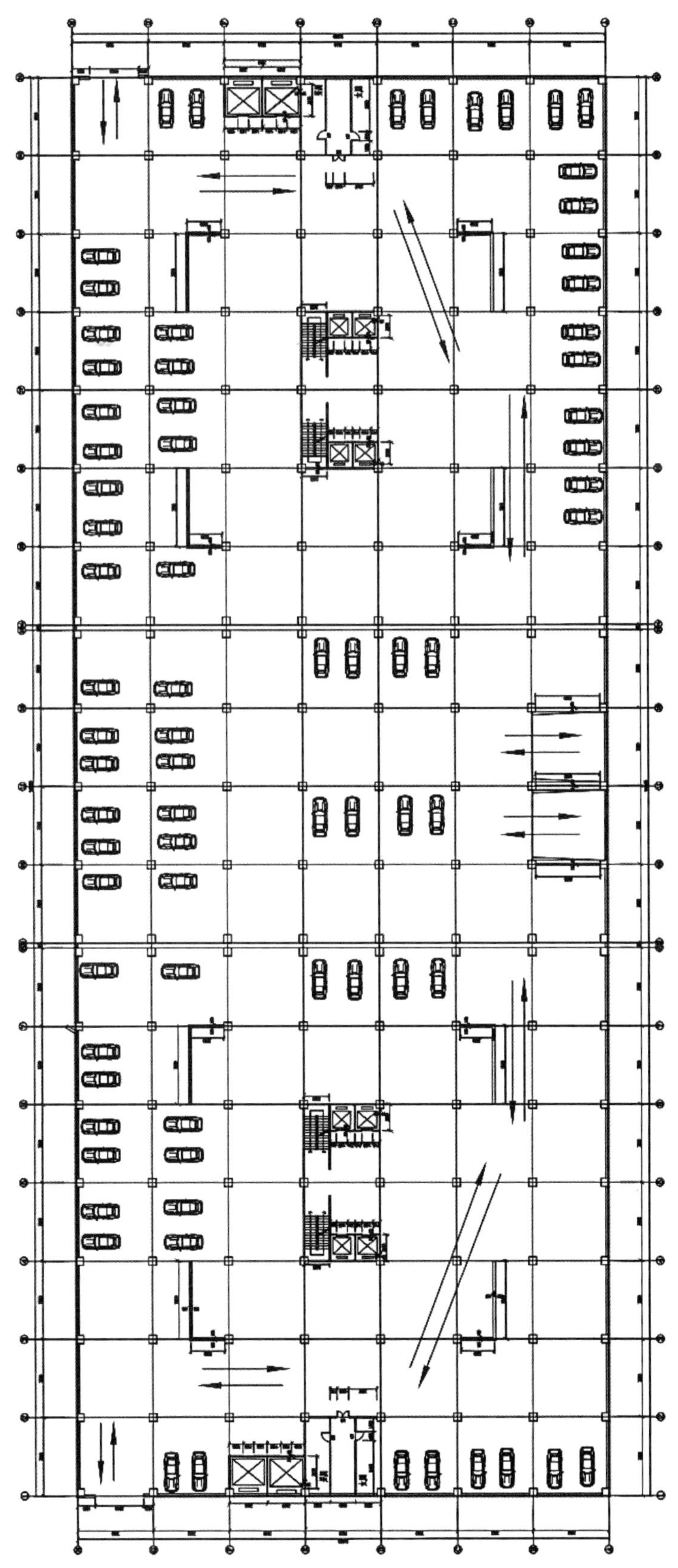

图 10.3　地下一层建筑平面图

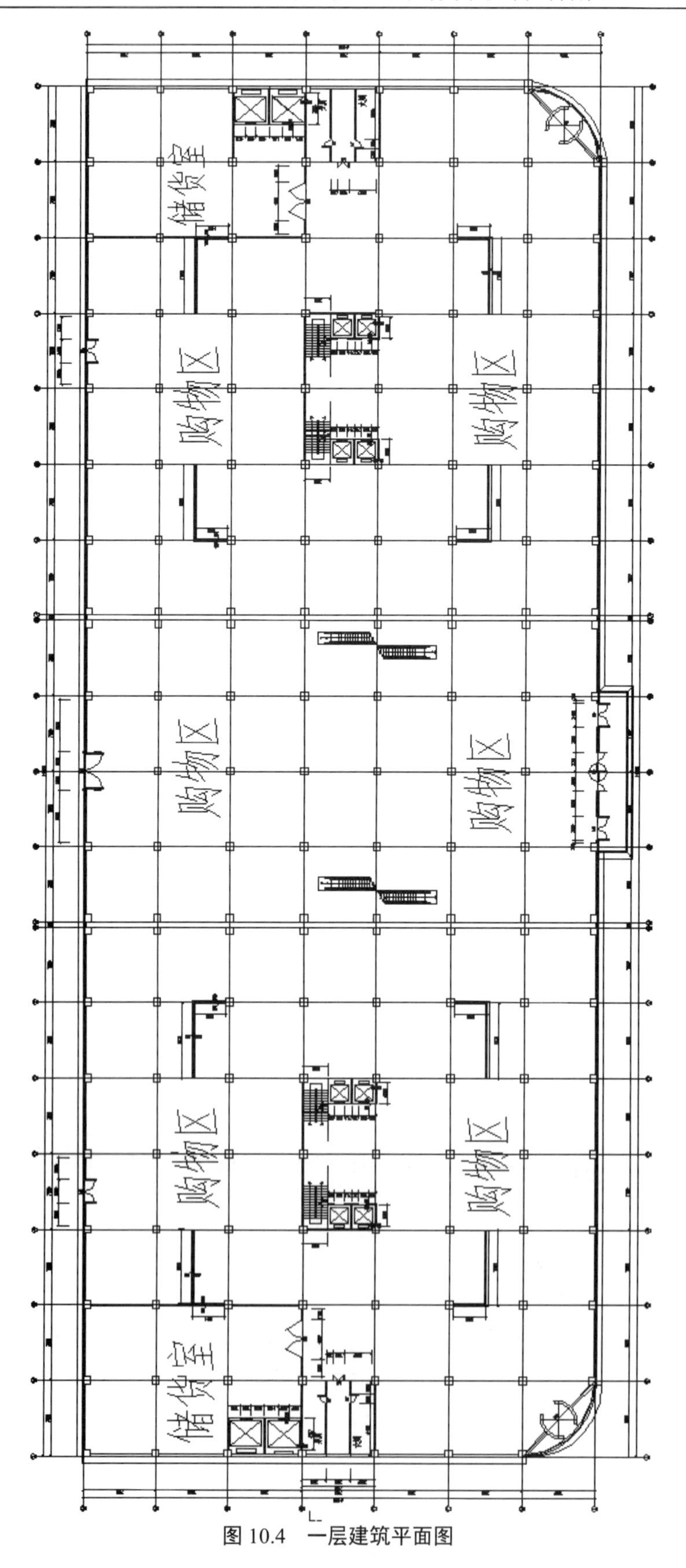

图 10.4　一层建筑平面图

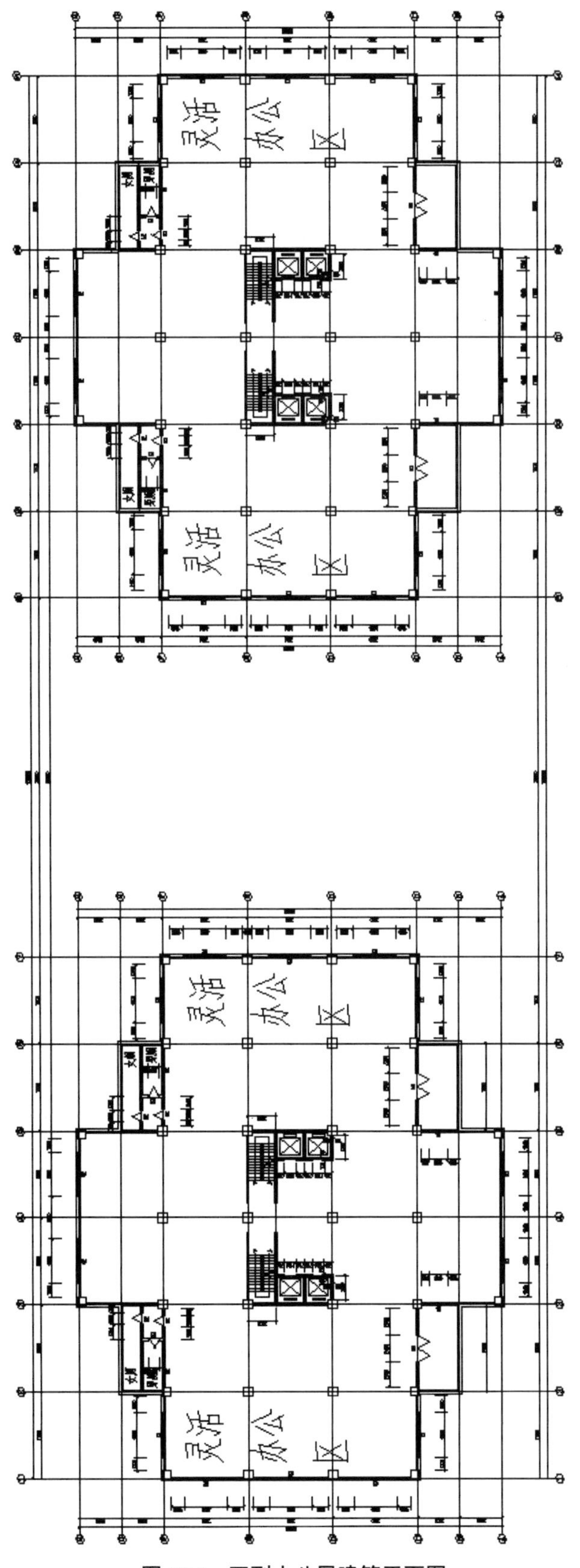

图 10.5　四到十八层建筑平面图

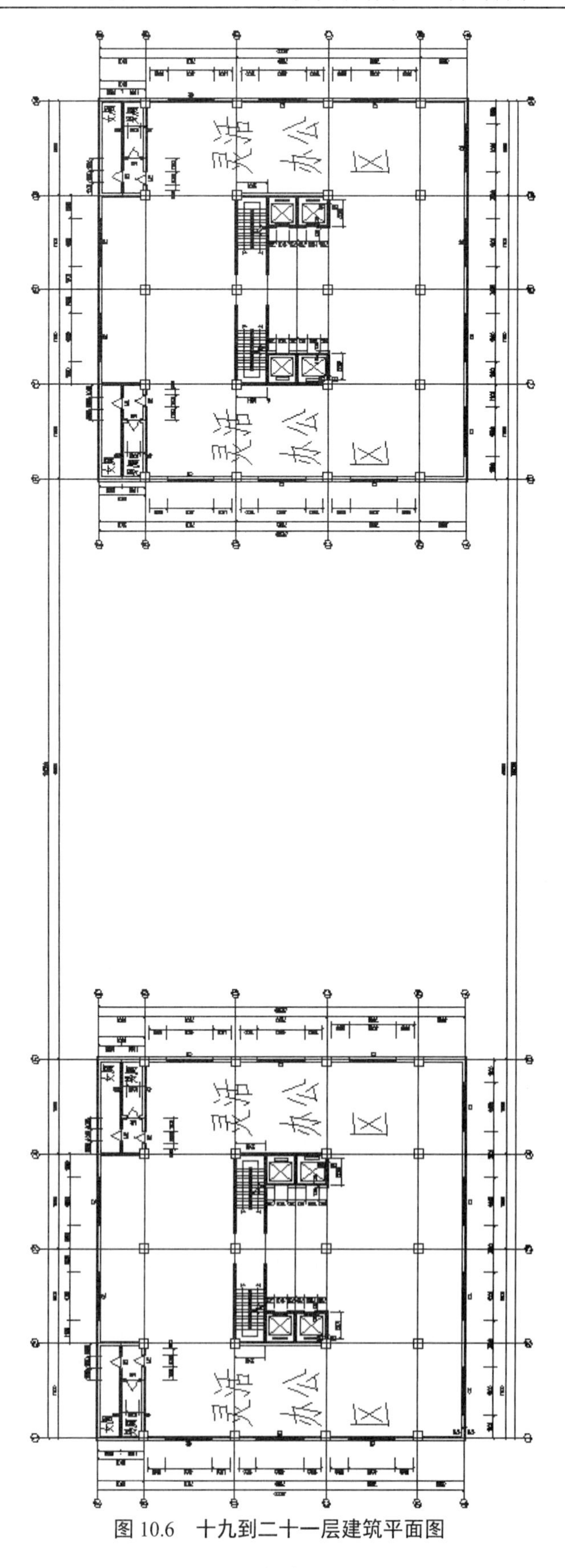

图 10.6　十九到二十一层建筑平面图

10.1.5　工程构造

（1）基础。采用条形基础下的桩筏基础。

（2）墙体。由于本工程为框架结构，因此墙体均选择非承重填充墙。目前，在建筑中常使用的外墙保温主要有内保温、外保温、内外混合保温等方法。本设计外墙采用轻质粘土陶粒制成的混凝土空心砌块，由于它具有防火、质轻、高强、隔热、防潮等优点，最适合于高层建筑墙体材料，因此，以它作为外墙保温材料。外墙内墙均采用 200mm 厚混凝土空心砌块。①外墙的具体做法。外墙弹性涂料；刷冷底子油，刮柔性腻子；8mm 厚 1:2.5 防裂水泥砂浆粉面层；粘贴 100mm 厚挤塑聚苯板保温层；2mm 厚专用黏合剂；10mm 厚 1:3 水泥保温砂浆；200mm 厚混凝土砌块；20mm 厚 1:3 水泥砂浆抹面（见图 10.7）。②内墙具体做法。内墙涂料；20mm 厚 1:2.5 水泥砂浆找平；200mm 厚混凝土空心砌块；20mm 厚 1:2.5 水泥砂浆抹底，1:3 水泥砂浆抹面；刷一道加气混凝土界面处理剂。

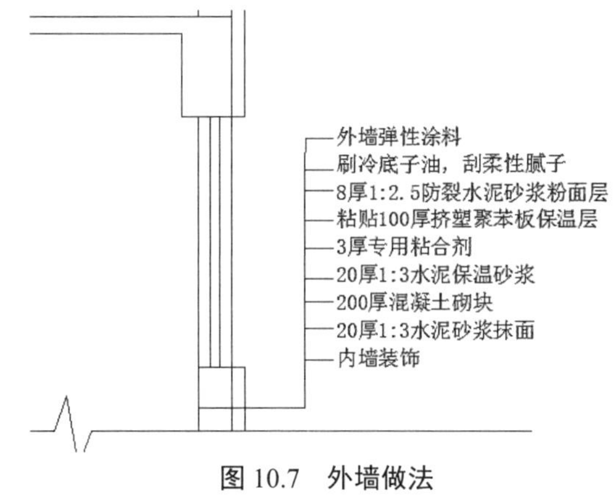

图 10.7　外墙做法

（3）门窗。①建筑外门窗抗风压性能分级为 4 级，气密性能分级为四级，水密性能分级为五级，保温性能分级为八级，隔声性能分级为三级。②门窗玻璃的选用应遵照《建筑玻璃应用技术规程》和《建筑安全玻璃管理规定》发改运行（2003）2116 号及地方主管部门的有关规定。③门窗立面均表示门洞尺寸，门窗加工尺寸要按照装修面厚度，由承包商予以调整进行。④门窗立樘：外门窗立樘详见墙身节点图，内门窗立樘除图中另注明外，立樘位置为居中设置，管道竖井门设门槛高 200mm。⑤门窗选料、颜色、玻璃门窗五金件要求为上等成品。⑥公共走廊上疏散用的平开防水门应设闭门器，双扇平开防火门安装闭门器和顺序器，常开防火门须安装信号控制关闭和反馈装置。

（4）女儿墙：墙高 600mm，墙体采用 200 mm 厚混凝土空心砌块，并采用 100mm 厚细石混凝土压顶。

（5）屋面排水：屋面设计为平屋面，屋面设置为缓坡，坡度 2%。

（6）楼地面构造：办公楼楼面构造；商场楼面构造；地下停车场楼面构造。①办公楼楼面构造：面层装饰；10mm 厚地砖地面干水泥擦缝，撒水泥面；30mm 厚 1:3 干硬性水泥砂浆结合层（内掺建筑胶）；150mm 厚混凝土结构层；60mm 厚 CL7.5 轻集料混凝土垫层；20mm 厚抹灰层为混合砂浆。②商场楼面构造：面层装饰；10mm 厚地砖地面干水泥擦缝，撒水泥面；30mm 厚 1:3 干硬性水泥砂浆结合层（内掺建筑胶）；180mm 厚混凝土结构层；60mm 厚 CL7.5 轻集料混凝土垫层；20mm 厚抹灰层为混合砂浆。③地下停车场楼面构造：面层装饰；10mm 厚地砖地面干水泥擦缝，撒水泥面；30mm 厚 1:3 干硬性水泥砂浆结合层（内掺建筑胶）；200mm 厚混凝土结构层；60mm 厚 CL7.5 轻集料混凝土垫层；20mm 厚抹灰层为混合砂浆。

（7）屋面构造：30mm 厚 C20 细石混凝土保护层；防水性（柔性）SBS 改性沥青防水卷材；100mm 厚聚苯板保温层；15mm 厚 1:6 水泥礁渣砂浆找坡层；15mm 厚 1:3 水泥砂浆找平；一毡二油隔气层；150mm 厚现浇钢筋混凝土板；20mm 厚 1:2.5 水泥砂浆抹底；屋顶涂料。

（8）楼梯：采用现浇式钢筋混凝土梁板式楼梯。标准层中部楼梯的计算（层高 4.0m）：①楼梯梯段宽度：3650mm；1725mm；200mm 为两梯段之间的空隙，楼梯净宽 1.7m，满足疏散楼梯允许最小净宽 1.2m 要求。②楼梯梯段长度：该楼梯为双折等跑楼梯；每跑高 1800mm，踏步数 12 个，踢面高 150mm，满足旅馆建筑踏步的最大高度不超过 160mm 的要求。踢面宽 300mm（满足大于 280mm 的要求），则梯段长度为 3300mm。③平台深度：楼梯间进深尺寸为 6900mm，取中转平台深度为 1800mm，则楼层平台深度为 1800mm。

首层中部楼梯的计算（层高 4.8m）：①楼梯梯段宽度：3650mm、1725 mm 两梯段之间的空隙为 200mm，楼梯净宽 1.7m，满足疏散楼梯允许最小净宽 1.2m 要求。②楼梯梯段长度：每跑高 2100mm，踏步数 14 个，踢面高 150mm，满足旅馆建筑踏步的最大高度不超过 160mm 的要求。设踢面宽 300mm（满足大于 280mm 的要求），则梯段长度为 3640mm。③平台深度：楼梯间进深尺寸为 6900 mm，取中转平台深度为 1460 mm，则楼层平台深度为 1800mm。

（9）踢脚：采用水泥砂浆踢脚。

（10）雨蓬：在商场正门的雨篷采用钢筋混凝土制成，外伸长度为 1.2m，雨蓬采用悬挑形式。

10.2　高层建筑结构设计

10.2.1　结构平面的布置和方案选取

选择合理的抗侧力结构体系，进行合理的结构或构件布置，使之具有较大的抗侧刚度和良好的抗风、抗震性能，是结构设计的关键。同时还须综合考虑建筑物高度、用途、经济及施工条件等因素。常见的竖向承重体系包括砖混结构体系、框架结构体系、剪力墙结构体系、框架-剪力墙结构体系及筒体结构体系等。综合考虑，本设计决定采用框架结构体系。框架结构体系由梁柱连接而成，其具有建筑平面布置灵活、造型活泼等优点，可以形成较大的使用空间，易于满足多功能的使用要求。在结构受力性能方面，框架结构属于柔性结构，自振周期长，地震反应较小，经合理设计可具有较好的延性性能。其缺点是结构抗侧刚度较小，在地震作用下侧向位移较大。高层建筑为办公楼，房间布局较为整齐规则，结构采用 H 形，对称布局，柱网布置形式详见结构平面图。由于通常横向框架的间距相同，作用于各横向框架上的载荷相同，框架的抗侧刚度相同，因此，各榀横向框架都将产生相同的内力与变形，结构设计时一般取中间有代表性的一榀横向框架进行分析即可。高层结构平面图如图 10.8 至图 10.11。

10.2.2　构件尺寸和自重的计算

（1）构件尺寸

①楼板：根据平面布置及规范规定，以及使用条件的约束，选择板厚。标准办公楼板取为 120mm；商场板取为 120mm；地下室顶板取为 200mm。

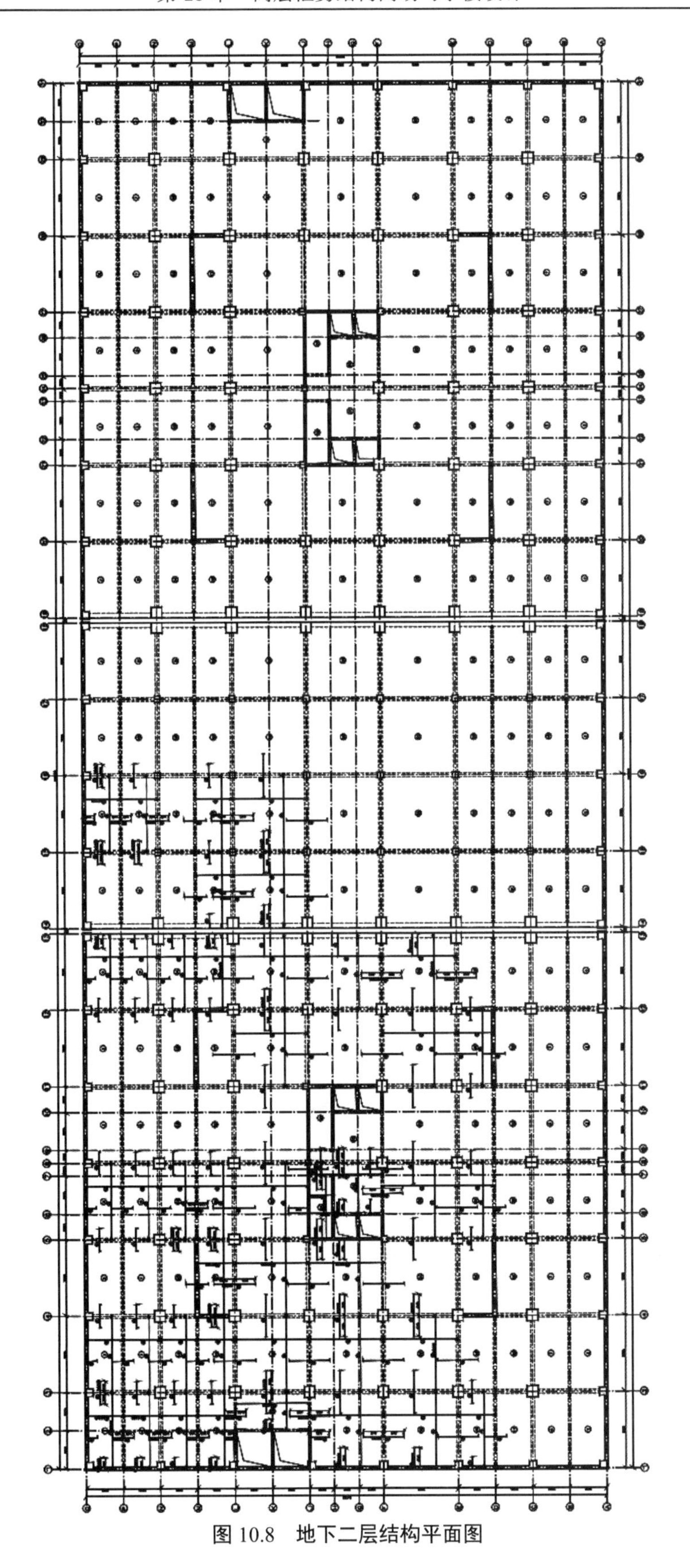

图 10.8　地下二层结构平面图

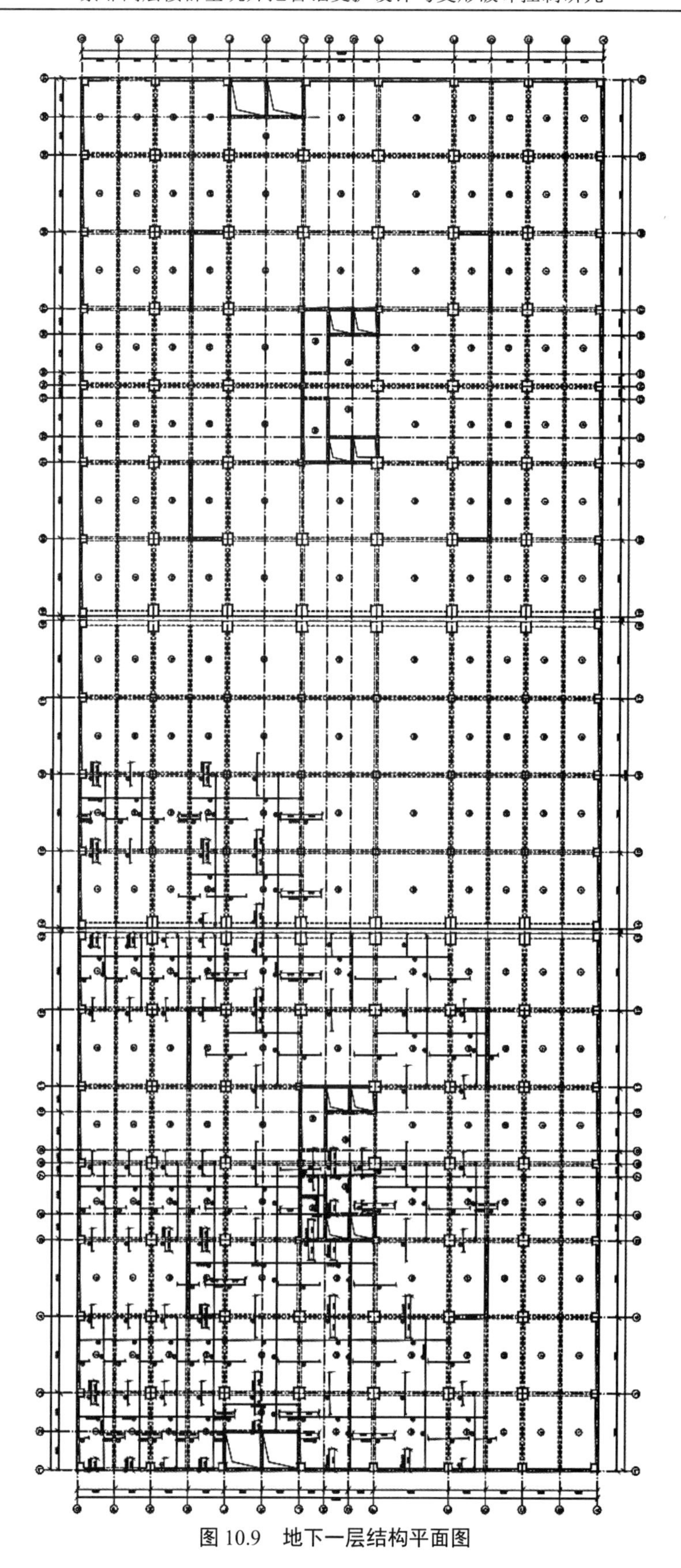

图 10.9　地下一层结构平面图

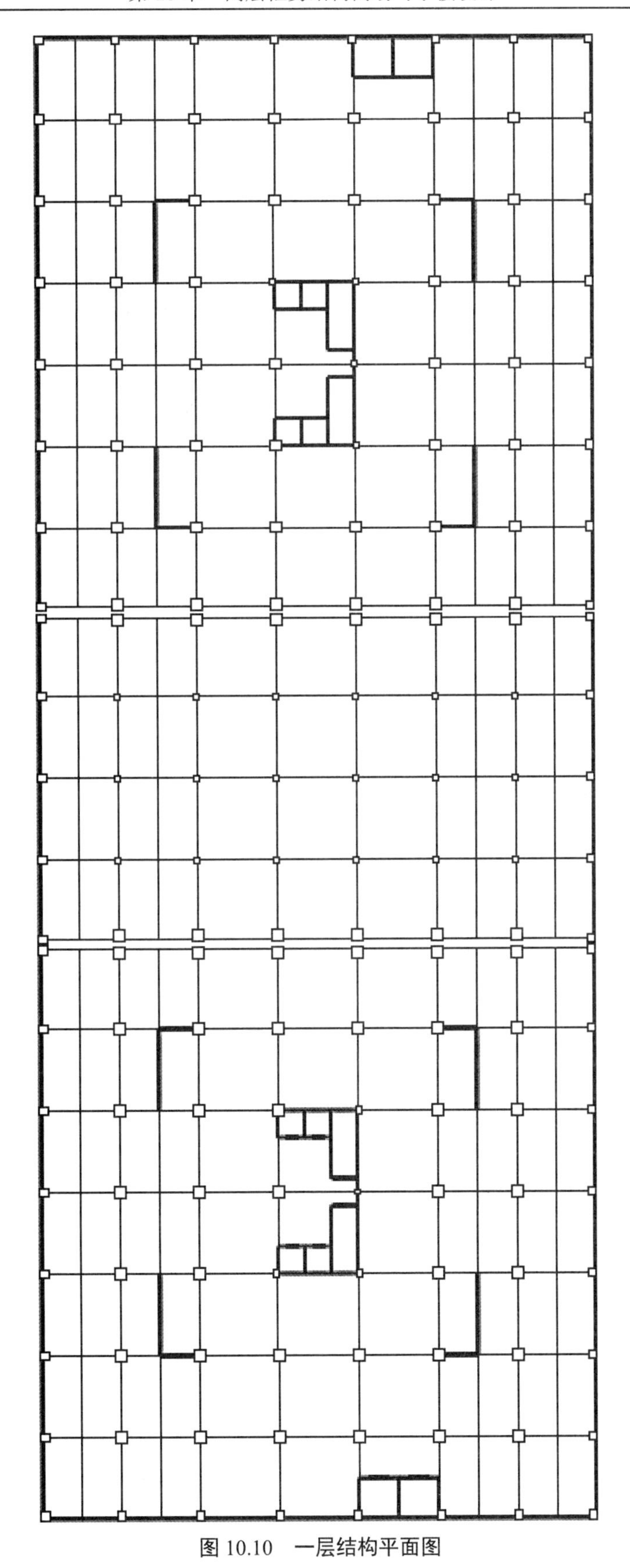

图 10.10　一层结构平面图

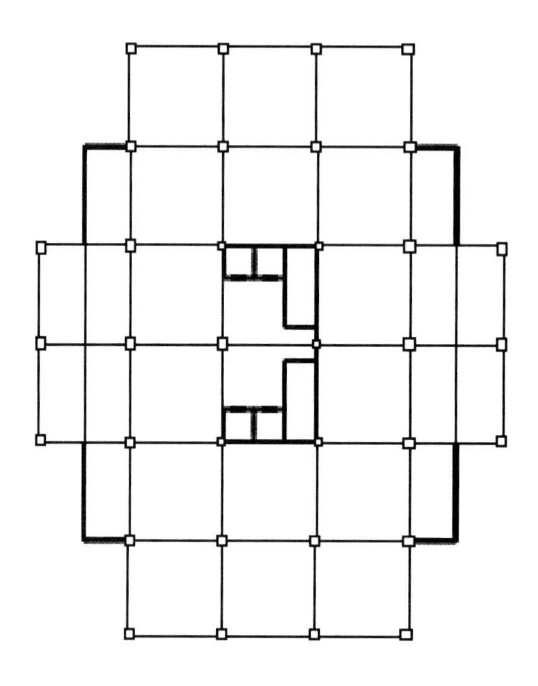

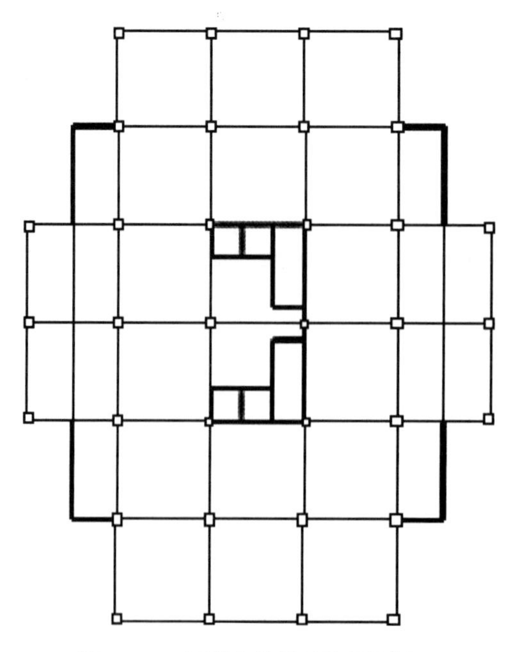

图 10.11　四到十八层结构平面图

②梁：按抗震要求 h_b=（1/12～1/8）L，b_b=（1/4～1/2）h_b 计算各梁截面尺寸。框架梁的最大跨度为 7.8m。

框架梁高 h=（1/8～1/18）L=（1/8～1/18）×7800=433mm～975mm，取 h=800mm；框架梁宽 b=（1/2～1/4）h=（1/2～1/3）×800=266mm～400mm，取 b=400mm。

③柱：对于高层框架可根据下式进行估算。柱采用 C50 混凝土，f_c=23.1N/mm²，根据轴压比要求初估框架柱截面尺寸，阿拉尔市抗震设防烈度为 6 度，框剪结构抗震等级为三级，其轴压比为 0.85。假定结构每平方米总载荷设计值为 12kN/m²，$N=\gamma_a qsn\alpha_1\alpha_2\beta$。

中柱：

$$N=\gamma_a qsn\alpha_1\alpha_2\beta=1.25\times 12\text{kN/m}^3\times(7.8\times 7.8)\times 23\times 1.1\times 1.0\times 0.7=16162.146\text{kN}$$

$$b_c h_c\geqslant\frac{N}{U_N f_c}=\frac{16162146}{0.85\times 23.1}=995512\text{mm}^2$$

$$b_c=h_c=\sqrt{995512}=997.75\text{mm}=1000\text{mm}$$

边柱：

$$N=\gamma_a qsn\alpha_1\alpha_2\beta=1.25\times 12kN/\text{m}^3\times(3.9\times 7.8)\times 23\times 1.1\times 1.1\times 0.7=8889.18\text{kN}$$

$$b_c h_c\geqslant\frac{N}{U_N f_c}=\frac{8889180}{0.85\times 23.1}=547531.8\text{mm}^2$$

$$b_c=h_c=\sqrt{547531.8}=739.95\text{mm}=800\text{mm}$$

10.2.3　屋面及楼面活载荷

一般商场楼面 3.5kN/m；办公楼面：2.0kN/m；走廊、楼梯间：2.5kN/m；资料室：5.0kN/m；卫生间：2.0kN/m；上人屋面：2.0kN/m；不上人屋面：0.5kN/m。

（1）屋面 1 载荷标准值计算

30mm 厚细石混凝土	25kN/m³	0.03×25=0.75 kN/m²
SBS 改性沥青防水卷材	0.55kN/m²	0.55 kN/m²
冷底子油		
100mm 厚聚苯板保温层	0.5kN/m³	0.10×0.5=0.05 kN/m²
一毡二油隔蒸汽层		0.05 kN/m²
15mm 厚 1:6 水泥礁渣砂浆找坡	14kN/m³	0.015×14=0.7 kN/m²
150mm 厚现浇混凝土板	25kN/m³	0.15×25=3.75 kN/m²
20mm 厚混合砂浆抹底抹面	17kN/m³	0.02×17=0.34 kN/m²
合计		6.14 kN/m²

（2）屋面 2 载荷标准值计算

10mm 厚地砖地面干水泥擦缝	17kN/m³	0.01×17=0.17 kN/m²
30mm 厚 1:3 干硬性水泥砂浆结合层	20kN/m³	0.03×20=0.60 kN/m²
150mm 厚现浇混凝土楼板	25kN/m³	0.15×25=3.75 kN/m²
水泥浆一道（内掺建筑胶）	20kN/m³	0.001×20=0.02 kN/m²
60mm 厚 CL7.5 轻集料混凝土垫层	9kN/m³	0.06×9=0.54 kN/m²
20mm 厚混合砂浆抹底抹面	17kN/m³	0.02×17=0.34 kN/m²
合计		5.42 kN/m²

（3）商场楼面载荷标准值计算

10mm 厚地砖地面干水泥擦缝	17kN/m³	0.01×17=0.17 kN/m²

30mm 厚 1:3 干硬性水泥砂浆结合层　　20kN/m^3　　$0.03\times20=0.60$ kN/m^2

180mm 厚现浇混凝土楼板　　25kN/m^3　　$0.18\times25=4.5$ kN/m^2

水泥浆一道（内掺建筑胶）　　20kN/m^3　　$0.001\times20=0.02$ kN/m^2

60mm 厚 CL7.5 轻集料混凝土垫层　　9kN/m^3　　$0.06\times9=0.54$ kN/m^2

20mm 厚混合砂浆抹底抹面　　17 kN/m^3　　$0.02\times17=0.34$ kN/m^2

合计　　6.17 kN/m^2

（4）地下室楼面载荷标准值计算

10mm 厚地砖地面干水泥擦缝　　17kN/m^3　　$0.01\times17=0.17$ kN/m^2

30mm 厚 1:3 干硬性水泥砂浆结合层　　20kN/m^3　　$0.03\times20=0.60$ kN/m^2

200mm 厚现浇混凝土楼板　　25kN/m^3　　$0.2\times25=5$ kN/m^2

水泥浆一道（内掺建筑胶）　　20kN/m^3　　$0.001\times20=0.02$ kN/m^2

60mm 厚 CL7.5 轻集料混凝土垫层　　9kN/m^3　　$0.06\times9=0.54$ kN/m^2

20mm 厚混合砂浆抹底抹面　　17kN/m^3　　$0.02\times17=0.34$ kN/m^2

合计　　6.67 kN/m^2

（5）商场内墙线载荷标准值计算

20mm 厚 1:3 水泥保温砂浆　　20kN/m^3　　$0.02\times20=0.40$ kN/m^2

200mm 厚陶粒空心砌块　　5.5kN/m^3　　$0.2\times5.5=1.10$ kN/m^2

20mm 厚 1:3 水泥砂浆　　20kN/m^3　　$0.02\times20=0.40$ kN/m^2

合计　　$1.9\times3.2=6.20$ kN/m^2

（6）办公楼内墙线载荷标准值计算

20mm 厚 1:3 水泥砂浆　　20kN/m^3　　$0.02\times20=0.4$ kN/m^2

200mm 厚陶粒空心砌块　　6kN/m^3　　$0.2\times5.5=1.1$ kN/m^2

20mm 厚 1:3 水泥砂浆　　20kN/m^3　　$0.02\times20=0.4$ kN/m^2

合计　　$1.9\times3.8=7.22$ kN/m^2

（7）建筑外墙线载荷标准值计算

玻璃幕墙　　1.5 kN/m^2　　$1.5\times7.8\times4.0\div7.8=6$ kN/m^2

10.3　PMCAD 建模

PMCAD 是整个结构 CAD 的核心，也是梁、柱、剪力墙、楼板等施工图设计软件和基础 CAD 的必备接口软件。PMCAD 也是建筑 CAD 与结构的必要接口。通过简便易学的人机交互方式输入各层平面布置及各层楼面的次梁、预制板、洞口、错层、挑檐等信息和外加载荷信息，在人机交互过程提供随时中断、修改、拷贝复制、查询、继续操作等功能。自动进行从楼板到次梁、次梁到承重梁的载荷传导并自动计算结构自重，自动计算人机交互方式输入的载荷，形成整栋建筑的载荷数据库，可由用户随时查询修改任何一部位数据。由此数据可自动给 PKPM 系列各结构计算软件提供数据文件，也可为连续次梁和楼板计算提供数据。PMCAD 绘制各种类型结构的结构平面图和楼板配筋图。包括柱、梁、墙、洞口的平面布置、尺寸、偏轴、画出轴线及总尺寸线，画出预制板、次梁及楼板开洞布置，计算现浇楼板内力与配筋并画出板配筋图。画砖混结构圈梁构造柱节点大样图。

自动导算载荷：具有较强的载荷统计和传导计算功能，除计算结构自重外，还自动完成从楼板到次梁，从次梁到主梁，从主梁到承重的柱和墙，再从上部结构传导到基础的全部计算，加上局部的外加载荷，方便地建立起整栋建筑数据。

提供各类计算模型所需的数据：可指定任何一个轴线形成一榀框架数据文件，包括结构简图、载荷数据；可指定任一层平面的任意一组主、次梁形成一榀框架文件；为多、高层建筑结构空间有限元分析软件 SATWE 提供计算数据；为上部结构的各种绘图 CAD 模块提供结构构件的精确尺寸；为基础设计 CAD 模块提供底层结构布置和轴线网格布置，还提供上部结构传下恒、活载荷；　现浇钢筋混凝土楼板结构计算与配筋设计。

PMCAD 建模对于建筑物的描述是通过建立其定位轴线，相互交织形成网格和节点，再在网格和节点上布置构件形成标准层的平面布局，各标准层配以不同的层高、载荷形成建筑物的竖向结构布局，完成建筑结构的整体描述。

PM 交互式数据首先进入 PM 交互式数据输入菜单，建立一个新的文件夹，确认后进入轴线输入，用平行直线和正交轴网来绘制各层平面的轴线。凡是结构布置相同的相邻楼层都应视为一个标准层，只需输入一次即可，设计共定义了 6 个标准层。

10.3.1　建筑模型及载荷输入

（1）轴线输入。利用作图工具绘制建筑物整体的平面定位轴线。这些轴线可以是与墙、梁等长的线段，也可以是一整条建筑轴线。可为各标准层定义不同的轴线，即各层可有不同的轴线网格，拷贝某一标准层后，其轴线和构件布置同时被拷贝，用户可对某层轴线单独修改。横、纵向柱距均为 7.8m，符合办公楼的轴网设计要求。

（2）轴线命名。轴线命名纵向是 1 至 18 轴线，横向是 A 至 G 轴线（大写字母中不能用字母 I 进行轴线命名）。

（3）楼层定义。是用于定义全楼所用到的全部柱、梁、墙、墙上洞口及斜杆支撑的截面尺寸，是依照从下至上的次序进行各个结构标准层平面布置。凡是结构布置相同的相邻楼层都应视为同一标准层，只需输入一次。由于定位轴线和节点已形成，布置构件时只需简单地指出哪些节点放置哪些柱；哪条网格上放置哪个墙、梁或洞口。

（4）载荷输入。建立各层楼面均布恒载荷和活载荷的标准值。进行这一步时，要注意恒载荷的输入，如果勾选自动计算现浇楼板自重，恒载就是以楼面做法为参考的除板厚的板两边的其他附属层的恒载；如果不勾选自动计算现浇楼板自重，恒载就是楼面做法计算出来的恒载梁载荷，在输入时要注意梁上载荷为作用在梁上的墙体对梁的载荷，在软件计算当中，梁、板、柱的结构自重为系统自动计算（见图 10.12 和图 10.13）。

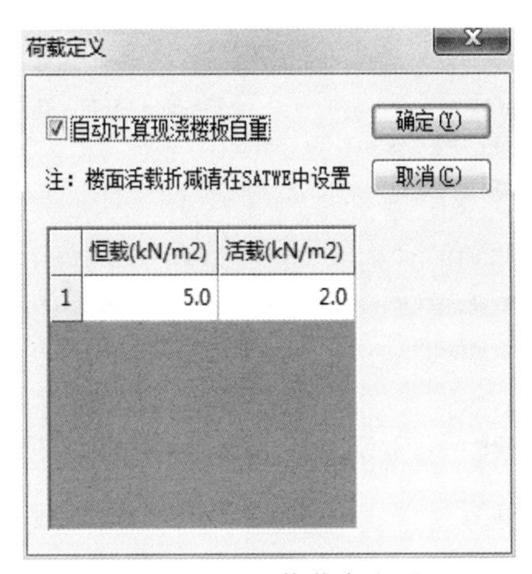

图 10.12　板载荷定义图

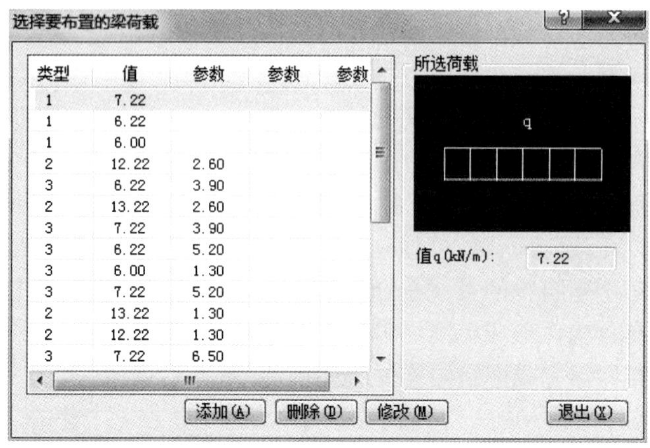

类型	值	参数	参数	参数
1	7.22			
1	6.22			
1	6.00			
2	12.22	2.60		
3	6.22	3.90		
2	13.22	2.60		
3	7.22	3.90		
3	6.22	5.20		
3	6.00	1.30		
3	7.22	5.20		
2	13.22	1.30		
2	12.22	1.30		
3	7.22	6.50		

图 10.13　梁载荷定义图

（5）设计参数。进行结构竖向布置。每一个实际楼层都要确定其属于哪一个结构标准层、属于哪一个载荷标准层，其层高为多少。从而完成楼层的竖向布置。在输入一些必要的绘图和抗震计算信息后便完成了一个结构物的整体描述（见图 10.14 至图 10.18）。

楼层组装—设计参数：(点取要修改的页、项，[确定]返回)
总信息 | 材料信息 | 地震信息 | 风荷载信息 | 钢筋信息
结构体系：框剪结构
结构主材：钢筋混凝土
结构重要性系数：1.0
底框层数：
梁钢筋的砼保护层厚度(mm) 20
地下室层数：2
柱钢筋的砼保护层厚度(mm) 20
与基础相连构件的最大底标高(m) 0
框架梁端负弯矩调幅系数 0.85
考虑结构使用年限的活荷载调整系数 1
确 定(O)　放 弃(C)　帮 助(H)

图 10.14　总信息

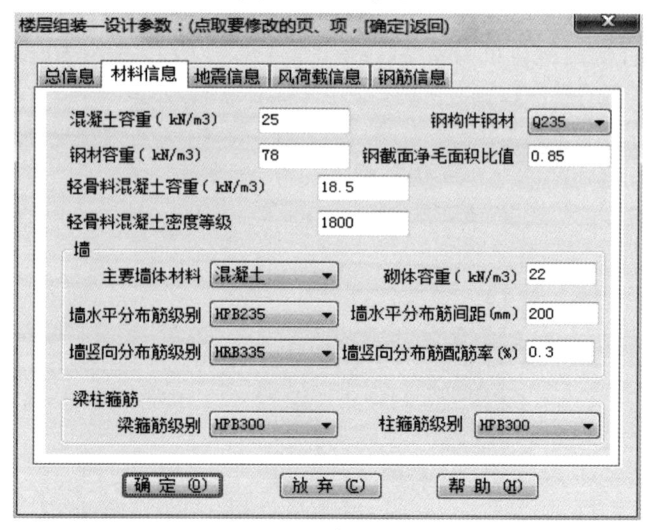

图 10.15　材料信息

楼层组装—设计参数：(点取要修改的页、项，[确定]返回)
总信息
材料信息
地震信息
风荷载信息
钢筋信息
设计地震分组
第 1 组
第 2 组
第 3 组
地震烈度
6 (0.05g)
场地类别
II 二类
抗震构造措施的抗震等级
砼框架抗震等级
2 二级
不改变
钢框架抗震等级
2 二级
剪力墙抗震等级
2 二级
计算振型个数
24
周期折减系数(0.5~1.0)
0.8
确 定 (O)
放 弃 (C)
帮 助 (H)

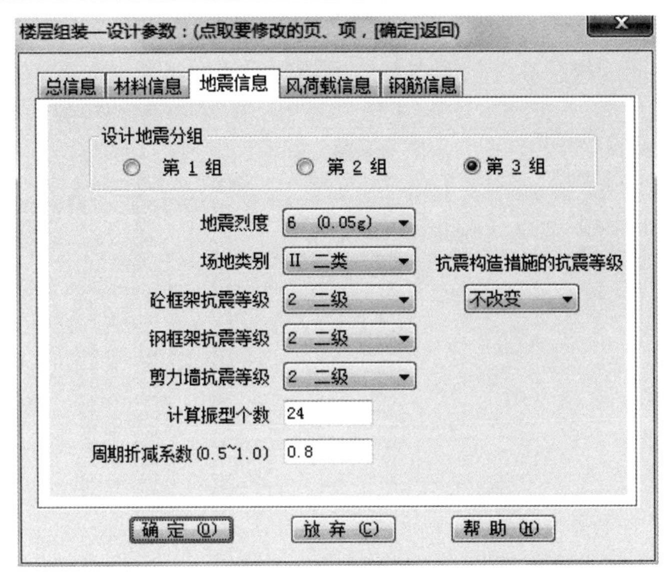

图 10.16　地震信息

楼层组装—设计参数：(点取要修改的页、项，[确定]返回)
总信息
材料信息
地震信息
风荷载信息
钢筋信息
修正后的基本风压(kN/m2)
0.35
地面粗糙度类别
A
B
C
D
体型系数
沿高度体型分段数
1
第一段：最高层层号
24
体型系数
1.3
第二段：最高层层号
0
体型系数
0
第三段：最高层层号
0
体型系数
0
辅助计算
确 定 (O)
放 弃 (C)
帮 助 (H)

图 10.17　风载荷信息

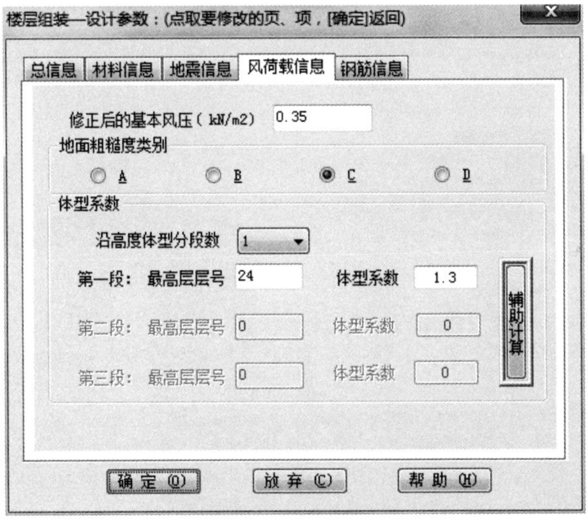

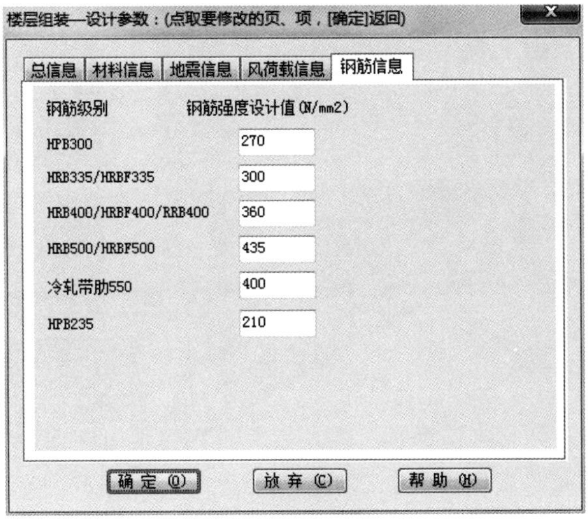

楼层组装—设计参数：(点取要修改的页、项，[确定]返回)
总信息
材料信息
地震信息
风荷载信息
钢筋信息
钢筋级别
钢筋强度设计值(N/mm2)
HPB300
270
HRB335/HRBF335
300
HRB400/HRBF400/RRB400
360
HRB500/HRBF500
435
冷轧带肋550
400
HPB235
210
确 定 (O)
放 弃 (C)
帮 助 (H)

图 10.18　钢筋信息

（6）楼层组装

根据标准层不同、楼层高度房间布置的不同进行楼层组装（如图 10.19 至图 10.21）。

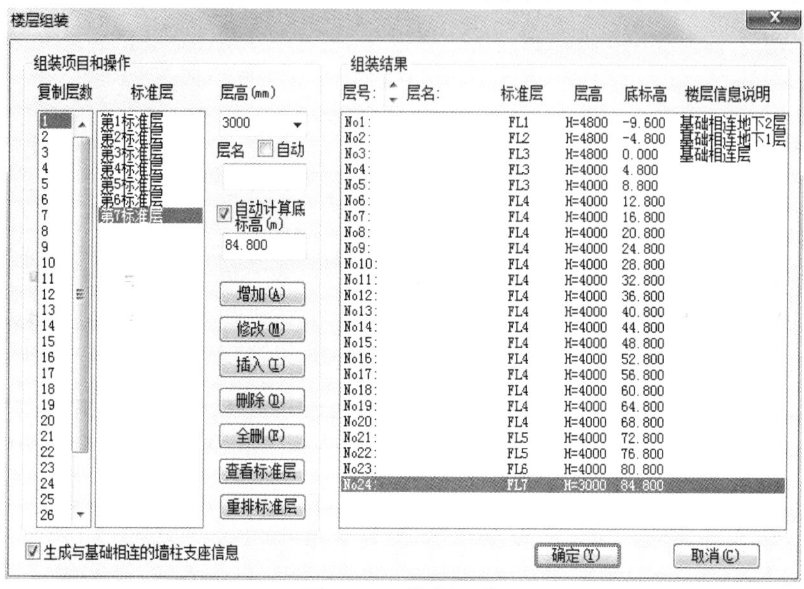

图 10.19　楼层组装

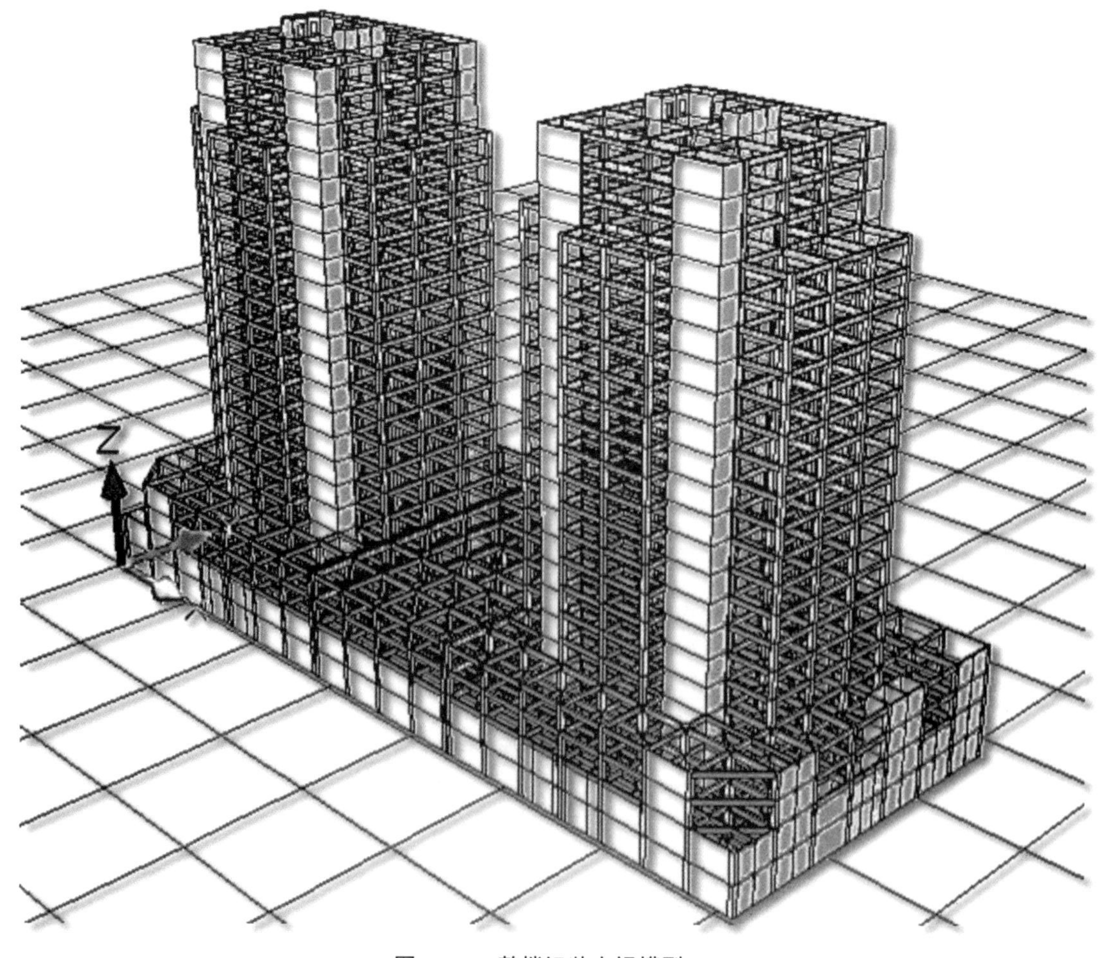

图 10.20　整楼组装右视模型

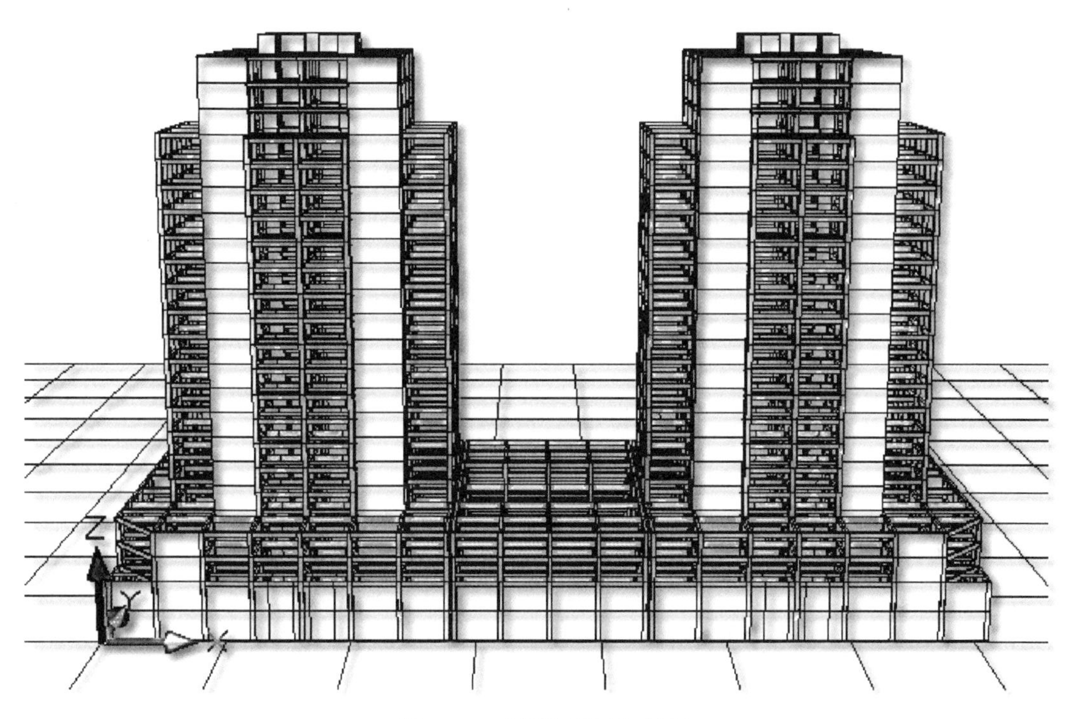

图 10.21　整楼组装正视模型

10.3.2　平面载荷显示校核

平面载荷显示校核作用就是让用户检查在 PM 中自己输入的载荷以及自动导算的载荷是否正确。因为之前是一项一项输的，不方便整体看。如果输入的载荷各部位变化很大，这样检查起来就很方便。另外，它一个很大的作用就是通过竖向导荷能看到每层的内力图，SATWE 中只能看到底层结果（见图 10.22）。

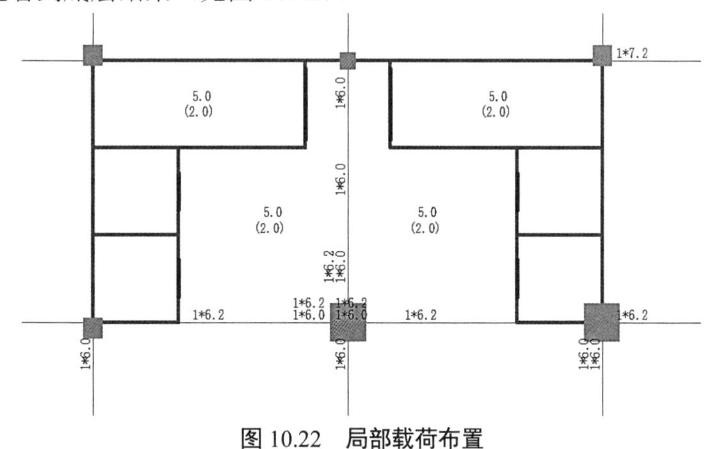

图 10.22　局部载荷布置

10.3.3　画结构平面图

板采用现浇整体式楼板，板厚 h=120mm，采用 C40 混凝土，板中钢筋采用 HPB300 级钢筋。在该综合办公楼设计中，除中间楼梯为单向板外，其余楼板均为双向板。采用弹性理论计算的方法来计算板和支座中的内力，采用弯矩调幅法对结构按弹性理论方法所求的弯矩值和剪力值进行适当的调整，以考虑结构非弹性变形所引起的内力重分布。执行

PMCAD 主菜单 5，画结构平面图，首先确定要画的楼层号。

（1）选择“修改楼板配筋参数”，对各项参数进行确认和修改：支座受力钢筋最小直径 8mm；板分布钢筋的最大间距 250mm；双向板计算为弹性算法，边缘梁支座算法梁截面刚度相对楼板较大时“按固端计算”，否则“简支计算”错层较大时“按简支计算”，错层较小时“按固端计算”；根据裂缝宽度自动选筋，允许裂缝宽度取默认 0.3mm；使用矩形连续板跨中弯矩算法，钢筋级别全部选用一级钢，钢筋放大系数取默认值，钢筋强度设计值取默认值；钢筋级配表根据工程情况增（删）级配表，给出合适的钢筋级配。

（2）选择“修改边界条件”。先显示边界条件，再按照工程实际情况，对楼板边界条件逐个进行调整，主要是不符合在楼板配筋参数中定义的边缘梁支座算法的地方，要在此修改边界条件。

（3）执行“画平面图参数修改”。确定合适的图纸号、比例尺。“板钢筋要编号”：此项控制楼板钢筋标注方式。选择“打勾”，相同的钢筋编同一个号，只在其中的一根上标注钢筋级配及尺寸；选择“不打勾”，图上的每根钢筋均要标注钢筋的级配及尺寸。

（4）执行“继续”，查看楼板计算结果图形。执行“现浇板计算配筋图”，生成板计算配筋图。执行“ 现浇板裂缝宽度图”，查看有否裂缝宽度超限。满足，则进行下一步绘施工图；否则，应选择“返回 PM 主菜单”修改板厚，按上述步骤重新计算。执行“进入绘图”，绘制楼板施工图。执行“画板钢筋”，选择“自动布筋”。此时，可有两种选择：“按楼板归并结果配筋”，则只在样板间内布筋，其余与之编号一样的房间均采用相同配筋；若不归并，则每个房间的配筋均按实际配筋在图上表达。选择“通长配筋”“板底配筋”，对相邻几个配筋相同的连续房间实现板底贯通配筋，即钢筋不在中间支座断开并锚固。选择“改板钢筋”“移动钢筋”，对钢筋标注位置重叠的钢筋作适当调整，保证图面清晰。

（5）执行“标注轴线”。选择“自动标注”，标注轴线并命名，执行“存图退出”“插入图框”。

10.4 SATWE 结构计算

PM 生成 SATWE 数据进行结构计算（见图 10.23 至图 10.32）。

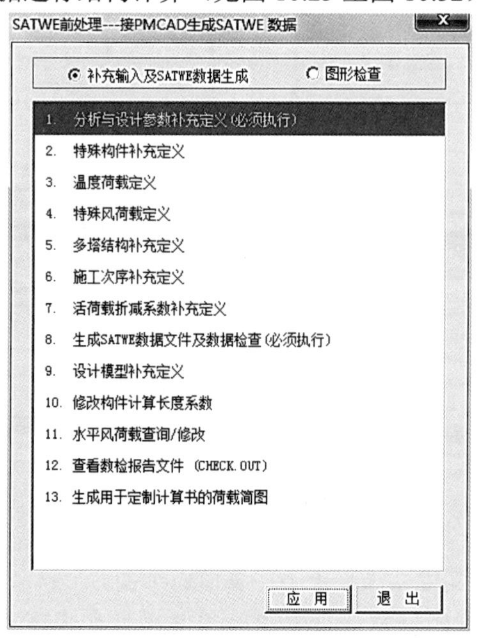

图 10.23　分析与设计参数补充定义

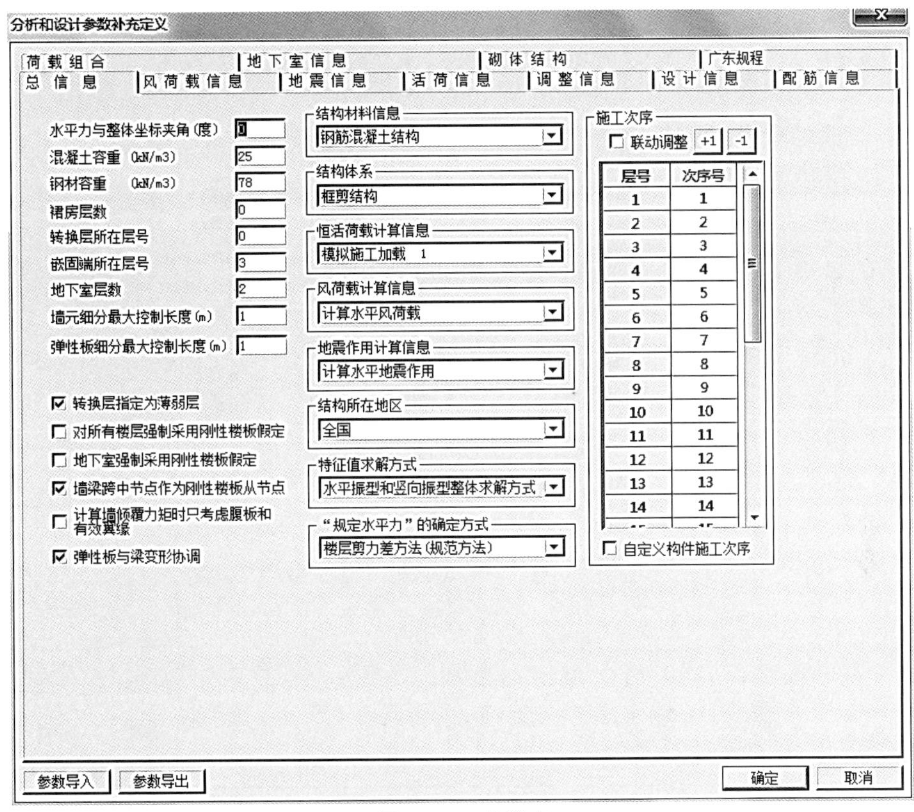

图 10.24　总信息

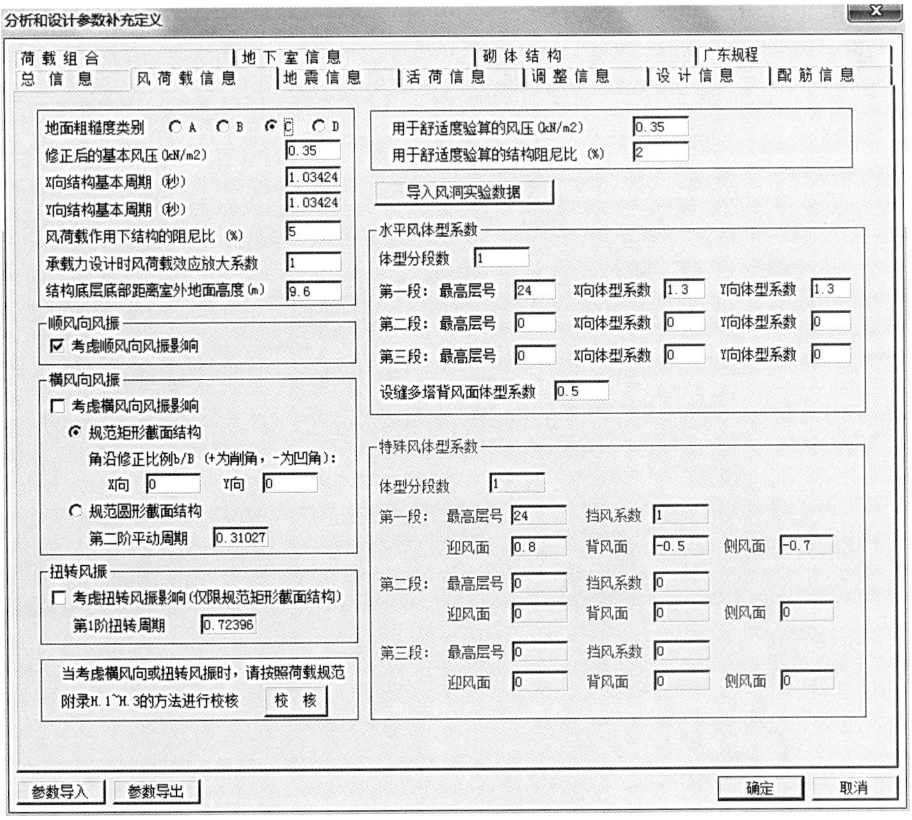

分析和设计参数补充定义

荷载组合 | 地下室信息 | 砌体结构 | 广东规程
总信息 | 风荷载信息 | 地震信息 | 活荷信息 | 调整信息 | 设计信息 | 配筋信息

地面粗糙度类别　○A　○B　◉C　○D
修正后的基本风压(kN/m2)　0.35
X向结构基本周期(秒)　1.03424
Y向结构基本周期(秒)　1.03424
风荷载作用下结构的阻尼比(%)　5
承载力设计时风荷载效应放大系数　1
结构底层底部距离室外地面高度(m)　9.6

顺风向风振
☑ 考虑顺风向风振影响

横风向风振
☐ 考虑横风向风振影响
◉ 规范矩形截面结构
角沿修正比例b/B (+为削角，-为凹角)：
X向　0　Y向　0
○ 规范圆形截面结构
第二阶平动周期　0.31027

扭转风振
☐ 考虑扭转风振影响(仅限规范矩形截面结构)
第1阶扭转周期　0.72396

当考虑横风向或扭转风振时，请按照荷载规范附录H.1~H.3的方法进行校核　校核

用于舒适度验算的风压(kN/m2)　0.35
用于舒适度验算的结构阻尼比(%)　2

导入风洞实验数据

水平风体型系数
体型分段数　1
第一段：最高层号　24　X向体型系数　1.3　Y向体型系数　1.3
第二段：最高层号　0　X向体型系数　0　Y向体型系数　0
第三段：最高层号　0　X向体型系数　0　Y向体型系数　0
设缝多塔背风面体型系数　0.5

特殊风体型系数
体型分段数　1
第一段：最高层号　24　挡风系数　1
迎风面　0.8　背风面　-0.5　侧风面　-0.7
第二段：最高层号　0　挡风系数　0
迎风面　0　背风面　0　侧风面　0
第三段：最高层号　0　挡风系数　0
迎风面　0　背风面　0　侧风面　0

参数导入　参数导出　确定　取消

图 10.25　风载荷信息

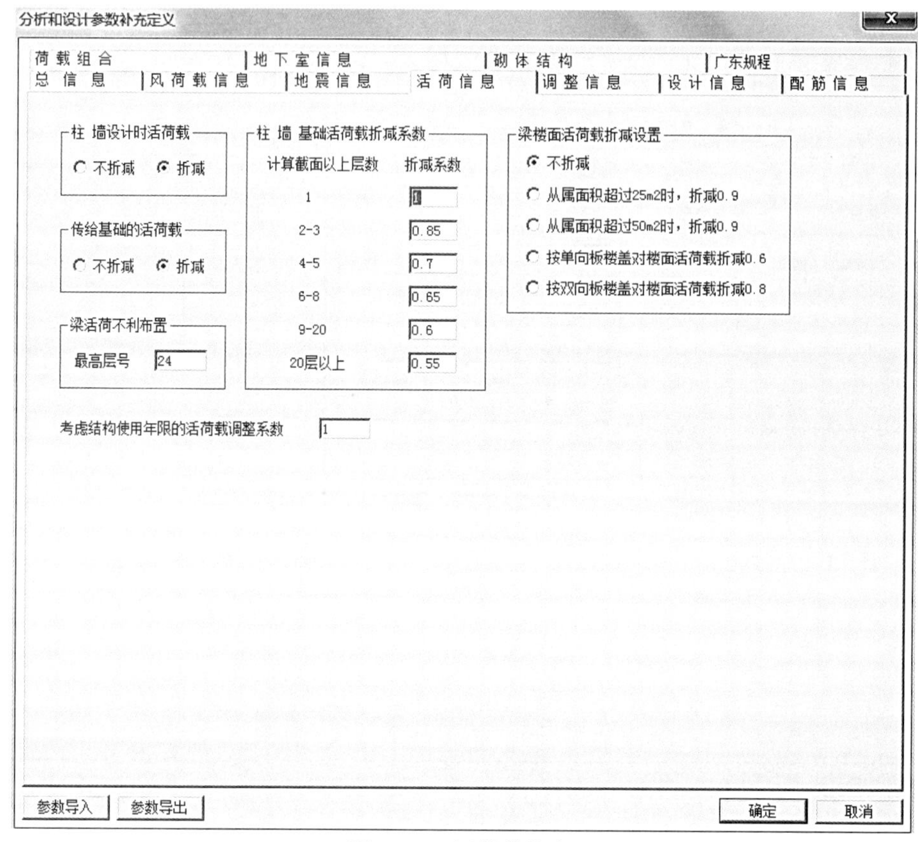

图 10.26 活载荷信息

图 10.27 地震信息

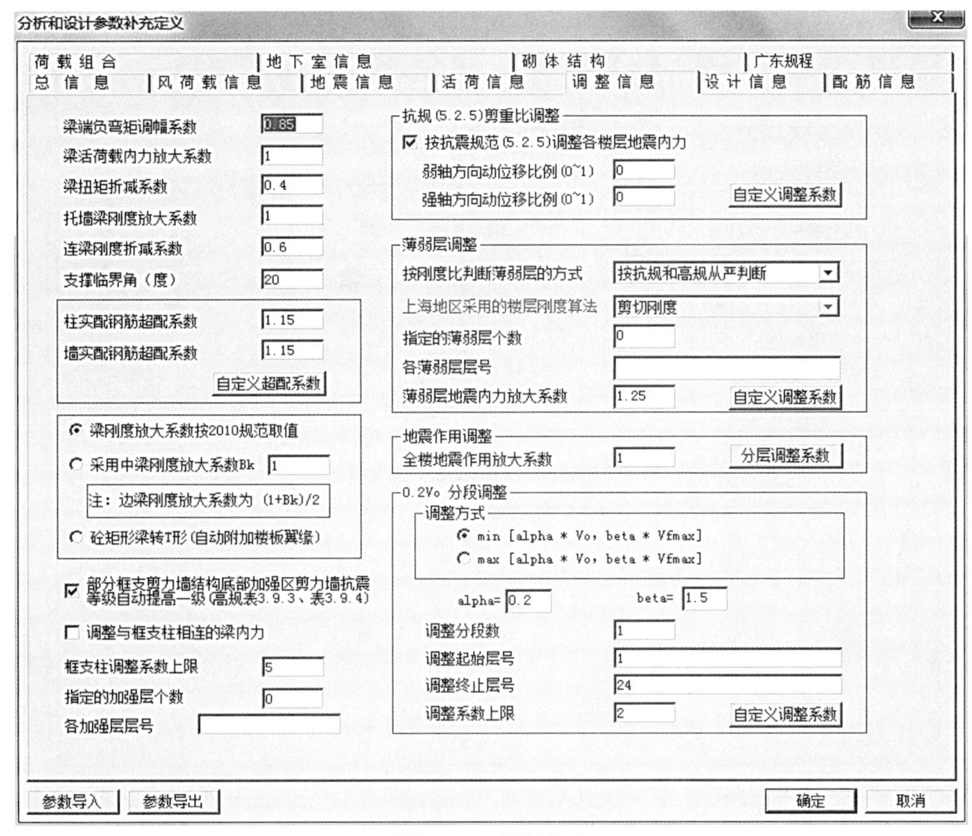

图 10.28　调整信息

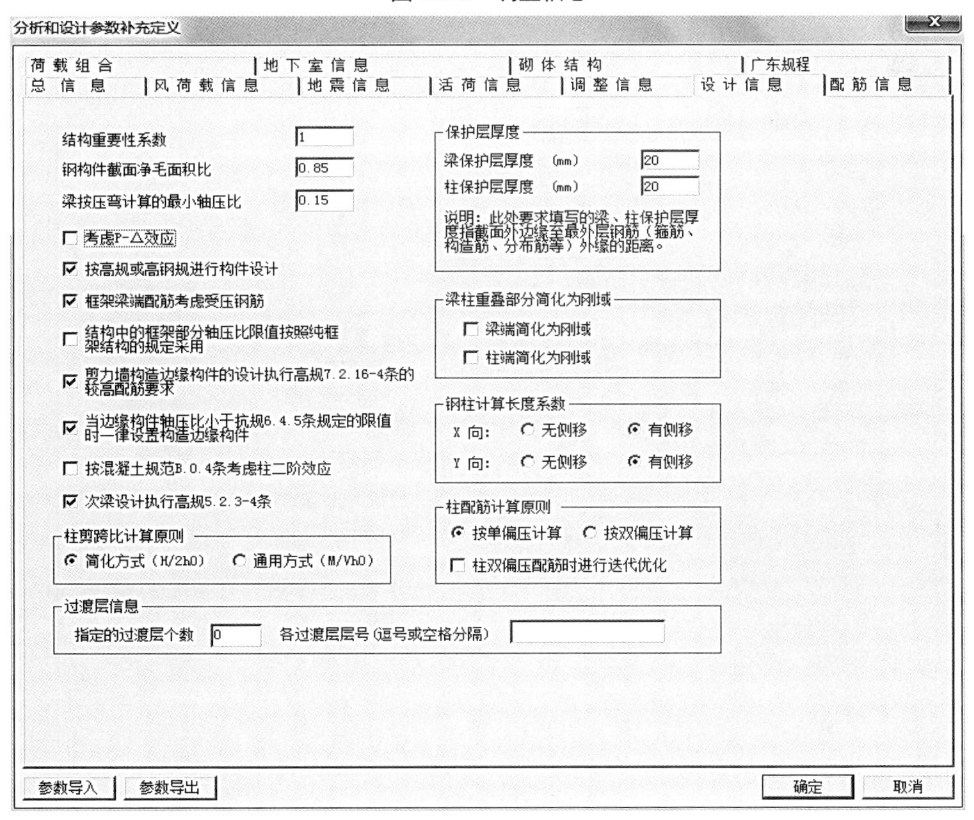

图 10.29　设计信息

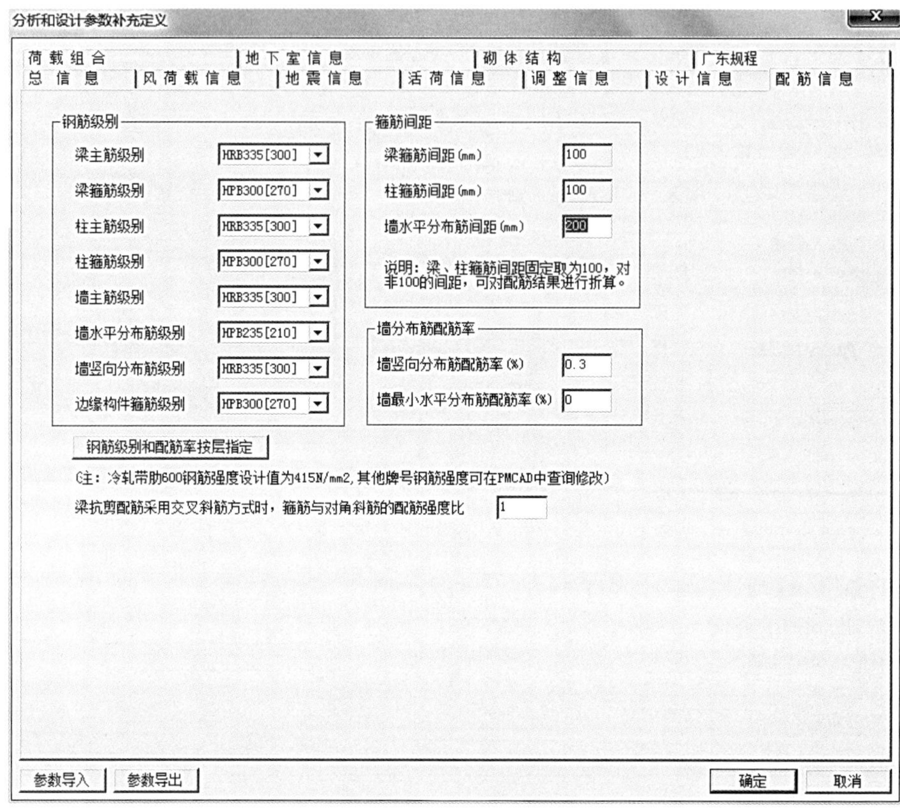

图 10.30　钢筋信息

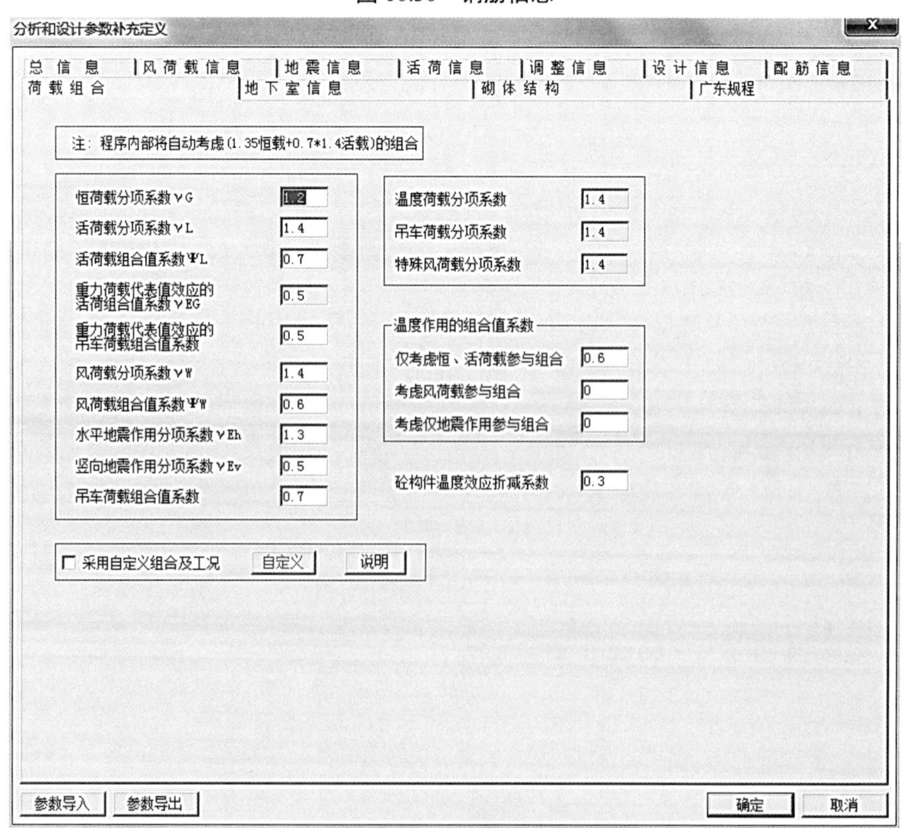

图 10.31　载荷组合

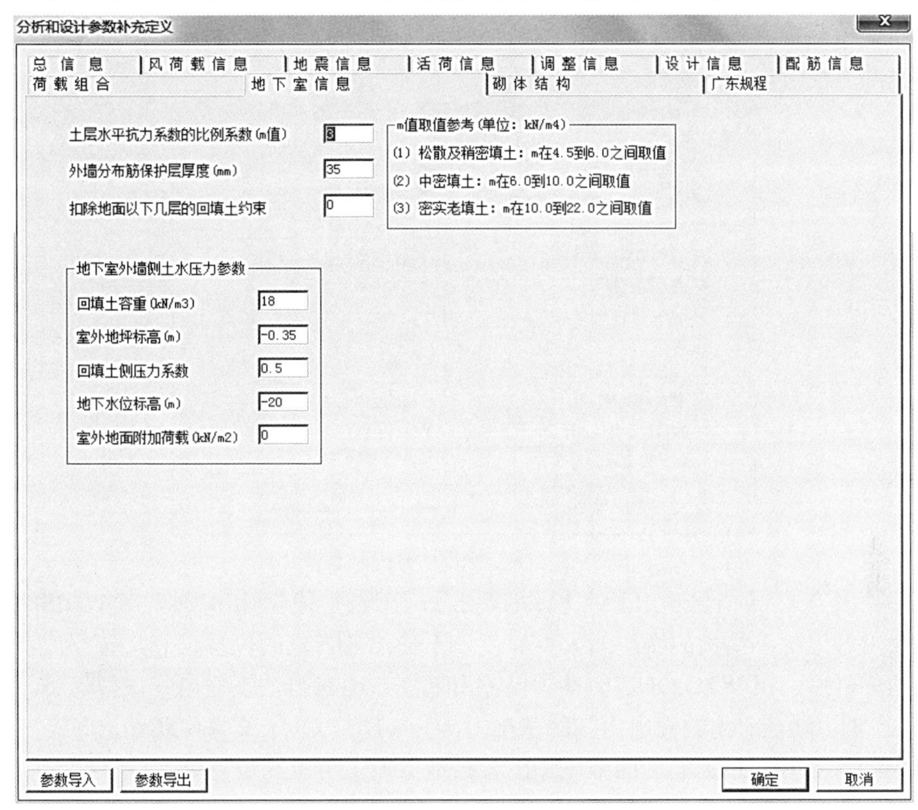

图 10.32　地下室信息

10.5　PKPM 结构内力与配筋计算

10.5.1　SATWE 结构内力、配筋计算控制参数

（1）在振型分解法中，SATWE 软件提供了两种计算方法，侧刚计算方法是一种简化计算方法，只适用于采用楼板平面内无限刚假定的普通建筑和采用楼板分块平面内无限刚假定的多塔建筑。对于这类建筑，每层的每块刚性楼板只有两个独立的平动自由度和一个独立的转动自由度，侧刚就是依据这些独立的平动和转动自由度而形成的浓缩刚度矩阵。侧刚计算方法的优点是分析效率高，由于浓缩以后的侧刚自由度很少，所以计算速度很快。但侧刚计算方法的应用范围是有限的，当定义有弹性楼板或有不与楼板相连的构件时（如错层结构、空旷的工业厂房、体育馆所等），侧刚计算方法是近似的，会有一定的误差，若弹性楼板范围不大或不与楼板相连的构件不多，其误差不会很大，精度能够满足工程要求；若定义有较大范围的弹性楼板或有较多不与楼板相连的构件，侧刚计算方法不适用。总刚计算方法就是直接采用结构的总刚和与之相应的质量阵进行地震反应分析。这种方法精度高，适用范围广，可以准确分析出结构每层每根构件的空间反应，通过分析计算结果，可发现结构的刚度突变部位、连接薄弱的构件以及数据输入有误的部位等。其不足之处是计算量大，比侧刚计算方法计算量大（见图 10.33）。

线性方程组解法：【VSS 向量稀疏求解器】或【LDLT 三角分析】。“VSS 向量稀疏求解器”是一种大型稀疏对称矩阵快速求解法；“LDLT 三角分析”是通常所用的非零元素下的三角求解法；“VSS 向量稀疏求解器”在求解大型、超大型方程时要比“LDLT 三角分析”方法快很多，所以程序缺省指向“VSS 向量稀疏求解器”。

算法误差原理不同。由于求解方程的原理、方法不同，造成的误差原理不同，提供两种解方程的方法可以用于对比。

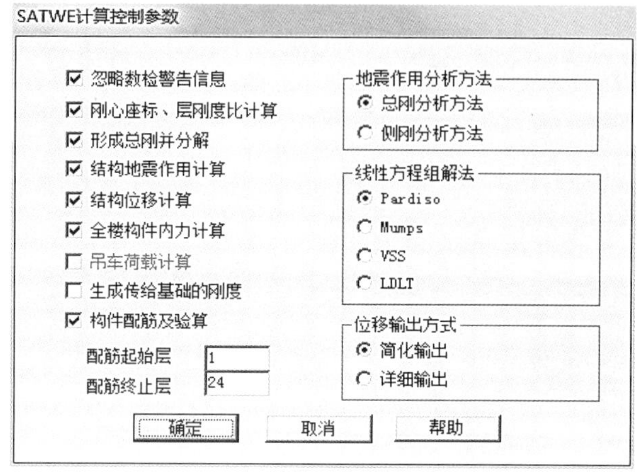

图 10.33 SATWE 计算控制参数

位移输出方式：【简化输出】或【详细输出】。当选择“简化输出”时，在 WDISP.OUT 文件中仅输出各工况下结构的楼层最大位移值，不输出各带点的位移信息，按“总刚”进行结构的振动分析后，在 WZQ.OUT 文件中仅输出周期、地震力，不输出各振型信息。若选择“详细输出”时，则在前述的输出内容的基础上，在 WDISP.OUT 文件中还输出各工况下每个带点的位移，在 WZQ.OUT 文件中还输出各振型下每个节点的位移。

混凝土梁和型钢混凝土梁：

GAsv-Asv0　　GSAV：梁加密区抗剪箍筋面积和剪扭箍筋面积的较大值（m^2）

　　　　　　　ASVO：梁非加密区抗剪箍筋面积和剪扭箍筋面积的较大值（m^2）

VTAst-Ast1：为梁受扭纵筋面积和抗扭箍筋沿周边布置的单肢箍的面积，若 Ast、Ast1 都为零，则不输出这一项；其中 G 为箍筋标志，VT 为剪扭配筋标志。

矩形混凝土柱和型钢混凝土柱：

Asc：为柱一根角筋的面积，双偏压计算时，角筋面积不应小于此指，采用单偏压计算时，角筋面积可不受此值控制（cm^2）。

Asx，Asy：分别为该柱边 B 边和 H 边的单边配筋，包括两根角筋（cm^2）。

Asvj，Asv，Asvo，分别为柱节点域抗剪箍筋面积，加密区斜截面抗剪箍筋面积，非加密区斜截面抗剪箍筋面积（cm^2）。

柱全截面配筋面积：2（Asx+Asy）−4Asc，若为 0.0 则是构造的。

高规：水平位移的限制，高度不大于 150m 的高层建筑，框架剪力墙结构；楼层层间最大位移与层高之比$\Delta u/h$不宜大于 1/800。

（2）作用效应组合

①作用效应组合基本公式非抗震设计时由可变载荷控制。

②恒载荷作用的分项系数：当其对结构不利时，对于可变载荷效应控制的组合，应取 1.2，对于永久载荷效应控制的组合，应取 1.35：当其对结构不利时，一般应取 1.0。

③可变载荷作用的分项系数和组合值系数：一般应取 1.4；对于标准值大于 4.0kN/m^2 的工业房屋楼面结构，其活载荷应取 1.3；楼面活载荷的组合值系数见载荷规范表 4.1.1，取值范围在 0.7~0.9 之间；风载荷的组合值系数为 0.6；与地震作用效应组合时风载荷的组合系数为 0.2。

④地震作用的分项系数：一般应取 1.3：当同时考虑水平、竖向地震作用时，应取 0.5。

⑤重力载荷代表值：新抗震规范 5.1.3 条规定，建筑的重力载荷代表值应取结构和构配件自重标准值和各可变载荷组合值之和。

内力计算时载荷组合信息：恒载分项系数 1.20；活载分项系数 1.40；风载荷分项系数 1.40；水平地震力分项系数 1.30；竖向地震力分项系数 0.50；活载荷的组合系数 0.70；风载荷的组合系数 0.60；活载荷的重力载荷代表值系数 0.50。

10.5.2　分析结果图形和文本显示

（1）各层配筋构件编号简图（见图 10.34 和图 10.35）

图 10.34　图形文件输出　　　　图 10.35　文本文件输出

（2）混凝土配筋及钢构件验算简图

（3）柱轴压比、梁挠度、墙边缘构件简图

①柱轴压比计算。新抗震规范、高规的和混凝土规范，都规定了柱轴压比的限值，并规定建造于Ⅳ类场地且较高的高层建筑柱轴压比限值应适当降低。柱轴压比指柱考虑地震作用组合的轴压力设计值与柱的全截面面积和混凝土轴心抗压强度设计值乘积之比，可不进行地震计算的结构，取无地震作用组合的轴压力设计值。

②框架轴压比计算。新抗震规范、高规和混凝土规范，都规定了剪力墙轴压比的限值。目前新规范程序给出各个墙肢的轴压比。

③框架强区。底部加新抗震规范和新高规对剪力墙结构底部加强部位的定义略有不同，分别定义：新抗震规范规定，部分框支抗震墙结构的抗震墙，其底部加强部位的高度，可取框支层加上框支层以上两层的高度及落地抗震墙总高度的 1/8 二者的较大值，且不大于

15m，其他结构的抗震墙，其底部加强部位的高度可取墙肢总高度的 1/8 和底部二层高度二者的较大值，且不大于 15m。新高规规定，一般剪力墙结构底部加强部位的高度可取墙肢总高度的 l/8 和底部二层高度二者的较大值，当剪力墙高度超过 150m 时，其底部加强部位的范围可取墙肢总高度的 1/10。新高规的 10.2.5 条规定，带转换层的高层建筑结构，剪力墙结构底部加强部位可取框支层加上框支层以上两层的高度及墙肢总高度的 1/8 二者的较大值。

④框架的约束边缘构件和构造边缘构件。新高规规定，抗震设计时，一、二级剪力墙结构底部加强部位及以上一层的墙肢设置约束边缘构件，一、二级剪力墙的其他部位以及三、四级和非抗震设计的剪力墙墙肢均应设置构造边缘构件。

（4）水平力作用下结构各层平均位移简图

结构整体性能控制如下：

①位移控制。新高规的 4.3.5 条规定，楼层竖向构件的最大水平位移和层间位移角，A、B 级高度高层建筑均不宜大于该楼层平均值的 1.2 倍；且 A 级高度高层建筑不应大于该楼层平均值的 1.5 倍，B 级高度高层建筑、混合结构高层建筑及复杂高层建筑，不应大于该楼层平均值的 1.3 倍。

②周期控制。新高规的 4.3.5 条规定，结构扭转为主的第一周期 T_t 与平动为主的第一周期 T_1 之比，A 级高度高层建筑不应大于 0.9；B 级高度高层建筑、混合结构高层建筑及复杂高层建筑不应大于 0.850。

③层刚度比控制。新抗震规范附录 E2.1 规定，筒体结构转换层上下层的侧向刚度比不宜大于 2；新高规的 4.4.3 条规定，抗震设计的高层建筑结构，其楼层侧向刚度不宜小于相临上部楼层侧向刚度的 70%或其上相临三层侧向刚度平均值的 80%；新高规的 5.3.7 条规定，高层建筑结构计算中，当地下室的顶板作为上部结构嵌固端时，地下室结构的楼层侧向刚度不应小于相邻上部结构楼层侧向刚的 2 倍：新高规的 10.2.6 条规定，对于底部大空间剪力墙结构，转换上部结构与下部结构的侧向刚度。

④底部大空间。为一层的部分框支剪力墙结构，可近似采用转换层上、下层结构等效刚度比 γ 表示转换层上、下层结构刚度的变化，非抗震设计时 γ 不应大于 3，抗震设计时不应大于 2。底部为 2～5 层大空间的部分框支剪力墙结构，其转换层下部框架一剪力墙结构的等效侧向刚度与相同或相近高度的上部剪力墙结构的等效侧向刚度比 γ_e 宜接近 1，非抗震设计时不应大于 2，抗震设计时不应大于 1.3。

（5）结构整体空间振动简图

第一振型至第二十四振型情况的模型空间振动最大位移见表 10.2。

表 10.2　　**各振型情况下最大振动位移**

振型	最大位移/cm	振型	最大位移/cm
1	1.0151	13	1.1735
2	1.0158	14	1.0000
3	1.0922	15	1.1753
4	1.0944	16	1.0000
5	1.2438	17	1.3349
6	1.2421	18	1.3444
7	1.0018	19	1.0652
8	1.0327	20	1.0684
9	1.0004	21	1.2324
10	1.0317	22	1.2320
11	1.0334	23	1.0000
12	1.1214	24	1.0140

①第一振型情况下，模型空间振动简图如图 10.36 所示，振动最大位移为 1.0151cm。

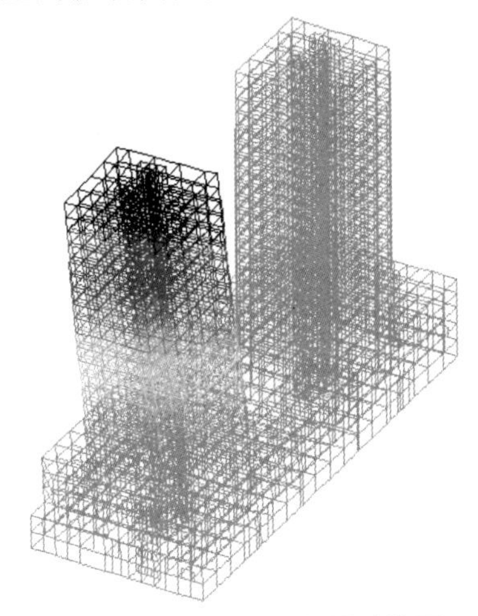

图 10.36　第一振型空间震动简图

②第二振型情况下，模型空间振动简图如图 10.37 所示，振动最大位移为 1.0158cm。

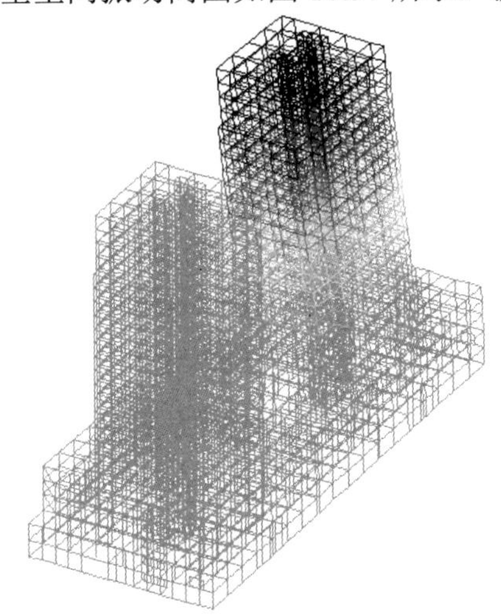

图 10.37　第二振型空间震动简图

③第七振型情况下，模型空间振动简图如图 10.38 所示，振动最大位移为 1.0018cm。

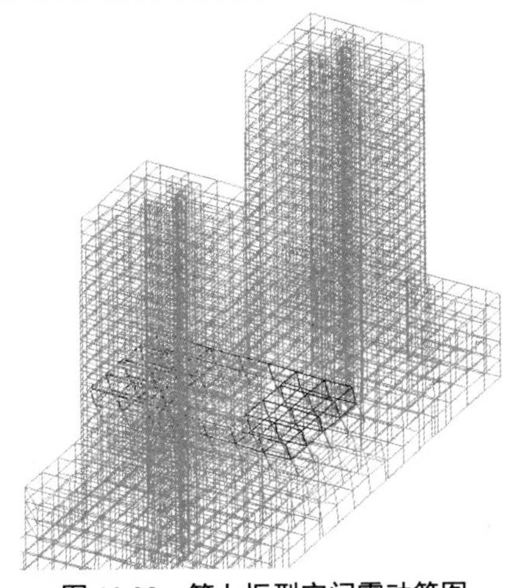

图 10.38　第七振型空间震动简图

④第十九振型情况下，模型空间振动简图如图 10.39 所示，振动最大位移为 1.0652cm。

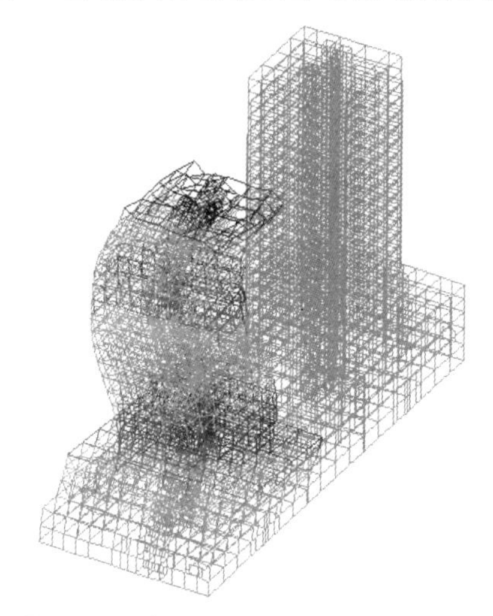

图 10.39　第十九振型空间震动简图

⑤第二十振型情况下，模型空间振动简图如图 10.40 所示，振动最大位移为 1.0684cm。

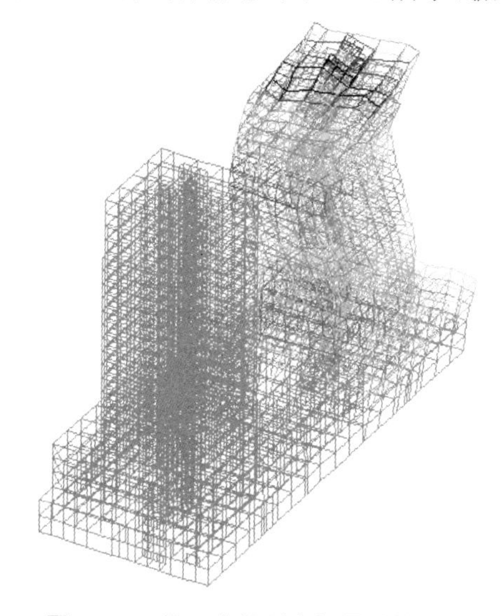

图 10.40　第二十振型空间震动简图

10.5　本章小结

（1）建筑设计以天正建筑软件绘图，相关规范、图集为前提完成内容：筑总体布局；建筑平面布置；建筑立面布置；建筑剖面布置；建筑防火设计；门窗设计。

（2）结构设计以 PKPM 软件进行结构分析，相关规范及图集为前提，参考相关教材，完成内容：构件设计；PMCAD 建模；PK 对一榀框架进行计算；SATWE 软件对结构进行计算。

（3）楼板施工图设计、梁柱施工图设计、剪力墙施工图设计。

第 11 章 结论与展望

11.1 结 论

在国内外研究现状调研和支护分析的基础上，进行研究工作，开展基于软塑地层基坑开挖的高楼倒塌机理和防治研究。主要研究成果如下。

①国内外基于软塑地层基坑开挖的高楼倒塌机理和防治研究。在基坑工程的发展现状、基坑工程的地质勘查、基坑工程设计和基坑工程施工的调研基础上，深入归纳紧邻基坑建筑物地基承载力减损、层状地基破坏模式，认识紧邻基坑建筑物地基渐进破坏特征、紧邻基坑建筑物地基承载力分析；为研究技术路线制定奠定基础。通过对国内外文献的查阅，归纳总结了基坑在计算理论、设计优化、施工、事故与处治方法、变形控制以及桩锚复合支护等方面的研究现状。

②应用 Phase^{2D} 有限元技术对由基坑开挖引起的楼房倒塌事故案例进行分析，分析结果表明：基坑开挖导致了建筑物桩基的破坏，快速堆土产生的载荷造成楼房底部出现大量塑性区，同时附近河流产生的偏离静水应力，也加速了楼房的倾斜，最终导致楼房南侧桩基压碎，北侧桩基被拔出，楼房倒塌。采用 Phase^{2D} 有限元手段对由基坑开挖引起地面塌陷事故案例进行分析，分析结果表明：基坑一侧载荷使地面产生了过大位移，并形成滑动面，对连续墙造成很大破坏，导致内撑失稳；同时在基坑两侧存在过高水位，使土体强度骤减，造成道路下方出现大量塑性区，形成塌陷。

③通过对不同工况下的桩锚复合支护进行对比分析，解释了其作用机理：复合型围护结构较“桩锚”体系调用更多单元体参与边坡稳定和变形的控制，体现在滑裂面向深部单元体和稳定单元体传递。

④针对依托工程支护结构在施工中存在的问题，采用理正深基坑软件对支护结构进行设计优化，提出了加密支护桩与增加一排锚杆方案，保证了在最大限度节省材料的同时，满足基坑的稳定性。根据周边楼房对基坑稳定性影响不同，划分了 7 个区域，并归纳了基本稳定、稳定性差以及稳定性极差三类情况。

⑤运用 Phase^{2D} 软件对紧邻 5#楼和 38#楼基坑两处位置进行有限元塑性分析，对比两处分析结果表明：紧邻建筑物桩基的存在对基坑开挖支护结构后的土体具有一定的约束力，使其向基坑的侧向位移变小，同时也使基坑周围土体的剪切破坏带变小，为设计和施工提供了有利条件。但在实际工程中，必须对紧邻桩基所受的附加土压力载荷进行安全验算，防止载荷过大造成桩基破坏，从而影响上部建筑结构的安全。

⑥以 Midas-GTS 有限元分析软件为手段，对基坑边壁位移以及管锚支护内力进行分析，可知基坑阴阳角处很容易产生较大位移，往往成为首先破坏区域，在紧邻高层建筑环境下进行基坑开挖施工，应尽量避免出现类似很直的阴阳角，而对于阴角处应增加部分锚杆或锚索，加强边壁的稳定。

⑦利用探地雷达技术，分别采用 900MHz 和 1500MHz 天线进行地下变形裂缝深度检测，由检测结果分析可知，地表裂缝不起源于地面，并非滑坡所造成，而是由拉裂产生，属正常变形。结合现场实际，采取基坑迅速回填、对地表裂缝进行注浆、减少通道上方活载荷等方法，使地表变形破坏得到有效控制。

⑧软塑性土抗剪特性。开展紧邻基坑建筑物地基软塑性土抗剪特性的分析，以及抗剪

强度指标的取值依据、土的软化强度和残余强度的测试的认识，进行基坑开挖诱使高楼倒塌影响因素分析，揭示高楼基础与结构和基坑开挖与堆土的关系、基坑开挖诱使高楼倒塌原因。

⑨基坑开挖诱使高楼倒塌原因分析。认识了软塑性土层造成楼房倒塌案例中的加拿大特朗斯康谷仓地基事故、巴西十一层大楼倒塌、杭州地铁 1 号线湘湖站北二基坑事故、新加坡 Nicoll 大道地铁基坑倒塌和广州京光广场基坑事故发生原因。尽管现场施工组织和监管存在诸多不规因素，但出现重大工程事故或许为岩土工程师们进行复杂边界条件下的基坑围护、管桩布置和水平推力设计的考虑等提供了一次深刻的警示。

⑩高楼 SolidWorks 仿真建模与结构应力分析。在认识 SolidWorks 实体仿真建模特点的基础上，进行高楼 SolidWorks 实体建模，开展高楼实体结构应力算例分析。使用 SolidWorks Simulation 技术，对高楼的结构进行了应力位移应变静态分析，得到应力最大为 1.35MPa 最小值为 1.16kPa；位移最大值为 12.16mm，最小值为 0mm；应变的最大值为 5.21×10^{-4}，最小值为 5.6×10^{-7}。分析结果得出高楼的应力应变和位移都在规范的范围之内，而且随着高楼的高度方向均匀变化，说明高楼的倒塌不是因为高楼的上部结构导致不合理，这与实际高楼倒塌是一致的，问题应该归咎于上部结构和地基相互作用。

⑪软塑地层基坑开挖高楼倒塌机理及防治研究。依托软塑地层基坑开挖高楼倒塌工程，进行了计算软件与分析模型的选取，开展了软塑地层基坑开挖变形破坏及边壁支护数值模拟分析、紧邻岸坡地表软塑地层堆土失稳数值模拟分析、紧临软塑地层基坑开挖堆土高楼倒塌数值模拟分析，对紧临软塑地层基坑开挖高楼倒塌防治技术进行了深入研究。

⑫基于强度折减的基坑开挖稳定性分析。在考虑地层强度折减有限元模拟分析的情况下，有效地揭示了倒塌楼房地基出现大范围屈服破坏区，随着地基土层②至⑤层的严重挤压，南侧 PHC 桩即出现受压弯曲，北侧 PHC 桩受拉破坏，加速了坐落于屈服区地基上的楼房倒塌于开挖的基坑中，而高强度材料的楼房完整倾倒将基坑地面砸出 1m 左右的坑。在考虑地震作用的影响下，楼房、堆土下方形成了大片的屈服区域；南侧 PHC 桩即出现受压弯曲，北侧 PHC 桩受拉破坏，表明地震作用对基坑开挖的影响巨大，如遇地震，有必要对基坑进行抗震设计。

⑬现场静力触探滑移面的检测。位于倒塌楼房地基上的 3 个测孔，静力触探试验揭示了地面下 18.4m，21.5m 和 17.5m 处出现滑移面，而倒塌楼房地基外 3m 处的 3 个测孔无明显滑移面，同时，有限元强度折减模拟有效地揭示了滑移面出现部位。

11.2 展　望

综上所述，本书运用数值模拟与探地雷达检测相结合，进行了紧邻高层楼群基坑支护设计以及变形破坏控制研究，取得了一定的认识。但是由于理论分析的局限性和对问题的认识程度的限制，本书在以下方面需要进行深入分析与探索：

①需建立楼房整体结构，研究其在紧邻基坑开挖过程中的受力及变形特点。

②现阶段依托工程基坑已经回填，楼房主体也已竣工，因此应对周围楼房及地表进行进一步的监测，与施工过程中的数据进行对比，保证楼房的安全稳定性。

③基于强度折减的基坑开挖高楼倒塌三维稳定性分析与机理研究。基于强度折减与地震响应的基坑开挖高楼倒塌三维稳定性分析与评价。

主要参考文献

[1] 梁圣彬. 土压力的理论研究[J]. 安徽建筑,2009(4).
[2] 李振山，叶燎原，李晶. 经典土压力理论的一般形式[J]. 昆明理工大学学报(理工版),2007,32(4).
[3] 揭冠周，介玉新，李广信. 墙后填土有超载情况下朗肯与库仑土压力理论的比较分析[J]. 岩土工程技术,2001(3).
[4] 陈海英，童华炜. 深基坑工程土压力理论分析[J]. 西部探矿工程,2008(9).
[5] 陈书申. 经典土压力理论的局限与小变位土压力计算的建议[J]. 土工基础,1997,11(2).
[6] 李冰冰，杜延华. 引入位移土压力理论的支护结构变形计算[J]. 山西建筑,2009,35(28).
[7] 宋林辉，梅国雄，宰金珉. 考虑位移的土压力理论在支护桩受力分析中的应用[J]. 工程力学,2008,25(5).
[8] 雷明锋，彭立敏，施成华. 长大深基坑施工空间效应研究[J]. 岩土力学,2010,31(5).
[9] 刘成宇. 土力学[M]. 北京:中国铁道出版社,2004.
[10] Finn W D Liam. Application of limitplastieity in meehanics. Journal of the soil meehanies and foundations division[J]. ASCE,1987, 93(SM5).
[11] Chen W F. Seawtorn C R. Limit analysis and limite quilibrium solution in soil meehanics[J]. soils and Foundations, 1990, 10(3).
[12] Daris E H. Theories of plastie and the failure of soil msaaes[J]. soil meehanies-meleeted topies, I.K.Lee, ed, Ameriean EISever, NewYork, 1988, 101(12).
[13] Rosefrab JL, Chen W F. Limit analysis solutions of earth pressure problems[J]. soils and foundations, Tokyo, 1986, 13(4).
[14] Chen W F. Limit analysis and soil plasticity[J]. Amsterdam: Elsevier, 1987, 18(2).
[15] Handy R L. The arch in soil arehing[J]. Journal of geoteehnieal engineering, 1985, 111(3).
[16] 褚克南. 关于基坑设计计算中若干问题的榷商[J]. 江苏地质,2001,25(03).
[17] 贾秉胜. 建筑基坑设计应注意的问题[J]. 山西建筑,2005,31(08).
[18] 张叶田，张士平，王凯. 城市中心区软土地基中深基坑设计与施工实例[J]. 浙江建筑,2009,26(2).
[19] 张茜，姚建军. 复杂地理环境下深基坑的设计与施工技术[J]. 中国水运,2009,9(1).
[20] 曾进群，杨光华，蔡晓英. 复杂环境下多种支护型式共用基坑设计实例[J]. 岩土工程学报,2006,28(s1).
[21] 孙小杰，吴兆军，方伟. 济南某深基坑的设计和施工实践[J]. 山西建筑,2007,33(26).
[22] 尚海涛. 软土地区深基坑设计[J]. 铁路标准设计,2008,(4).
[23] 孙涛，张建新，王永成. 软土地区复杂环境下深大基坑设计与施工[J]. 铁路工程造价管理,2009,24(5).
[24] 段景章，秦序柱，肖海波. 4～6m 浅基坑设计与施工技术研究[J]. 施工技术,2006,35(7).
[25] 何大坤，骆建军. 高层建筑深基坑设计和支护存在的问题[J]. 焦作工学院学报:自然科学版,2004,23(5).
[26] 舒文超，肖长辉，卢建平. 中心城区复杂周边环境下的深基坑施工技术[J]. 建筑技术,2009,40(2).
[27] 吴远. 谈基坑的施工技术[J]. 广东建材,2009(1).
[28] 黄显成. 对高层建筑基坑施工及支护设计分析[J]. 基础工程设计,2009(6).
[29] 高水琴. 放坡开挖基坑的施工技术[J]. 科学技术与工程,2010,10(3).
[30] 张维正. 密集建筑群中的深基坑施工技术[J]. 探矿工程:岩土钻掘工程,2006(6).
[31] 刘翔，章昕，赵翔. 基坑施工阶段性变形分析及预测[J]. 建筑科学,2007,23(11).
[32] 杨天亮，严学新，王寒梅. 基坑施工引发的工程性地面沉降研究[J]. 上海地质,2009(2).
[33] 陈俊生，莫海鸿，刘叔灼. 复杂环境深基坑施工过程的模拟分析[J]. 岩土力学,2010,31(2).
[34] 徐勇，杨挺，王心联. 桩锚支护体系在大型深基坑工程中的应用[J]. 地下空间与工程学报，2006，2(4)：646－665.
[35] 邓修甫，白云峰. 桩锚支护体系的受力和变形研究[J]. 焦作工学院学报:自然科学版,2003,22(3).
[36] 李宝平，张玉，李军. 桩锚式支护结构的变形特性研究[J]. 地下空间与工程学报,2007,3(7).

[37] 吴文，徐松林，汪大国. 深基坑桩锚支护体系中的土锚试验研究[J]. 土工基础,2000,14(1).
[38] 时伟，刘继明，章伟. 深基坑桩锚支护体系水平位移试验研究[J]. 岩石力学与工程学报,2003,22(51).
[39] 姜晨光，林新贤，黄家兴. 深基坑桩锚支护结构变形监测与初步分析[J]. 岩土工程界,2002,5(8).
[40] 欧吉青. 某深基坑桩锚支护体系计算方法与结果分析[J]. 南华大学学报:自然科学版,2007,21(3).
[41] 许锡昌，葛修润. 基于最小势能原理的桩锚支护结构空间变形分析[J]. 岩土力学,2006,27(5).
[42] 吴文,徐松林,周劲松. 深基坑桩锚支护结构受力和变形特性研究[J]. 岩石力学与工程学报,2001,21(3).
[43] 吴恒，周东，李陶深. 深基坑桩锚支护协同演化优化设计[J]. 岩土工程学报,2002,24(4).
[44] Laefer, Debra Fern. Prediction and assessment of ground movement and building damage induced by adjacent excavation[D]. University of Illinois at Urbana-Champaign, 2001.
[45] Ying Hongwei, Chu Zhenhuan. Finite element analysis of deep excavation with braced retaining structure of Double-Row Piles[J]. Chinese Journal of Rock Mechanics and Engineering, 2007, 26(s2).
[46] Li Hao, Zhou Xuhong. Elastic-plastic FEM analysis of pile-anchor protection in deep foundation pit[J]. Journal of Hunan University, 2003, 36(3).
[47] 李东霞，彭树银，李秋岚. 某高层建筑基坑事故分析与处理[J]. 岩土工程技术,1997,(3).
[48] 张全胜，李新，吴辛元. 建筑基坑事故处理工程实例[J]. 土工基础,2007,21(1).
[49] 张中普，姚笑青. 某深基坑事故分析及技术处理[J]. 施工技术,2005,34(12).
[50] 侍尧锋. 某深基坑事故分析及加固处理措施[J]. 西部探矿工程,2008(4).
[51] 晏宾. 某深基坑事故原因分析及加固措施[J]. 山西建筑,2008,34(14).
[52] 王慧英，黄松华. 某深基坑事故的分析与处理[J]. 基础工程设计,2008(5).
[53] 祁亮山，葛自力，张继文. 深基坑支护工程事故原因分析与处理加固实例[J]. 工程质量,2009,27(10).
[54] 李宏伟，王国欣. 某地铁站深基坑坍塌事故原因分析与建议[J]. 施工技术,2010,39(3).
[55] 朱敢平. 某地铁基坑事故处理与思考[J]. 中国西部科技,2005，4(下半月刊).
[56] Zheng Daping. Study on stability and deformation for prestressed anchor flexible retaining method used in deep foundation pit[J]. Geotechnical Investigation, 2007(12).
[57] BOLTON M D, Powrite W. Behavior of diaphragm walls in clay prior to collapse[J]. Geotechnique, 1988, 38(2).
[58] Bryson, Lindsey Sebastian. Performance of a stiff excavation support system in soft clay and the response of an adjacent building[D]. Northwestern University, 2002.
[59] 魏焕卫，孙剑平，贾强. 基于变形控制的某大型基坑设计和施工[J]. 四川建筑科学研究,2007,33(1).
[60] 顾开云，许磊. 复杂条件下基坑变形控制[J]. 岩土工程学报,2006,28(s1).
[61] 孙骐. 国际花园工程深基坑变形控制技术[J]. 江苏建筑,2006(109).
[62] 葛世平. 运用时空效应的原理进行软土深基坑变形控制设计与施工[C]//. 中国土木工程学会隧道与地下工程学会地铁专业委员会第十二届学术交流会论文集,1998.
[63] 方良，陆志君，陈浩. 闹市中心特复杂施工条件下的深基坑变形控制[J]. 建筑施工,2008,30(2).
[64] 廖锦坤. 软土地基周边复杂环境条件下的基坑变形控制[J]. 广东水利水电,2004,(s1).
[65] 林炳周. 广州地铁南浦站基坑变形控制实践与体会[J]. 广东土木与建筑,2008(10).
[66] 高学伸，邹厚存，蒋毕忠. 大型深基坑施工对紧邻建筑物的影响[J]. 工程质量,2010,28(4).
[67] 杨敏，周洪波，杨桦. 基坑开挖与紧邻桩基相互作用分析[J]. 土木工程学报,2005,38(4).
[68] 吴小建，陈峰军，许抒. 紧邻历史保护建筑的深基坑施工技术探索[J]. 建筑施工,2009,31(8).
[69] 钱健仁. 深基坑施工对近距离房屋的保护及影响评价[J]. 大众科技,2005(5).
[70] 宋滨，林佳露. 某砖木结构受紧邻基坑施工影响后的加固设计[J]. 结构工程师,2009,25(5).
[71] Zhiqin Liu, Qin Liu. Analysis and monitoring comparison study on the deformation of adjacent building caused by deep foundation pit support[C]//. International Conference on Information Management, Innovation Management and Industrial Engineering, 2008.
[72] 尹骥，徐枫. 某在建住宅楼倾倒的三维数值分析[J]. 地下空间与工程学报,2010,6(1).
[73] 魏涛. 紧邻建筑物桩基对基坑开挖的影响研究[D]. 长沙:中南大学,2010.